理科系の基礎
微分積分

高遠節夫・石村隆一
野田健夫・安冨真一・山方竜二
共著

培風館

本書の無断複写は，著作権法上での例外を除き，禁じられています．
本書を複写される場合は，その都度当社の許諾を得てください．

まえがき

　理科系の多くの分野では，数学を用いて現象を記述して解析を行う．特に，時間とともに変化する現象には，いろいろな関数についての知識が不可欠であり，その解析には微分積分に習熟している必要がある．微分積分は，17世紀の後半にニュートンやライプニッツによって作られたが，その後多くの数学者の力を得て大きく発展しながら，現在に至るまで，一貫して自然科学現象の主要な解析手法として用いられてきた．

　本書は，高等学校までの数学を前提として，理科系の科目を学ぶために必要な微分積分についての一通りの知識と技能を得ることを目的としている．ただし，現行の学習指導要領および大学入試制度が高等学校での数学の学習を多様化したため，理科系の学部に入学する学生の数学の知識量や学力の差も広がっている．特に，数学Ⅲについては，履修していない学生も多い．このことを考慮して，微分積分の一応の知識は基礎とするものの，数学Ⅲで学ぶ内容については必ずしも前提とせず，いろいろな関数についても高等学校の復習も入れながら，できるだけ平易に記述することを心がけた．また，本文では，内容の理解に役立つ図やグラフを多く用い，十分な例題と問を配して理解と応用力を深められるようにし，章末には難易を配慮した問題を取り上げた．

　本書の章構成は以下の通りである．

　　　1章　　関数
　　　2章　　微分法
　　　3章　　積分法
　　　4章　　関数の展開
　　　5章　　微分方程式
　　　6章　　偏微分
　　　7章　　重積分
　　　付録　　無限級数

　各章の内容と学習のポイントを簡単に述べる．1章では，理科系でよく用いられる三角関数，指数・対数関数を中心に，いろいろな関数の性質や公式をまとめた．内容のほとんどは高等学校で既習であるので，省略してもよいが，不安であれば高等学校の教科書なども参照しながら，一通り復習することが望ましい．それぞれの公式については，先に進んでから，確認のために適宜見直し

することもできるようにしてある．なお，対数関数の節では実験実習で使われる片対数グラフにもふれている．2章では，微分法について，定義と性質，いろいろな関数の微分，微分の応用を扱っている．数学Ⅲと重複する内容が多いが，高等学校では扱わない関数や定理なども取り上げた．3章では，積分法について，不定積分・定積分の定義と性質，いろいろな関数の積分，積分の応用を扱っている．2章同様，数学Ⅲと重複する内容が多いが，高等学校では扱わない内容もある．また，「微分積分学の基本定理」は微分積分で最も重要な定理である．4章では，関数の多項式による近似と，その極限としての関数の展開を扱う．このうち，4.5節は精密な議論には必要であるが，最初は飛ばしてもよい．5章では，微分方程式の意味と解法を扱う．微分方程式は理科系における応用も多く，これから理科系の専門科目を学ぶうえで必須である．6章では，2変数関数についての微分，7章では積分を扱う．これらは，2つ以上の要因から値が定まる現象の解析に用いられる．さらに，付録では無限級数の基本的なことがらについて簡単に解説した．

本書が理科系の基礎としての微分積分の修得に役立てば幸いである．

終わりに，草稿の最初から最後まで丁寧に目を通し，あるいは本文中や章末の問題を自ら解いて，貴重な意見や指摘をくださった木更津工業高等専門学校の山下哲教授，東邦大学理学部で数学の授業を担当していらっしゃる前田多恵さん，東邦大学理学部生の江澤樹君，および数学史に関する興味深いコラムを書いて下さった片野修一郎氏に深くお礼を申し上げたい．また，本書の出版に尽力された培風館の方々にも感謝の意を表する．

なお，本書に必要な図表の作成には，TeX総合支援ツールである数式処理上のマクロパッケージ K$_E$Tpic を用いたことを付記する．

2013年3月

著　者

---

http://www.baifukan.co.jp/sinkan/shokai/mokuji/004729/hinto.html に解答やヒントなどの補足事項を掲載している．

目　次

1. 関　数 — 1
- 1.1　関数とグラフ …………………………………… 1
- 1.2　三 角 関 数 …………………………………… 2
  - 1.2.1　弧度法　　2
  - 1.2.2　三角関数の定義と性質　　3
  - 1.2.3　三角関数のグラフ　　5
- 1.3　指数関数と対数関数 …………………………… 7
  - 1.3.1　指数関数　　7
  - 1.3.2　対数関数　　8
  - 1.3.3　片対数グラフ　　9
  - 1.3.4　逆関数　　10
- 1.4　関数の極限 ……………………………………… 11
- 章末問題 1 ………………………………………… 14

2. 微 分 法 — 15
- 2.1　微分係数と導関数 ……………………………… 15
  - 2.1.1　微分係数　　15
  - 2.1.2　導関数　　17
  - 2.1.3　べき関数の導関数　　18
- 2.2　導関数の性質 …………………………………… 19
  - 2.2.1　積と商の導関数　　19
  - 2.2.2　合成関数の導関数　　20
- 2.3　三角関数の導関数 ……………………………… 22
- 2.4　逆三角関数と導関数 …………………………… 24
  - 2.4.1　逆関数の導関数　　24
  - 2.4.2　逆三角関数　　25
  - 2.4.3　逆三角関数の導関数　　26
- 2.5　指数関数の導関数 ……………………………… 28
- 2.6　対数関数の導関数 ……………………………… 30
- 2.7　媒介変数表示の関数 …………………………… 32

2.8　高次導関数 ……………………………………………………… 33
　2.9　平均値の定理 …………………………………………………… 34
　　　　2.9.1　連続関数の性質　34
　　　　2.9.2　平均値の定理　35
　2.10　ロピタルの定理 ………………………………………………… 37
　2.11　微分法の応用 …………………………………………………… 40
　　　　2.11.1　極大・極小　40
　　　　2.11.2　グラフの凹凸　42
　　　　2.11.3　速度・加速度　43
　章末問題 2 …………………………………………………………… 45

3. 積分法　　　　　　　　　　　　　　　　　　　　　　　47

　3.1　不定積分 ………………………………………………………… 47
　　　　3.1.1　不定積分の定義と性質　47
　　　　3.1.2　不定積分の公式　48
　3.2　定積分 …………………………………………………………… 50
　　　　3.2.1　定積分の定義　50
　　　　3.2.2　定積分の性質　52
　3.3　定積分と不定積分の関係 ……………………………………… 52
　3.4　置換積分法 ……………………………………………………… 55
　　　　3.4.1　不定積分の置換積分法　55
　　　　3.4.2　定積分の置換積分法　57
　3.5　部分積分法 ……………………………………………………… 57
　　　　3.5.1　不定積分の部分積分法　57
　　　　3.5.2　定積分の部分積分法　60
　3.6　いろいろな不定積分 …………………………………………… 61
　　　　3.6.1　有理関数　61
　　　　3.6.2　無理関数　62
　　　　3.6.3　三角関数　63
　3.7　積分の応用 ……………………………………………………… 65
　　　　3.7.1　面　積　65
　　　　3.7.2　速度・加速度　67
　3.8　広　義　積　分 ………………………………………………… 67
　　　　3.8.1　端点を含まない区間における広義積分　68
　　　　3.8.2　無限区間における広義積分　69
　章末問題 3 …………………………………………………………… 71

4. 関数の展開 — 73

- 4.1 1次近似式 …… 73
- 4.2 高次の近似式 …… 74
  - 4.2.1 2次近似式　74
  - 4.2.2 高次の近似式　76
- 4.3 テイラー展開 …… 78
- 4.4 オイラーの公式 …… 79
- 4.5 テイラーの定理 …… 81
- 章末問題 4 …… 83

5. 微分方程式 — 85

- 5.1 微分方程式と解 …… 85
- 5.2 変数分離形 …… 87
- 5.3 同次形 …… 89
- 5.4 1 階線形 …… 91
- 5.5 2 階線形 …… 92
- 5.6 定数係数斉次 2 階線形 …… 94
- 5.7 定数係数非斉次 2 階線形 …… 97
- 5.8 連立微分方程式 …… 100
- 5.9 微分方程式の応用 …… 101
  - 5.9.1 n 次反応　101
  - 5.9.2 湖沼の汚染　102
- 章末問題 5 …… 104

6. 偏微分 — 105

- 6.1 2 変数関数と偏導関数 …… 105
  - 6.1.1 2 変数関数　105
  - 6.1.2 偏導関数　107
- 6.2 全微分と合成関数の微分 …… 109
  - 6.2.1 全微分　109
  - 6.2.2 合成関数の微分　111
- 6.3 高次偏導関数 …… 113
- 6.4 極大・極小 …… 116
  - 6.4.1 極値の必要条件　116
  - 6.4.2 極値の判定　117
- 6.5 条件つき極値問題 …… 120
  - 6.5.1 陰関数　120
  - 6.5.2 条件つき極値問題　122

章末問題 6 ………………………………………………… 126

7. 重積分 — 127

7.1　2重積分の定義 ………………………………………… 127
7.2　2重積分の計算 ………………………………………… 130
　　7.2.1　長方形領域における2重積分の計算　130
　　7.2.2　一般の領域における2重積分の計算　132
7.3　極座標と2重積分 ……………………………………… 135
　　7.3.1　極座標　135
　　7.3.2　極座標変換による2重積分　136
　　7.3.3　積分変数の変換　139
7.4　2重積分の広義積分と応用 …………………………… 140
　　7.4.1　2重積分の広義積分　140
　　7.4.2　広義積分の応用　142
　　章末問題 7 ………………………………………………… 144

付録　無限級数 — 147

A.1　級　　数 ………………………………………………… 147
A.2　整 級 数 ………………………………………………… 149

演習問題解答 — 153

索　引 — 173

1 関　　数

1.1　関数とグラフ

2つの変数 x, y があって，x の値を決めると，それに対応して y の値が1つ決まるとき，y は x の**関数**であるといい，$y = f(x)$ または単に $f(x)$ のように表す．このとき，x を**独立変数**，y を**従属変数**という．変数のとる値の範囲を**変域**といい，独立変数の変域を**定義域**，従属変数の変域を**値域**という．特に断らない限り，定義域は y の値が定まるような x の値全体とする．

> x から y への対応の規則を関数ということもある

例 1.1　$f(x) = \sqrt{x}$, $g(x) = \dfrac{1}{x^2}$ のとき，関数 $y = f(x)$ の定義域は $x \geqq 0$ で，値域は $y \geqq 0$ である．また，関数 $y = g(x)$ の定義域は $x \neq 0$ で，値域は $y > 0$ である．

関数 $y = f(x)$ の定義域に属する点 x をとるとき，$(x, f(x))$ は座標平面上の点であり，これらの点の全体は一般に1つの曲線になる．これを関数 $y = f(x)$ の**グラフ**という．また，このグラフを曲線 $y = f(x)$ ということもある．

例 1.2　下図は例 1.1 の関数 $y = f(x)$, $y = g(x)$ のグラフである．

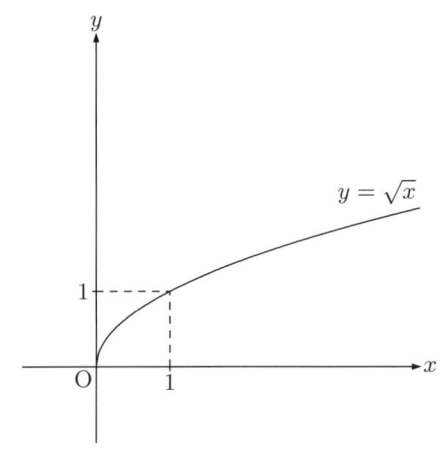

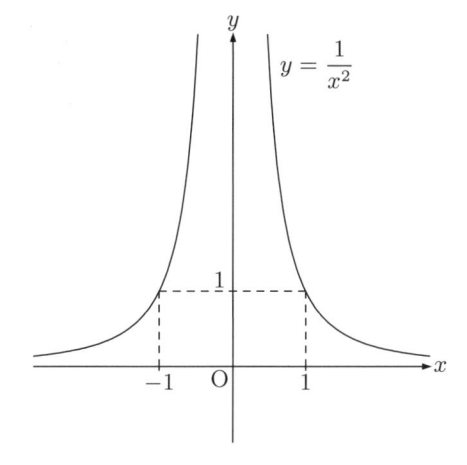

注意 $y = \dfrac{1}{x^2}$ のグラフ上の点は，x が原点から限りなく遠ざかるとき，および原点に限りなく近づくとき，x 軸および y 軸，すなわち直線 $y = 0, x = 0$ に限りなく近づく．このような直線を**漸近線**という．

問 1.1 次の関数について，定義域，値域を求め，グラフを描け．また漸近線がある場合は，その方程式を求めよ．

(1) $y = x^2 - 3$ (2) $y = \sqrt{x} + 2$ (3) $y = \dfrac{1}{x}$

1.2 三角関数

本節では，高等学校で学んだ三角関数について，その定義と性質を復習する．三角関数は周期的な現象を表すのによく用いられる．

1.2.1 弧度法

点 O を中心とする半径 r の円周上に，r と等しい長さの弧をとる．このとき，この弧に対する中心角を **1 ラジアン (弧度)** と定め，これを単位として角を表す方法を**弧度法**という．半径 r の円周上にある長さ l の弧に対する角を θ ラジアンとすると

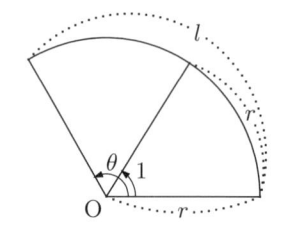

$$\theta : 1 = l : r$$

したがって

$$\theta = \dfrac{l}{r} \tag{1.1}$$

が成り立つ．すなわち，θ は弧の長さ l と半径 r の比の値である．このことから，弧度法では，通常ラジアンを省略して表す．

例 1.3 円周の長さは $2\pi r$ だから，$360° = \dfrac{2\pi r}{r} = 2\pi$ (ラジアン)

$$180° = \pi, \quad 90° = \dfrac{\pi}{2}, \quad 30° = \dfrac{\pi}{6}$$

問 1.2 次の角を弧度法で表せ．

(1) $60°$ (2) $120°$ (3) $45°$ (4) $210°$ (5) $-180°$ (6) $270°$

半径 r，中心角 θ (ラジアン) の扇形の弧の長さを l とすると，(1.1) より

$$l = r\theta \tag{1.2}$$

また，面積 S は中心角に比例するから

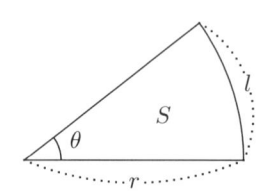

1.2 三角関数

$$\pi r^2 : S = 2\pi : \theta \quad \text{すなわち} \quad 2\pi S = \pi r^2 \theta$$

これから，次の公式が得られる．

$$S = \frac{1}{2}r^2\theta \tag{1.3}$$

注意 本書では，特に断らない限り，弧度法を用いることにする．

1.2.2 三角関数の定義と性質

原点 O を中心とし半径 r の円を描く．その円周上に，最初の位置が $(r, 0)$ である動点 P をとり，線分 OP を角 θ だけ回転したときの P の座標を P(x, y) とする．このとき

$$\sin\theta = \frac{y}{r}, \cos\theta = \frac{x}{r}, \tan\theta = \frac{y}{x} \tag{1.4}$$

と定義する．

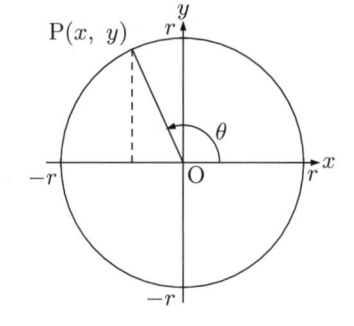

注意 P が y 軸上にあるときは，$x = 0$ となるから $\tan\theta$ の値は定義されない．

問 1.3 次の三角関数の値を求めよ．

(1) $\sin\dfrac{\pi}{2}$ (2) $\cos\pi$ (3) $\tan 0$

(4) $\sin\dfrac{2}{3}\pi$ (5) $\cos\left(-\dfrac{\pi}{2}\right)$ (6) $\tan\dfrac{4}{3}\pi$

三角関数について，次の性質が成り立つ．

公式 1.1 (相互関係)

(1) $\tan\theta = \dfrac{\sin\theta}{\cos\theta}, \quad \sin^2\theta + \cos^2\theta = 1, \quad 1 + \tan^2\theta = \dfrac{1}{\cos^2\theta}$

(2) $\sin(-\theta) = -\sin\theta, \quad \cos(-\theta) = \cos\theta, \quad \tan(-\theta) = -\tan\theta$

(3) $\sin(\theta + 2n\pi) = \sin\theta, \quad \cos(\theta + 2n\pi) = \cos\theta \quad$ (n は整数)

(4) $\sin(\theta + \pi) = -\sin\theta, \quad \cos(\theta + \pi) = -\cos\theta, \quad \tan(\theta + \pi) = \tan\theta$

(5) $\sin\left(\theta + \dfrac{\pi}{2}\right) = \cos\theta, \quad \cos\left(\theta + \dfrac{\pi}{2}\right) = -\sin\theta, \quad \tan\left(\theta + \dfrac{\pi}{2}\right) = -\dfrac{1}{\tan\theta}$

例 1.4 $\sin(\pi - \theta) = \sin((-\theta) + \pi) = -\sin(-\theta) = \sin\theta$

問 1.4 公式 1.1 を用いて，次の等式を示せ．

(1) $\cos(\pi - \theta) = -\cos\theta$ (2) $\sin\left(\dfrac{\pi}{2} - \theta\right) = \cos\theta$

2つの角 α, β について，次の**加法定理**が成り立つ．

公式 1.2 (加法定理)

$$\sin(\alpha \pm \beta) = \sin\alpha\cos\beta \pm \cos\alpha\sin\beta \quad \text{(複号同順)}$$

$$\cos(\alpha \pm \beta) = \cos\alpha\cos\beta \mp \sin\alpha\sin\beta \quad \text{(複号同順)}$$

$$\tan(\alpha \pm \beta) = \frac{\tan\alpha \pm \tan\beta}{1 \mp \tan\alpha\tan\beta} \quad \text{(複号同順)}$$

加法定理から，次の公式が導かれる．

公式 1.3

(1) **2 倍角の公式**

$$\sin 2\alpha = 2\sin\alpha\cos\alpha$$

$$\cos 2\alpha = \cos^2\alpha - \sin^2\alpha = 2\cos^2\alpha - 1 = 1 - 2\sin^2\alpha$$

$$\tan 2\alpha = \frac{2\tan\alpha}{1 - \tan^2\alpha}$$

(2) **半角の公式**

$$\sin^2\frac{\alpha}{2} = \frac{1 - \cos\alpha}{2}, \quad \cos^2\frac{\alpha}{2} = \frac{1 + \cos\alpha}{2}, \quad \tan^2\frac{\alpha}{2} = \frac{1 - \cos\alpha}{1 + \cos\alpha}$$

(3) **積を和・差になおす公式**

$$\sin\alpha\cos\beta = \frac{1}{2}\{\sin(\alpha+\beta) + \sin(\alpha-\beta)\}$$

$$\cos\alpha\sin\beta = \frac{1}{2}\{\sin(\alpha+\beta) - \sin(\alpha-\beta)\}$$

$$\cos\alpha\cos\beta = \frac{1}{2}\{\cos(\alpha+\beta) + \cos(\alpha-\beta)\}$$

$$\sin\alpha\sin\beta = -\frac{1}{2}\{\cos(\alpha+\beta) - \cos(\alpha-\beta)\}$$

(4) **和・差を積になおす公式**

$$\sin A + \sin B = 2\sin\frac{A+B}{2}\cos\frac{A-B}{2}$$

$$\sin A - \sin B = 2\cos\frac{A+B}{2}\sin\frac{A-B}{2}$$

$$\cos A + \cos B = 2\cos\frac{A+B}{2}\cos\frac{A-B}{2}$$

$$\cos A - \cos B = -2\sin\frac{A+B}{2}\sin\frac{A-B}{2}$$

[証明] (3), (4) のみ示す.
$$\sin(\alpha+\beta) = \sin\alpha\cos\beta + \cos\alpha\sin\beta$$
$$\sin(\alpha-\beta) = \sin\alpha\cos\beta - \cos\alpha\sin\beta$$

それぞれの辺を加えると
$$\sin(\alpha+\beta) + \sin(\alpha-\beta) = 2\sin\alpha\cos\beta$$

左辺と右辺を入れ替えて 2 で割ると, (3) の第 1 式が得られる.

また, $\alpha+\beta = A$, $\alpha-\beta = B$ とおくと $\quad \alpha = \dfrac{A+B}{2}$, $\beta = \dfrac{A-B}{2}$

これから, (4) の第 1 式が得られる. 他も同様である. □

例 1.5 $\sin 4\theta \cos 2\theta = \dfrac{1}{2}(\sin 6\theta + \sin 2\theta)$, $\quad \cos 4\theta + \cos\theta = 2\cos\dfrac{5\theta}{2}\cos\dfrac{3\theta}{2}$

また, 半角の公式より $\sin^2\theta = \dfrac{1-\cos 2\theta}{2}$ だから

$$\sin^3\theta = \dfrac{1}{2}(1-\cos 2\theta)\sin\theta = \dfrac{1}{2}(\sin\theta - \sin\theta\cos 2\theta)$$
$$= \dfrac{1}{2}\sin\theta - \dfrac{1}{4}(\sin 3\theta - \sin\theta) = \dfrac{3\sin\theta - \sin 3\theta}{4}$$

問 1.5 $\sin^4\theta$ を $\cos 2\theta$, $\cos 4\theta$ で表せ.

1.2.3 三角関数のグラフ

角 θ を与えると三角関数 $\sin\theta$, $\cos\theta$, $\tan\theta$ の値が定まるから, 三角関数は角の関数である. 角をあらためて x (ラジアン) で表し, x に対応する三角関数の値を y とおくと, 関数 $y = \sin x$ の定義域は実数全体, 値域は $-1 \leqq y \leqq 1$ で, グラフは次のようになる.

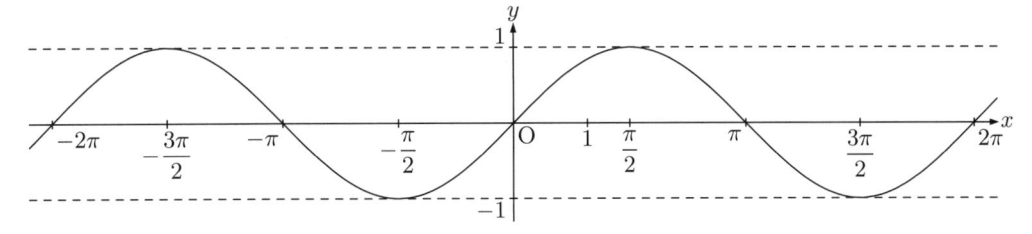

関数 $y = \cos x$ の定義域, 値域も同様で, グラフは次のようになる.

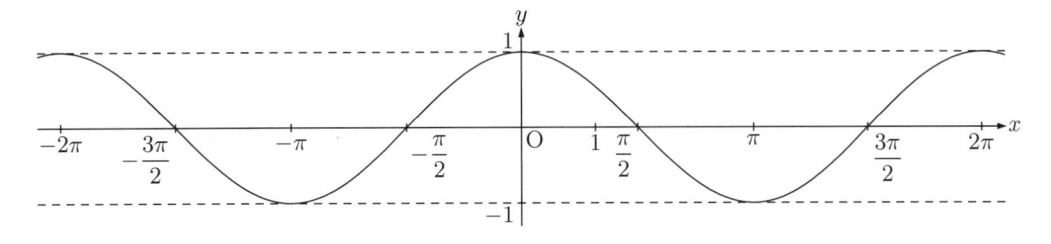

一般に，関数 $f(x)$ について，正の定数 p があって
$$f(x+p) = f(x)$$
がすべての x の値について成り立つとき，関数 $f(x)$ を**周期関数**といい，このような定数 p の最小値を**周期**という．関数 $\sin x$, $\cos x$ はいずれも周期 2π の周期関数である．

関数 $f(x)$ のグラフが原点に関して対称のとき，**奇関数**といい，y 軸に関して対称のとき，**偶関数**という．これらは，定義域内のすべての x について次の等式が成り立つことと同値である．

$$f(-x) = -f(x) \quad (奇関数), \quad f(-x) = f(x) \quad (偶関数)$$

関数 $\sin x$, $\cos x$ はそれぞれ奇関数，偶関数である．

関数 $y = \tan x$ の定義域は，$x = \dfrac{(2n+1)\pi}{2}$ (n は整数) を除く実数全体で，グラフは次のようになり，直線 $x = \dfrac{(2n+1)\pi}{2}$ (n は整数) を漸近線にもつ．また，周期は π である．

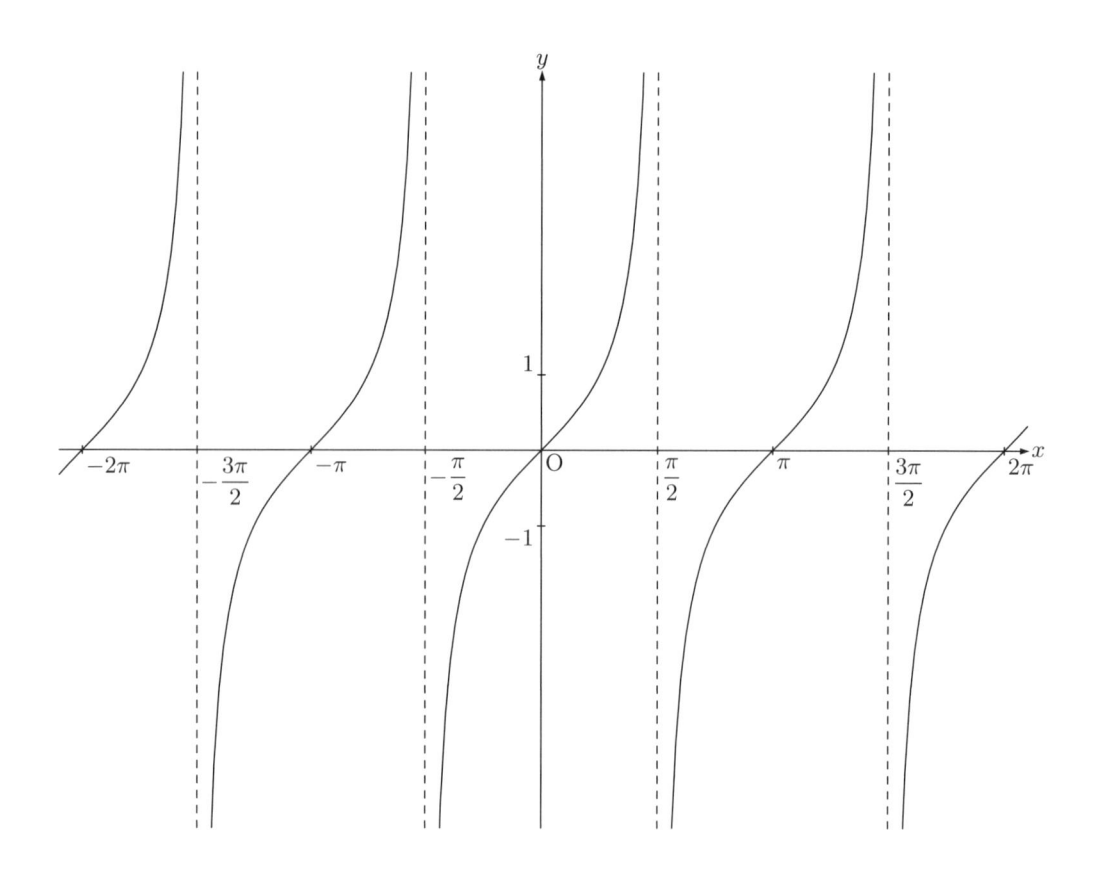

1.3 指数関数と対数関数

本節では,高等学校で学んだ指数関数と対数関数について,その定義と性質を復習する.指数関数は変化の割合がそのときの総量によって規定されている現象を表すのによく用いられる.また,対数関数は大きな数を扱うために用いられる.

1.3.1 指 数 関 数

1 でない正の定数 a について
$$y = a^x$$
で表される関数を**指数関数**という.指数関数の定義域は実数全体で,値域は $y > 0$ である.

例 1.6 $y = 2^x$ について, $2^0 = 1$, $2^{\frac{1}{2}} = \sqrt{2}$, $2^{-1} = \dfrac{1}{2}$

問 1.6 $y = 3^x$, $y = \left(\dfrac{1}{2}\right)^x$ について,次の値を求めよ.

(1) 3^{-2} (2) $3^{-\frac{1}{3}}$ (3) $\left(\dfrac{1}{2}\right)^{-1}$ (4) $\left(\dfrac{1}{2}\right)^{\frac{3}{2}}$

一般に,指数の計算について次の公式が成り立つ.

公式 1.4

(1) $a^x a^{x'} = a^{x+x'}$ (2) $\dfrac{a^x}{a^{x'}} = a^{x-x'} = \dfrac{1}{a^{x'-x}}$

(3) $(a^x)^{x'} = a^{xx'}$ (4) $(ab)^x = a^x b^x$

指数関数のグラフは, $a > 1$, $0 < a < 1$ の場合に応じて次のようになる.

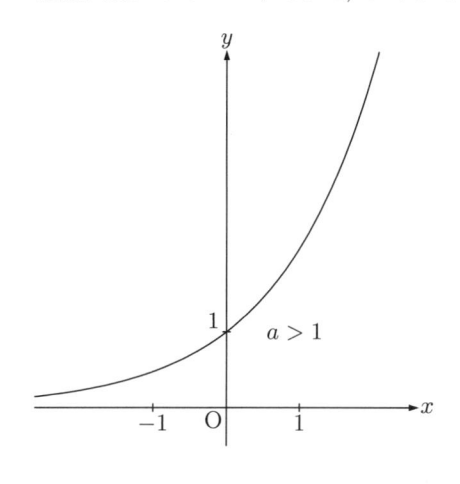

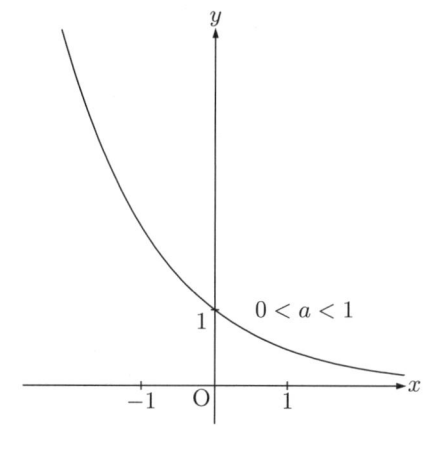

指数関数は，$a>1$ のとき**単調に増加する**，すなわち，グラフは右上がりであり，$0<a<1$ のとき**単調に減少する**，すなわち，グラフは右下がりである．また，いずれの場合のグラフも x 軸を漸近線にもつ．

問 1.7 $y=2^x$, $y=3^x$ のグラフを描け．

1.3.2 対数関数

1 でない正の定数 a をとる．正の数 x に対して，$a^y=x$ となる実数 y を $\log_a x$ と表し，a を**底**とする x の**対数**という．また，x のことを**真数**という．

$$y=\log_a x \iff a^y=x \tag{1.5}$$

例 1.7 $y=\log_3 \sqrt{3} \iff 3^y=\sqrt{3}=3^{\frac{1}{2}} \quad \therefore \quad y=\dfrac{1}{2}$

問 1.8 次を示せ．
$$\log_a 1 = 0, \quad \log_a a = 1$$

問 1.9 次の対数の値を求めよ．

(1) $\log_2 8$　　(2) $\log_2 \dfrac{1}{2}$　　(3) $\log_3 1$　　(4) $\log_{\frac{1}{3}} 9$

(1.5) の右側の y に $\log_a x$ を代入することにより，次の等式が得られる．

$$a^{\log_a x} = x \tag{1.6}$$

対数について，次の公式が成り立つ．

公式 1.5

a, b は 1 でない正の数で，$x, x' > 0$ のとき

(1) $\log_a xx' = \log_a x + \log_a x'$, $\quad \log_a \dfrac{x}{x'} = \log_a x - \log_a x'$

(2) $\log_a x^p = p\log_a x \quad$ (p は実数)

(3) $\log_a x = \dfrac{\log_b x}{\log_b a} \quad$ (底の変換公式)

[例題 1.1] $\log_2 3 + 2\log_2 x + \dfrac{1}{2}\log_2(x^2+1) - \log_2 y = -1$ のとき，y を x で表せ．

[解] 左辺 $= \log_2 3 + \log_2 x^2 + \log_2(x^2+1)^{\frac{1}{2}} - \log_2 y = \log_2 \dfrac{3x^2\sqrt{x^2+1}}{y}$

したがって
$$\log_2 \dfrac{3x^2\sqrt{x^2+1}}{y} = -1 \quad \text{これから} \quad \dfrac{3x^2\sqrt{x^2+1}}{y} = 2^{-1}$$
$$\therefore \quad y = 6x^2\sqrt{x^2+1} \qquad \square$$

1.3 指数関数と対数関数

問 1.10 次の関数について，y を x で表せ．

(1) $\log_3 y = \log_3 x + 3\log_3 2$ (2) $\log_{10} y + 2\log_{10} x = 1$

問 1.11 次の問いに答えよ．

(1) $3^{2\log_3 x}$ を簡単にせよ．   (2) $\log_2 3$ を 10 を底とする対数で表せ．

関数 $y = \log_a x$ を**対数関数**という．対数関数の定義域は $x > 0$，値域は実数全体で，グラフは $a > 1$，$0 < a < 1$ に応じて次のようになる．

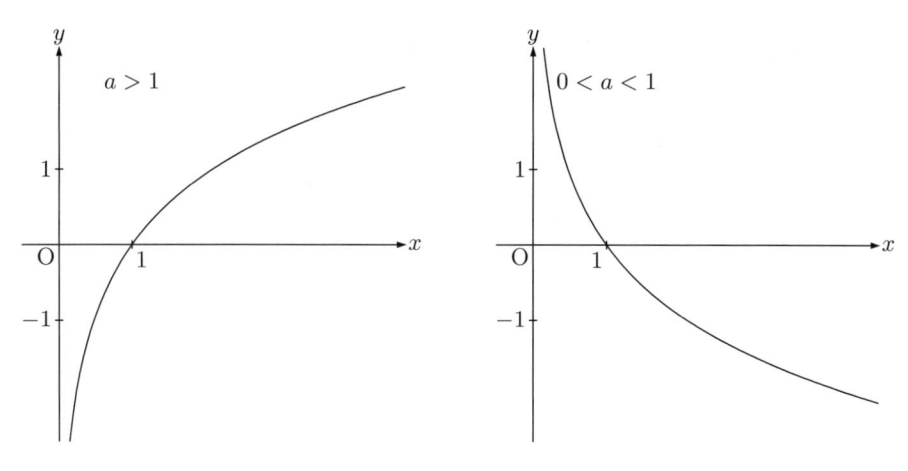

$a > 1$ のとき，単調に増加し，$0 < a < 1$ のとき，単調に減少する．また，いずれも y 軸を漸近線にもつ．

1.3.3 片対数グラフ

底が 10 の対数を**常用対数**といい，数値計算の分野ではよく用いられる．

例 1.8 $\log_{10} 1 = 0$, $\log_{10} 10 = 1$, $\log_{10} 100 = 2$, $\log_{10} 0.1 = -1$

$f(x) > 0$ であるとき，関数 $y = f(x)$ のグラフを，縦軸方向には値 y の常用対数 $\log_{10} y$ の値をとって描くことがある．これを**片対数グラフ**という．片対数グラフでは，真数の値を縦軸の目盛りにするのが普通である．また，$\log_{10} 1 = 0$ より，目盛り 1 の横線を横軸とする．目盛り 1, 10, 100 などに対応する横線の間隔はすべて等しいから，横軸をどこにとってもよい．

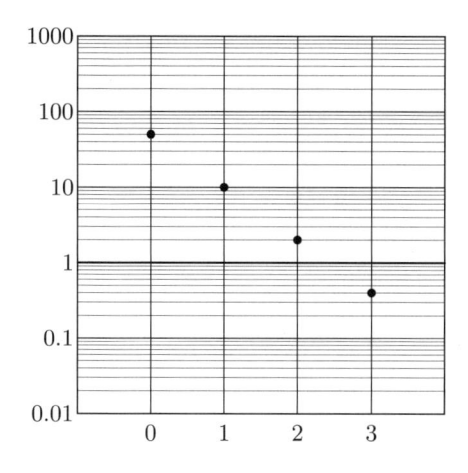

例 1.9 $y = 2 \cdot 5^{2-x}$ において

$x = 0, 1, 2, 3$ のとき, $y = 50, 10, 2, 0.4$

このときの点は図のようになる.

指数関数 $y = ca^x$ (c, a は定数, $a > 0, a \neq 1$) について
$$\log_{10} y = \log_{10}(ca^x) = (\log_{10} a)x + \log_{10} c \tag{1.7}$$

したがって, $\log_{10} y$ は x の 1 次式で表されるから, 片対数グラフでは直線となる. また, 逆も成り立つ.

(1.7) より, 直線の傾きおよび切片から a, c が求められる.

［例題 1.2］ 2 点 $(0, 1.6)$, $(2, 10)$ を通る関数 $y = f(x)$ のグラフは, 片対数グラフでは直線となる. この関数を定めよ.

［解］ 片対数グラフを描いたとき, 2 点の実際の座標は $(0, \log_{10} 1.6)$, $(2, \log_{10} 10)$ となるから, 直線の傾き m および切片 b は

$$m = \frac{\log_{10} 10 - \log_{10} 1.6}{2 - 0}$$
$$= \frac{1}{2} \log_{10} \frac{10}{1.6}$$
$$= \log_{10} 2.5$$
$$b = \log_{10} 1.6$$

(1.7) より
$$\log_{10} a = \log_{10} 2.5$$
$$\log_{10} c = \log_{10} 1.6$$

これから $a = 2.5, c = 1.6$
したがって, 求める関数は
$$y = 1.6 \, (2.5)^x \qquad \square$$

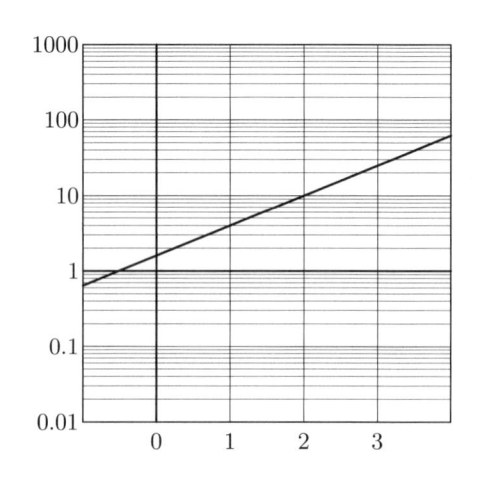

問 1.12 $(0, 1)$, $(5, 0.1)$ を通る関数のグラフは片対数グラフでは直線となる. この関数を定めよ. ただし, $10^{-0.2} = 0.63$ とする.

1.3.4 逆関数

関数 $y = f(x)$ が単調に増加または減少するとき, 値域内の y の値に対して, $y = f(x)$ となる x がただ 1 つ定まる. すなわち, x は y の関数 $x = g(y)$ と考えられる. これを関数 $y = f(x)$ の**逆関数**という. x, y を入れ替えて, 独立変数を x, 従属変数を y で表すことにすると, 逆関数 $y = g(x)$ ともとの関数の間に次の関係が成り立つ.

$$x = f(y) \iff y = g(x) \tag{1.8}$$

注意 一般には，関数 $y = f(x)$ の逆関数を $\boldsymbol{y = f^{-1}(x)}$ で表す．

指数関数 $y = a^x$ の逆関数を求めよう．まず，x と y を入れ替えて
$$x = a^y$$
これを y について解けばよい．(1.5) より
$$x = a^y \iff y = \log_a x$$
したがって，対数関数 $y = \log_a x$ が指数関数 $y = a^x$ の逆関数である．逆も成り立つから，対数関数と指数関数は互いに逆関数である．

逆関数 $y = g(x)$ のグラフ上の任意の点 (a, b) に対して，(1.8) より
$$a = f(b) \iff b = g(a)$$
したがって，点 (b, a) はもとの関数 $y = f(x)$ 上にある．これらの2点は直線 $y = x$ に関して対称だから，2つのグラフは直線 $y = x$ に関して対称である．

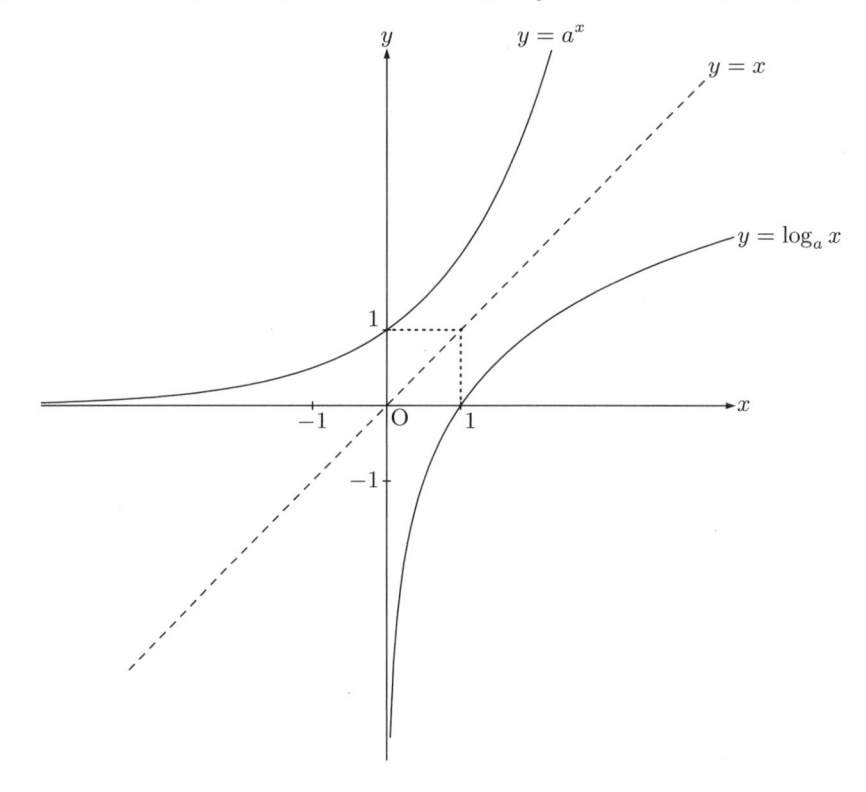

問 **1.13** 次の関数の逆関数を求め，グラフを描け．

(1) $y = x^2 + 1 \quad (x \geqq 0)$ (2) $y = -\dfrac{1}{x-1} \quad (x < 1)$

1.4 関数の極限

関数 $f(x)$ において，x が a と異なる値をとりながら a に限りなく近づくとき，その近づき方によらず $f(x)$ の値が一定の値 α に近づくならば，x が a に近づくとき，$f(x)$ は α に**収束する**といい

$$\lim_{x \to a} f(x) = \alpha \quad \text{または} \quad f(x) \to \alpha \ (x \to a)$$

と表す．また，α のことを**極限値**という．

例 1.10 $\displaystyle\lim_{x \to 2}(x^2 - x + 1) = 3, \quad \lim_{x \to -1}\sqrt{x^2 + 1} = \sqrt{2}, \quad \lim_{x \to 1}\left(-\frac{1}{x+1} + 2\right) = \frac{3}{2}$

関数の極限について，次の公式が成り立つ．

公式 1.6

$\displaystyle\lim_{x \to a} f(x), \ \lim_{x \to a} g(x)$ が存在するとき

(1) $\displaystyle\lim_{x \to a}\{f(x) \pm g(x)\} = \lim_{x \to a} f(x) \pm \lim_{x \to a} g(x)$ （複号同順）

(2) $\displaystyle\lim_{x \to a} cf(x) = c \lim_{x \to a} f(x)$ （c は定数）

(3) $\displaystyle\lim_{x \to a}\{f(x)g(x)\} = \lim_{x \to a} f(x) \lim_{x \to a} g(x)$

(4) $\displaystyle\lim_{x \to a}\frac{f(x)}{g(x)} = \frac{\lim_{x \to a} f(x)}{\lim_{x \to a} g(x)} \quad \left(\lim_{x \to a} g(x) \neq 0\right)$

(5) $f(x) \leqq g(x)$ ならば $\displaystyle\lim_{x \to a} f(x) \leqq \lim_{x \to a} g(x)$

[例題 1.3] $\displaystyle\lim_{x \to 1}\frac{\sqrt{x} - 1}{x^2 - 5x + 4}$ を求めよ．

[解] $\displaystyle\lim_{x \to 1}(\sqrt{x} - 1) = 0, \ \lim_{x \to 1}(x^2 - 5x + 4) = 0$ となり，このままでは極限を求めることができない．そこで次のように変形して求める．

$$\lim_{x \to 1}\frac{\sqrt{x} - 1}{x^2 - 5x + 4} = \lim_{x \to 1}\frac{(\sqrt{x} - 1)(\sqrt{x} + 1)}{(x - 1)(x - 4)(\sqrt{x} + 1)}$$
$$= \lim_{x \to 1}\frac{x - 1}{(x - 1)(x - 4)(\sqrt{x} + 1)}$$
$$= \lim_{x \to 1}\frac{1}{(x - 4)(\sqrt{x} + 1)} = -\frac{1}{6} \qquad \square$$

問 1.14 次の極限値を求めよ．

(1) $\displaystyle\lim_{x \to 1}\frac{x^2 + 2x - 3}{x^3 - x}$ (2) $\displaystyle\lim_{x \to 3}\frac{\sqrt{x + 1} - 2}{x - 3}$ (3) $\displaystyle\lim_{x \to 4}\frac{x^2 - 4x}{\sqrt{x} - 2}$

変数 x の値が限りなく大きくなるとき，関数 $f(x)$ の値が一定の値 α に近づくとき

$$\lim_{x \to \infty} f(x) = \alpha$$

と表す．記号 ∞ を**正の無限大**という．同様に，変数 x の値が負で，絶対値が限りなく大きくなることを $x \to -\infty$ と表す．

1.4 関数の極限

$x \to a$ のとき，関数 $f(x)$ の値が限りなく大きくなることを
$$\lim_{x \to a} f(x) = \infty$$
と表し，$f(x)$ は無限大に**発散する**という．$-\infty$ の場合も同様である．

変数 x が a より大きな値をとりながら a に限りなく近づく場合や，a より小さい値をとりながら a に近づく場合を考えることもある．これらを
$$x \to a+0, \quad x \to a-0$$
で表す．$a=0$ のときは，単に $x \to +0$, $x \to -0$ と書く．

例 1.11 $\displaystyle\lim_{x \to \infty} \frac{1}{x} = 0, \quad \lim_{x \to -\infty} \frac{1}{x} = 0$

$\displaystyle\lim_{x \to 0} \frac{1}{x^2} = \infty$

$\displaystyle\lim_{x \to +0} \frac{1}{x} = \infty$

$\displaystyle\lim_{x \to -0} \frac{1}{x} = -\infty$

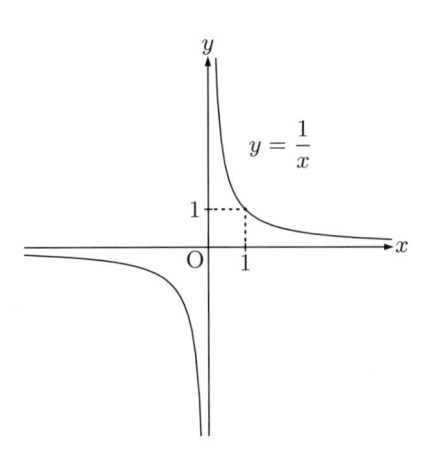

$\displaystyle\lim_{x \to 0} \frac{1}{x}$ は存在しない．

[例題 1.4] $\displaystyle\lim_{x \to \infty} \frac{x^2 - 4x + 5}{3x^2 + 2x + 1}$ を求めよ．

[解] 分母と分子を x^2 で割って $\displaystyle\lim_{x \to \infty} \frac{1}{x} = 0, \lim_{x \to \infty} \frac{1}{x^2} = 0$ を用いると

$$\lim_{x \to \infty} \frac{x^2 - 4x + 5}{3x^2 + 2x + 1} = \lim_{x \to \infty} \frac{1 - \dfrac{4}{x} + \dfrac{5}{x^2}}{3 + \dfrac{2}{x} + \dfrac{1}{x^2}} = \frac{1}{3}$$
□

問 1.15 次の極限値を求めよ．

(1) $\displaystyle\lim_{x \to \infty} \frac{3x+5}{3-2x}$ 　　(2) $\displaystyle\lim_{x \to \infty} \frac{\sqrt{x^2+4}}{x+1}$

指数関数と対数関数の極限について次が成り立つ．

$a > 1$ のとき 　　$\displaystyle\lim_{x \to \infty} a^x = \infty, \quad \lim_{x \to -\infty} a^x = 0$
　　　　　　　　　$\displaystyle\lim_{x \to \infty} \log_a x = \infty, \quad \lim_{x \to +0} \log_a x = -\infty$

$0 < a < 1$ のとき 　$\displaystyle\lim_{x \to \infty} a^x = 0, \quad \lim_{x \to -\infty} a^x = \infty$
　　　　　　　　　　$\displaystyle\lim_{x \to \infty} \log_a x = -\infty, \quad \lim_{x \to +0} \log_a x = \infty$

例 1.12 $\displaystyle\lim_{x \to \infty} \frac{2^x}{2^{x-2}+1} = \lim_{x \to \infty} \frac{1}{2^{-2} + \left(\dfrac{1}{2}\right)^x} = \frac{1}{2^{-2}} = 4$

章末問題 1

— A —

1.1 次の方程式を解け．
(1) $\sin x = \dfrac{\sqrt{3}}{2}$ $(0 \leqq x < 2\pi)$
(2) $\cos x = -\dfrac{1}{\sqrt{2}}$ $(0 \leqq x < 2\pi)$
(3) $\sin x = 1$ $(-4\pi \leqq x < 4\pi)$
(4) $\tan x = -1$ $(-2\pi \leqq x < 2\pi)$

1.2 次の等式が成り立つことを示せ．
(1) $\cos^3 \theta = \dfrac{1}{4}(3\cos\theta + \cos 3\theta)$
(2) $\cos^4 \theta = \dfrac{1}{8}(3 + 4\cos 2\theta + \cos 4\theta)$

1.3 次の方程式を解け．
(1) $\log_x 16 = 2$
(2) $\log_4 x = -2$
(3) $\log_2(3-x) = 2\log_4(x+2)$
(4) $2\log_3 x = \log_3(2x-3) + 1$

1.4 関数 $y = f(x)$ と定数 p, q について，関数 $y = f(x-p) + q$ のグラフは $y = f(x)$ のグラフを x 方向に p，y 方向に q 平行移動して得られる．次の関数のグラフを描け．
(1) $y = \dfrac{1}{x-1} + 2$
(2) $y = \sqrt{x+2}$
(3) $y = \dfrac{2^x}{2}$

1.5 関数 $y = f(x)$ と定数 $A, c\ (c \neq 0)$ について，関数 $y = Af(cx)$ のグラフは $y = f(x)$ のグラフを y 方向に A 倍し，x 方向に $\dfrac{1}{c}$ 倍して得られる．次の関数のグラフを描け．また，周期を求めよ．
(1) $y = 2\sin x$
(2) $y = \sin 2x$
(3) $y = \cos \dfrac{x}{3}$
(4) $y = 3\cos\left(x - \dfrac{\pi}{4}\right)$
(5) $y = \sin\left(2x + \dfrac{\pi}{3}\right)$

1.6 次の極限値を求めよ．
(1) $\displaystyle\lim_{x \to 1} \dfrac{x^3 - 1}{x^4 - 1}$
(2) $\displaystyle\lim_{x \to \infty} \dfrac{x}{\sqrt{x^2 + 1} - 1}$
(3) $\displaystyle\lim_{x \to 2-0} \dfrac{|x-2|}{x-2}$
(4) $\displaystyle\lim_{x \to 2+0} \dfrac{|x-2|}{x-2}$
(5) $\displaystyle\lim_{x \to 0} \dfrac{\sqrt{1+x} - \sqrt{1-x}}{x}$
(6) $\displaystyle\lim_{x \to \infty} x(\sqrt{x^2+1} - x)$
(7) $\displaystyle\lim_{x \to \infty} \dfrac{\sqrt{x+3} - \sqrt{x}}{\sqrt{x+2} - \sqrt{x+1}}$
(8) $\displaystyle\lim_{x \to -\infty} (\sqrt{x^2 + x + 1} + x)$
(9) $\displaystyle\lim_{x \to \infty} \dfrac{4^x - 3^x}{2^x + 4^x}$
(10) $\displaystyle\lim_{x \to -\infty} \dfrac{1}{2^{\frac{1}{x}} + 2^x}$

— B —

1.7 次の値を求めよ．
(1) $\sin \dfrac{5\pi}{12}$
(2) $\cos \dfrac{5\pi}{12}$
(3) $\sin \dfrac{\pi}{8}$
(4) $\cos \dfrac{\pi}{8}$

1.8 次の等式が成り立つことを示せ．
(1) $-4\sin 5x \sin 3x \sin x = \sin 9x - \sin 7x - \sin 3x + \sin x$
(2) $4\cos 6x \cos 4x \cos 2x = \cos 12x + \cos 8x + \cos 4x + 1$

1.9 $y = \dfrac{2^x - 2^{-x}}{2}$ の逆関数を求めよ．

2
微 分 法

2.1 微分係数と導関数

2.1.1 微分係数

関数 $f(x)$ の定義域内で x の値が a から b まで変わるとき
$$\frac{f(b)-f(a)}{b-a} \qquad (2.1)$$
を a から b までの $f(x)$ の **平均変化率** という.(2.1) で $b \to a$ としたときの極限値が存在するとき,これを $x=a$ における **微分係数** といい,$f'(a)$ で表す.
$$f'(a) = \lim_{b \to a} \frac{f(b)-f(a)}{b-a} \qquad (2.2)$$
微分係数 $f'(a)$ が存在するとき,関数 $f(x)$ は $x=a$ で **微分可能** であるという.
$f'(a)$ は曲線 $y=f(x)$ の点 $(a, f(a))$ における **接線** の傾きに等しい.すなわち,この接線は,点 $(a, f(a))$ を通り傾きが $f'(a)$ の直線であり,次式で与えられる.

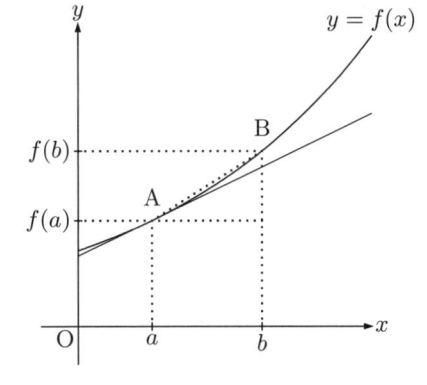

公式 2.1 (接線の方程式) ─────────────
曲線 $y=f(x)$ の点 $(a, f(a))$ における接線の方程式は
$$y = f'(a)(x-a) + f(a)$$
──────────────────────

例 2.1 $f(x) = x^2$ のとき
$$f'(a) = \lim_{b \to a} \frac{b^2-a^2}{b-a} = \lim_{b \to a} \frac{(b-a)(b+a)}{b-a} = \lim_{b \to a}(b+a) = 2a$$
また,曲線 $y=x^2$ の点 $(1,\ 1)$ における接線は
$$y = f'(1)(x-1) + f(1) = 2(x-1) + 1 = 2x - 1$$

$f(x) = x^n$ (n は正の整数) のときも，等式
$$b^n - a^n = (b-a)(b^{n-1} + b^{n-2}a + \cdots + ba^{n-2} + a^{n-1}) \tag{2.3}$$
を用いれば，同様に計算できて，微分係数 $f'(a)$ は次のようになる．
$$f'(a) = na^{n-1}$$

問 2.1 $b^4 - a^4 = (b-a)(b^3 + b^2a + ba^2 + a^3)$ を用いて，$f(x) = x^4$ の $x = a$ における微分係数が $4a^3$ になることを示せ．

(2.2) において，$\lim_{b \to a}(b-a) = 0$ だから，$x = a$ において微分可能のときは
$$\lim_{b \to a}\{f(b) - f(a)\} = 0 \quad \text{すなわち} \quad \lim_{b \to a} f(b) = f(a) \tag{2.4}$$
でなければならない．

一般に，関数 $f(x)$ の定義域内の点 a において，$\lim_{x \to a} f(x)$ が存在して
$$\lim_{x \to a} f(x) = f(a) \tag{2.5}$$
が成り立つとき，$f(x)$ は $x = a$ で**連続**であるという．

例 2.2 関数 $y = x^2$, $y = |x|$ は，いずれも任意の点で連続である．しかし，
$$f(x) = \begin{cases} 1 & (x < 0 \text{ のとき}) \\ 2 & (x \geqq 0 \text{ のとき}) \end{cases}$$
で定義された関数 $f(x)$ は $x = 0$ で連続でない．

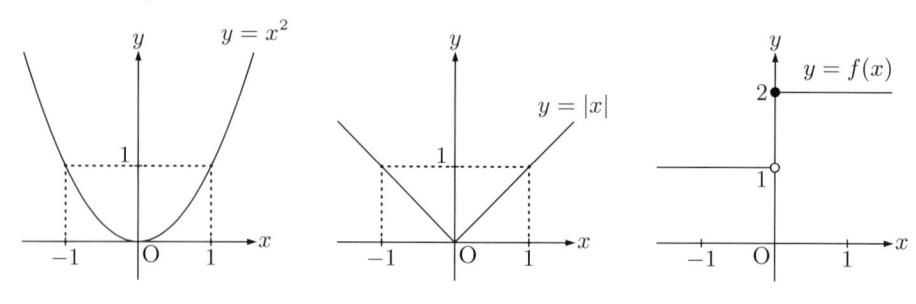

(2.4) より，関数 $f(x)$ は，$x = a$ で微分可能ならば連続である．しかし，次の例のように，逆は必ずしも成り立たない．

例 2.3 $f(x) = |x|$ は $x = 0$ で連続であるが
$$\lim_{x \to +0} \frac{f(x) - f(0)}{x - 0} = \lim_{x \to +0} \frac{x}{x} = 1, \quad \lim_{x \to -0} \frac{f(x) - f(0)}{x - 0} = \lim_{x \to -0} \frac{-x}{x} = -1$$
すなわち，$\lim_{x \to 0} \frac{f(x) - f(0)}{x - 0}$ は存在せず，$f(x)$ は $x = 0$ で微分可能ではない．

2.1.2 導関数

ある区間内のすべての点において関数 $f(x)$ が微分可能のとき，区間内の x の値に微分係数 $f'(x)$ を対応させると，x の関数が得られる．これを **導関数** という．関数 $y = f(x)$ の導関数 $f'(x)$ を次のように表すこともある．

$$y', \quad \{f(x)\}', \quad \frac{dy}{dx}, \quad \frac{d}{dx}f(x)$$

関数 $f(x)$ の導関数を求めることを，$f(x)$ を (x について) **微分する** という．

(2.2) において，a, b をそれぞれ x, ξ で表すと

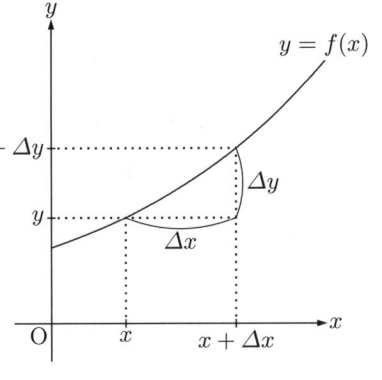

$$f'(x) = \lim_{\xi \to x} \frac{f(\xi) - f(x)}{\xi - x} \tag{2.6}$$

ξ はギリシャ文字でグザイまたはクシー (xi) と読む

(2.6) で，$\xi - x = \Delta x$ とおくと $\xi = x + \Delta x$，また

$$\xi \to x \iff \Delta x \to 0$$

だから，$\Delta y = f(x + \Delta x) - f(x)$ とおくと，(2.6) は

$$f'(x) = \lim_{\Delta x \to 0} \frac{\Delta y}{\Delta x} = \lim_{\Delta x \to 0} \frac{f(x + \Delta x) - f(x)}{\Delta x} \tag{2.7}$$

とも表される．$\Delta x, \Delta y$ はそれぞれ x, y の値の変化量 (増分) である．

例 2.4 $f(x) = x^3$ について，(2.3) より

$$\xi^3 - x^3 = (\xi - x)(\xi^2 + \xi x + x^2)$$

$$\therefore \quad f'(x) = \lim_{\xi \to x} \frac{(\xi - x)(\xi^2 + \xi x + x^2)}{\xi - x} = \lim_{\xi \to x}(\xi^2 + \xi x + x^2) = 3x^2$$

関数 $f(x), g(x)$ をそれぞれ f, g で表すと，次の公式が成り立つ．

公式 2.2

微分可能な関数 f, g と定数 c，正の整数 n について

(1) $(c)' = 0, \quad (x^n)' = nx^{n-1}$

(2) $(cf)' = cf'$

(3) $(f + g)' = f' + g'$

[証明] (1) 関数 $y = c$ については，$\Delta y = 0$ より明らかである．また，$y = x^n$ については，(2.3) を用いて例 2.4 と同様にして証明できる．

(2) $\{cf(x)\}' = \lim_{\xi \to x} \dfrac{cf(\xi) - cf(x)}{\xi - x} = c \lim_{\xi \to x} \dfrac{f(\xi) - f(x)}{\xi - x} = cf'(x)$

$$(3) \quad \{f(x)+g(x)\}' = \lim_{\xi \to x} \frac{\{f(\xi)+g(\xi)\}-\{f(x)+g(x)\}}{\xi-x}$$
$$= \lim_{\xi \to x} \frac{f(\xi)-f(x)}{\xi-x} + \lim_{\xi \to x} \frac{g(\xi)-g(x)}{\xi-x} = f'(x)+g'(x) \qquad \square$$

注意 関数 $y=c$ を**定数関数**という.

問 2.2 次の関数を微分せよ.

(1) $y = x^4 - 2x^3 + 3x^2 + 5$ \qquad (2) $y = x^{10} - 2x^8 + 4x^6$

(3) $y = \dfrac{x^2}{3} + \dfrac{2x}{5} - \dfrac{5}{2}$ \qquad (4) $y = \dfrac{x^3 + 6x^2 + 3}{3}$

2.1.3 べき関数の導関数

$p \neq 0$ である定数 p について,関数 $y = x^p$ を**べき関数**という.たとえば,$y = \sqrt{x}$, $y = \dfrac{1}{x}$ は,それぞれ $y = x^{\frac{1}{2}}$, $y = x^{-1}$ と表されるから,べき関数である.べき関数の定義域は,p が正の整数のときは実数全体,負の整数のときは 0 を除く実数全体であるが,それ以外の場合は次のようになる.

$$p > 0 \text{ のとき } x \geqq 0, \quad p < 0 \text{ のとき } x > 0$$

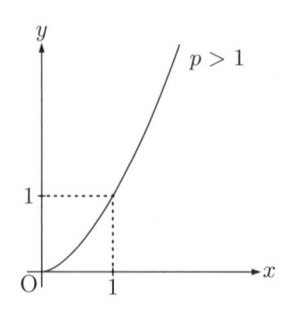

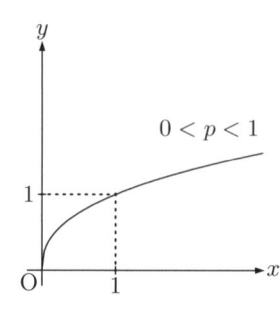

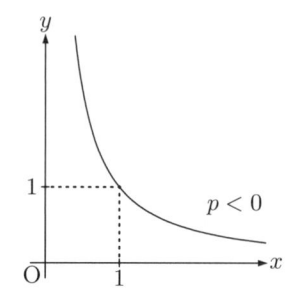

[例題 2.1] $f(x) = \sqrt{x}$, $g(x) = \dfrac{1}{\sqrt{x}}$ を微分せよ.

[解] $(\sqrt{\xi}-\sqrt{x})(\sqrt{\xi}+\sqrt{x}) = \xi - x$ だから

$$f'(x) = \lim_{\xi \to x} \frac{\sqrt{\xi}-\sqrt{x}}{\xi-x} = \lim_{\xi \to x} \frac{(\sqrt{\xi}-\sqrt{x})(\sqrt{\xi}+\sqrt{x})}{(\xi-x)(\sqrt{\xi}+\sqrt{x})}$$
$$= \lim_{\xi \to x} \frac{\xi-x}{(\xi-x)(\sqrt{\xi}+\sqrt{x})} = \lim_{\xi \to x} \frac{1}{\sqrt{\xi}+\sqrt{x}} = \frac{1}{2\sqrt{x}}$$

また $g'(x) = \lim_{\xi \to x} \dfrac{\dfrac{1}{\sqrt{\xi}}-\dfrac{1}{\sqrt{x}}}{\xi-x} = \lim_{\xi \to x} \dfrac{\sqrt{x}-\sqrt{\xi}}{(\xi-x)\sqrt{\xi}\sqrt{x}}$

$$= -\lim_{\xi \to x} \frac{\sqrt{\xi}-\sqrt{x}}{\xi-x} \lim_{\xi \to x} \frac{1}{\sqrt{\xi}\sqrt{x}} = -f'(x) \cdot \frac{1}{x} = -\frac{1}{2\sqrt{x^3}} \qquad \square$$

注意 $f(x)$, $f'(x)$ の定義域は,それぞれ $x \geqq 0$, $x > 0$ である.

問 2.3 $y = \dfrac{1}{x}$ を微分せよ.

例題 2.1 の結果から
$$\left(x^{\frac{1}{2}}\right)' = \frac{1}{2}x^{-\frac{1}{2}} = \frac{1}{2}x^{\frac{1}{2}-1}, \quad \left(x^{-\frac{1}{2}}\right)' = -\frac{1}{2}x^{-\frac{3}{2}} = -\frac{1}{2}x^{-\frac{1}{2}-1}$$
である．同様の計算により，p が有理数のとき，次の公式が成り立つ．
$$(x^p)' = px^{p-1} \tag{2.8}$$

例 2.5 $\left(\sqrt[3]{x}\right)' = \left(x^{\frac{1}{3}}\right)' = \frac{1}{3}x^{-\frac{2}{3}} = \frac{1}{3\sqrt[3]{x^2}}$

$\left(x\sqrt{x}\right)' = \left(x^{\frac{3}{2}}\right)' = \frac{3}{2}x^{\frac{1}{2}} = \frac{3}{2}\sqrt{x}$

問 2.4 次の関数を微分せよ．

(1) $y = \sqrt[3]{x^2}$ (2) $y = x^2\sqrt{x}$ (3) $y = \sqrt[3]{x} + \dfrac{1}{\sqrt[3]{x}}$

2.2 導関数の性質

2.2.1 積と商の導関数

2 つの微分可能な関数 f, g の導関数について，次の公式が成り立つ．

公式 2.3

(1) $(fg)' = f'g + fg'$

(2) $\left(\dfrac{f}{g}\right)' = \dfrac{f'g - fg'}{g^2}$ （ただし，$g \neq 0$）

［証明］ (1) $y = f(x)g(x)$ とおくと
$$\Delta y = f(\xi)g(\xi) - f(x)g(x)$$
$$= \{f(\xi) - f(x)\}g(\xi) + f(x)\{g(\xi) - g(x)\}$$
したがって
$$(f(x)g(x))' = \lim_{\xi \to x}\left\{\frac{f(\xi) - f(x)}{\xi - x} \cdot g(\xi) + f(x) \cdot \frac{g(\xi) - g(x)}{\xi - x}\right\}$$
$$= f'(x)\lim_{\xi \to x}g(\xi) + f(x)g'(x)$$
$g(x)$ は微分可能，よって連続だから $\lim_{\xi \to x}g(\xi) = g(x)$
$$\therefore \quad \{f(x)g(x)\}' = f'(x)g(x) + f(x)g'(x)$$

(2) $y = \dfrac{1}{g(x)}$ とおくと
$$\Delta y = \frac{1}{g(\xi)} - \frac{1}{g(x)} = \frac{g(x) - g(\xi)}{g(\xi)g(x)} = -\frac{g(\xi) - g(x)}{g(\xi)g(x)}$$
$$\therefore \quad \left\{\frac{1}{g(x)}\right\}' = -\lim_{\xi \to x}\left\{\frac{g(\xi) - g(x)}{\xi - x} \cdot \frac{1}{g(\xi)g(x)}\right\} = -\frac{g'(x)}{g(x)^2}$$

したがって
$$\left(\frac{f}{g}\right)' = \left(f \cdot \frac{1}{g}\right)' = f' \cdot \frac{1}{g} + f \cdot \left(\frac{1}{g}\right)' = \frac{f'}{g} - \frac{fg'}{g^2} = \frac{f'g - fg'}{g^2} \qquad \square$$

例 2.6 $\{(x+1)\sqrt{x}\}' = (x+1)'\sqrt{x} + (x+1)(\sqrt{x})' = \sqrt{x} + \dfrac{x+1}{2\sqrt{x}} = \dfrac{3x+1}{2\sqrt{x}}$

$\left(\dfrac{x+2}{x+3}\right)' = \dfrac{(x+2)'(x+3) - (x+2)(x+3)'}{(x+3)^2} = \dfrac{(x+3) - (x+2)}{(x+3)^2} = \dfrac{1}{(x+3)^2}$

問 2.5 次の関数を微分せよ．

(1) $y = (x^2+1)(2x+3)$　　(2) $y = \dfrac{1}{x^2+x+1}$　　(3) $y = \dfrac{\sqrt{x}}{x+1}$

問 2.6 微分可能な関数 f, g, h について，次の公式を示せ．
$$(fgh)' = f'gh + fg'h + fgh'$$

2.2.2　合成関数の導関数

φ はギリシャ文字で
ファイ (phi) と読む

変数 x, y, u について，y は u の関数，u は x の関数であるとする．これを
$$y = f(u), \quad u = \varphi(x) \tag{2.9}$$
と表し，第1式の u に第2式を代入すると
$$y = f(\varphi(x)) \tag{2.10}$$
すなわち，y は x の関数となる．(2.10) を (2.9) の**合成関数**という．

例 2.7 $y = u^3$, $u = x^2 + 1$ の合成関数は $y = (x^2+1)^3$

$y = \sqrt{x^2 - x + 1}$ は $y = \sqrt{u}$, $u = x^2 - x + 1$ の合成関数と考えることができる．

合成関数の導関数を求めよう．

x の値が変化すると，それに応じて u の値，したがって y の値が変化する．x の変化量 Δx に応じた u, y の変化量をそれぞれ Δu, Δy とおく．
$$\Delta u = \varphi(x + \Delta x) - \varphi(x), \quad \Delta y = f(u + \Delta u) - f(u)$$

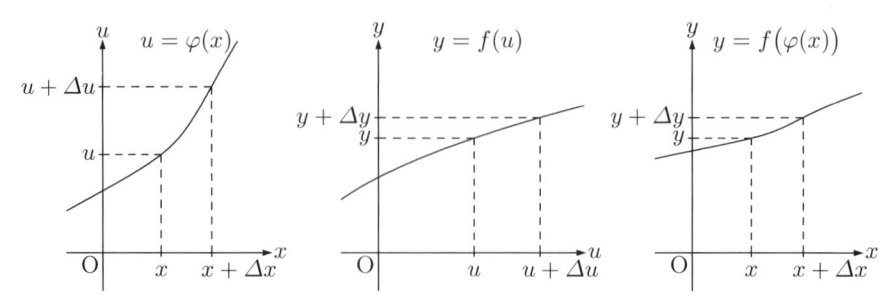

Δx によらず，常に $\Delta u \neq 0$ のとき
$$\frac{\Delta y}{\Delta x} = \frac{\Delta y}{\Delta u} \cdot \frac{\Delta u}{\Delta x}$$

$\Delta x \to 0$ のとき，$\Delta u \to 0$ となるから
$$\frac{dy}{dx} = \lim_{\Delta x \to 0} \frac{\Delta y}{\Delta x} = \lim_{\Delta u \to 0} \frac{\Delta y}{\Delta u} \cdot \lim_{\Delta x \to 0} \frac{\Delta u}{\Delta x} = \frac{dy}{du}\frac{du}{dx}$$
が成り立つ．

$\Delta u = 0$ となるときは，関数 p を
$$p = \begin{cases} \dfrac{\Delta y}{\Delta u} & (\Delta u \neq 0) \\ \dfrac{dy}{du} & (\Delta u = 0) \end{cases}$$
と定めると
$$\lim_{\Delta x \to 0} p = \frac{dy}{du}$$
また
$$\Delta y = p \Delta u$$
が常に成り立つから
$$\frac{dy}{dx} = \lim_{\Delta x \to 0} \frac{\Delta y}{\Delta x} = \lim_{\Delta x \to 0} p \cdot \lim_{\Delta x \to 0} \frac{\Delta u}{\Delta x} = \frac{dy}{du}\frac{du}{dx}$$
以上より，合成関数の導関数について次の公式が成り立つ．

公式 2.4

$y = f(u)$, $u = \varphi(x)$ がいずれも微分可能のとき
$$\frac{dy}{dx} = \frac{dy}{du}\frac{du}{dx} \quad \text{または} \quad \{f(\varphi(x))\}' = f'(\varphi(x))\varphi'(x)$$

注意 後半の $f'(\varphi(x))$ は，導関数 $f'(u)$ に $u = \varphi(x)$ を代入することを意味する．

例 2.8 $y = (x^2 + 3x + 4)^5$
$x^2 + 3x + 4 = u$ とおくと $y = u^5$, $\dfrac{dy}{du} = 5u^4$, $\dfrac{du}{dx} = 2x + 3$
$$\therefore \quad \frac{dy}{dx} = \frac{dy}{du}\frac{du}{dx} = 5u^4(2x + 3) = 5(x^2 + 3x + 4)^4(2x + 3)$$

注意 次のように書いてもよいが，$(u^5)'$ は u について微分することに注意する．
$$\{(x^2 + 3x + 4)^5\}' = (u^5)'(x^2 + 3x + 4)' \quad [x^2 + 3x + 4 = u \text{ とおく}]$$
$$= 5u^4(2x + 3) = 5(x^2 + 3x + 4)^4(2x + 3)$$

問 2.7 次の関数を微分せよ．

(1) $y = (2x + 3)^3$ (2) $y = \sqrt{x^2 + 1}$ (3) $y = \dfrac{1}{(3x + 1)^4}$

問 2.8 次の関数を微分せよ．

(1) $y = (x + 2)^3(-x + 1)^2$ (2) $y = x\sqrt{x + 1}$ (3) $y = \sqrt{\dfrac{2x - 1}{x + 3}}$

2.3 三角関数の導関数

三角関数の導関数を求めるために，まず極限に関する次の公式を示す．

公式 2.5

角 θ の単位がラジアンのとき
$$\lim_{\theta \to 0} \frac{\sin\theta}{\theta} = 1$$

[証明] $0 < \theta < \dfrac{\pi}{2}$ とする．図のように，中心 O, 半径 r の円周上に点 H をとり，OH を中心に中心角が 2θ の扇形 OAB をつくる．さらに，H における円の接線と直線 OA, OB との交点をそれぞれ A′, B′ とする．このとき，△OAB, 扇形 OAB, △OA′B′ の面積をそれぞれ S_1, S_2, S_3 とすると

$$S_1 = \frac{1}{2}r^2 \sin 2\theta$$
$$S_2 = r^2 \theta$$
$$S_3 = r^2 \tan\theta$$

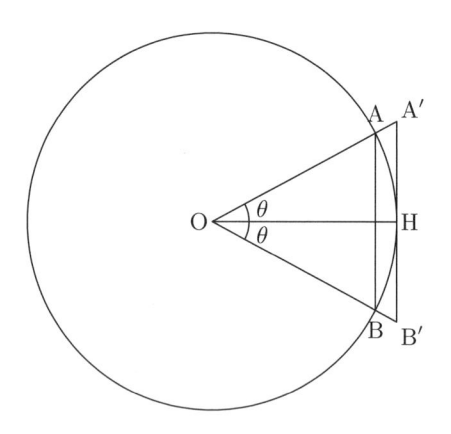

$S_1 < S_2 < S_3$ だから

$$\frac{1}{2}r^2 \sin 2\theta < r^2\theta < r^2 \tan\theta \quad \text{すなわち} \quad \sin\theta\cos\theta < \theta < \frac{\sin\theta}{\cos\theta}$$

これから

$$\cos\theta < \frac{\sin\theta}{\theta} < \frac{1}{\cos\theta}$$

$\theta \to +0$ のとき，$\cos\theta \to 1$, $\dfrac{1}{\cos\theta} \to 1$ となるから $\dfrac{\sin\theta}{\theta}$ も 1 に収束する．

$$\therefore \lim_{\theta \to +0} \frac{\sin\theta}{\theta} = 1$$

$\theta < 0$ のときは

$$\lim_{\theta \to -0} \frac{\sin\theta}{\theta} = \lim_{\theta \to -0} \frac{-\sin\theta}{-\theta} = \lim_{-\theta \to +0} \frac{\sin(-\theta)}{-\theta} = 1$$

したがって，$\displaystyle\lim_{\theta \to 0} \frac{\sin\theta}{\theta} = 1$ が成り立つ． □

注意 弦 AB, 弧 AB の長さはそれぞれ $2r\sin\theta, 2r\theta$ だから，公式 2.5 はこれらの比が 1 に近づくことを意味している．

例 2.9
$$\lim_{\theta \to 0} \frac{\theta}{\sin\theta} = \lim_{\theta \to 0} \frac{1}{\frac{\sin\theta}{\theta}} = 1$$

$$\lim_{\theta \to 0} \frac{\sin 2\theta}{\sin 3\theta} = \lim_{\theta \to 0} \frac{\sin 2\theta}{\theta} \cdot \frac{\theta}{\sin 3\theta} = \lim_{\theta \to 0} \frac{2}{3} \cdot \frac{\sin 2\theta}{2\theta} \cdot \frac{3\theta}{\sin 3\theta} = \frac{2}{3}$$

2.3 三角関数の導関数

例 2.10
$$\lim_{\theta \to 0} \frac{1-\cos\theta}{\theta} = \lim_{\theta \to 0} \frac{1-\cos^2\theta}{\theta(1+\cos\theta)} = \lim_{\theta \to 0} \frac{\sin^2\theta}{\theta(1+\cos\theta)}$$
$$= \lim_{\theta \to 0} \frac{\sin\theta}{\theta} \cdot \frac{\sin\theta}{1+\cos\theta} = 0$$

問 2.9 次の極限値を求めよ．

(1) $\displaystyle\lim_{\theta \to 0} \frac{\tan\theta}{\theta}$ (2) $\displaystyle\lim_{\theta \to 0} \frac{\sin 5\theta}{\theta}$ (3) $\displaystyle\lim_{\theta \to 0} \frac{1-\cos\theta}{\theta^2}$

関数 $y = \sin x$ の導関数を求めよう．
$$\frac{\Delta y}{\Delta x} = \frac{\sin(x + \Delta x) - \sin x}{\Delta x} = \frac{\sin x \cos \Delta x + \cos x \sin \Delta x - \sin x}{\Delta x}$$
$$= \sin x \cdot \frac{\cos \Delta x - 1}{\Delta x} + \cos x \cdot \frac{\sin \Delta x}{\Delta x}$$

公式 2.5 と例 2.10 より
$$\lim_{\Delta x \to 0} \frac{\sin \Delta x}{\Delta x} = 1, \quad \lim_{\Delta x \to 0} \frac{\cos \Delta x - 1}{\Delta x} = -\lim_{\Delta x \to 0} \frac{1 - \cos \Delta x}{\Delta x} = 0$$

したがって
$$\frac{dy}{dx} = \lim_{\Delta x \to 0} \frac{\Delta y}{\Delta x} = \sin x \cdot 0 + \cos x \cdot 1 = \cos x$$

よって $(\sin x)' = \cos x$

$y = \cos x$ についても，同様にして $(\cos x)' = -\sin x$ が示される．

問 2.10 $(\cos x)' = -\sin x$ を示せ．

$y = \tan x$ については，商の微分公式により
$$(\tan x)' = \left(\frac{\sin x}{\cos x}\right)' = \frac{(\sin x)' \cos x - \sin x (\cos x)'}{(\cos^2 x)}$$
$$= \frac{\cos x \cos x - \sin x (-\sin x)}{\cos^2 x} = \frac{\cos^2 x + \sin^2 x}{\cos^2 x} = \frac{1}{\cos^2 x}$$

以上より，三角関数の導関数についての公式が得られる．

公式 2.6
$$(\sin x)' = \cos x, \quad (\cos x)' = -\sin x, \quad (\tan x)' = \frac{1}{\cos^2 x}$$

例 2.11 $(\sin 3x)' = (\sin u)'(3x)' = 3\cos 3x$ $[3x = u \text{ とおいた}]$

$(\cos^4 x)' = ((\cos x)^4)' = (u^4)'(\cos x)' = -4\cos^3 x \sin x$ $[\cos x = u \text{ とおいた}]$

問 2.11 次の関数を微分せよ．

(1) $y = \tan(3x + 2)$ (2) $y = \sin 2x \cos 3x$ (3) $y = \sin^2 x$

余割, cosecant
正割, secant
余接, cotangent

$\sin x$, $\cos x$, $\tan x$ の逆数をそれぞれ**余割**, **正割**, **余接**といい, 次のように表す.

$$\operatorname{cosec} x = \frac{1}{\sin x}, \quad \sec x = \frac{1}{\cos x}, \quad \cot x = \frac{1}{\tan x} = \frac{\cos x}{\sin x}$$

問 2.12 次を示せ.

(1) $(\tan x)' = \sec^2 x$ (2) $(\cot x)' = -\operatorname{cosec}^2 x$

(3) $(\sec x)' = \sin x \sec^2 x$ (4) $(\operatorname{cosec} x)' = -\cos x \operatorname{cosec}^2 x$

$f(x) = \sin x$ について, $x = 0$ における微分係数 $f'(0)$ を定義から求めると

$$f'(0) = \lim_{\Delta x \to 0} \frac{\sin(0 + \Delta x) - \sin 0}{\Delta x} = \lim_{\Delta x \to 0} \frac{\sin(\Delta x)}{\Delta x} = 1 \quad (\text{公式 2.5 より})$$

これは, $f'(x) = \cos x$ に $x = 0$ を代入した値と一致する. $f'(0) = 1$ は $y = \sin x$ のグラフの $x = 0$ における接線の傾きが 1 であることを意味している.

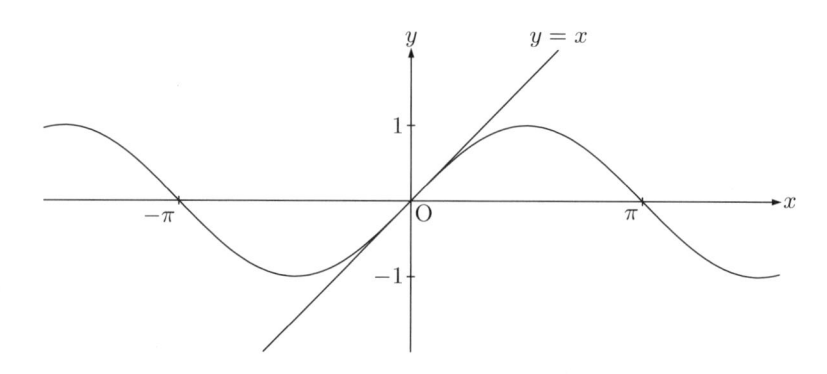

2.4 逆三角関数と導関数

2.4.1 逆関数の導関数

微分可能な関数 $y = f(x)$ が逆関数 $y = f^{-1}(x)$ をもつとする.

$$y = f^{-1}(x) \iff f(y) = x \tag{2.11}$$

$y = f^{-1}(x)$ において, x が Δx 変化したときの y の変化量を Δy とおくと

$$x = f(y)$$
$$x + \Delta x = f(y + \Delta y)$$

これから

$$\Delta x = f(y + \Delta y) - f(y)$$

$f'(y) \neq 0$ のとき, 両辺を Δy で割って逆数をとると

$$\frac{\Delta y}{\Delta x} = \frac{1}{\dfrac{f(y + \Delta y) - f(y)}{\Delta y}}$$

$\Delta x \to 0$ とすることにより, 次の公式が得られる.

公式 2.7

$f'(y) \neq 0$ のとき $\quad \{f^{-1}(x)\}' = \dfrac{1}{f'(y)}$

2.4.2 逆三角関数

関数 $y = \sin x$ について，通常の逆関数の場合と同様に

$$y = \sin^{-1} x \iff \sin y = x$$

を満たす関数 $y = \sin^{-1} x$ を考え，**逆正弦関数**という．

逆正弦, arcsine

例 2.12 $\sin^{-1} \dfrac{1}{2}$ の値を y とおくと

$$y = \sin^{-1} \dfrac{1}{2} \iff \sin y = \dfrac{1}{2}$$

これから

$$y = \dfrac{\pi}{6} + 2n\pi, \ \dfrac{5\pi}{6} + 2n\pi \quad (n \text{ は整数})$$

例 2.12 からわかるように，1 つの x に対して，y の値は 1 つではない．その意味で通常の関数とは異なるが，これも関数の 1 つと考え，**多価関数**という．

関数 $y = \sin^{-1} x$ の定義域は $-1 \leqq x \leqq 1$ で，グラフは，$y = \sin x$ のグラフと直線 $y = x$ に関して対称である．

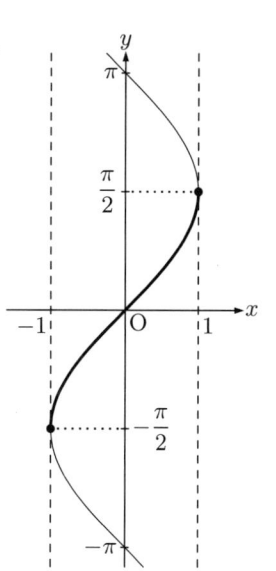

$y = \sin^{-1} x$ において，値域を $-\dfrac{\pi}{2} \leqq y \leqq \dfrac{\pi}{2}$ に制限すると，y の値がただ 1 つ定まる．これを**主値**といい

$$y = \mathrm{Sin}^{-1} x, \quad y = \sin^{-1} x, \quad y = \mathrm{Arcsin}\, x, \quad y = \arcsin x$$

などと表す．

本書では，以後，主値を $y = \sin^{-1} x$ で表すことにする．すなわち

$$y = \sin^{-1} x \iff \sin y = x, \ -\dfrac{\pi}{2} \leqq y \leqq \dfrac{\pi}{2}$$

例 2.13 $\sin^{-1} \dfrac{1}{2} = \dfrac{\pi}{6}, \quad \sin^{-1} 1 = \dfrac{\pi}{2}, \quad \sin^{-1}(-1) = -\dfrac{\pi}{2}$

問 2.13 次の値を求めよ．

(1) $\sin^{-1} 0$
(2) $\sin^{-1} \dfrac{1}{\sqrt{2}}$
(3) $\sin^{-1}\left(-\dfrac{\sqrt{3}}{2}\right)$

同様に，関数 $y = \cos x$ の逆関数を $y = \cos^{-1} x$, $y = \tan x$ の逆関数を $y = \tan^{-1} x$ で表し，それぞれ**逆余弦関数**，**逆正接関数**という．

逆余弦, arccosine
逆正接, arctangent

右図は，$y = \cos^{-1} x$ のグラフであり，主値は $0 \leqq y \leqq \pi$ にとる．すなわち

$$y = \cos^{-1} x \iff \cos y = x, \quad 0 \leqq y \leqq \pi$$

たとえば，$\cos^{-1} 0 = \dfrac{\pi}{2}$, $\cos^{-1}(-1) = \pi$ である．

また，下図は $y = \tan^{-1} x$ のグラフであり，主値は $-\dfrac{\pi}{2} < y < \dfrac{\pi}{2}$ にとる．すなわち

$$y = \tan^{-1} x \iff \tan y = x, \quad -\dfrac{\pi}{2} < y < \dfrac{\pi}{2}$$

たとえば，$\tan^{-1} 0 = 0$, $\tan^{-1} 1 = \dfrac{\pi}{4}$ である．

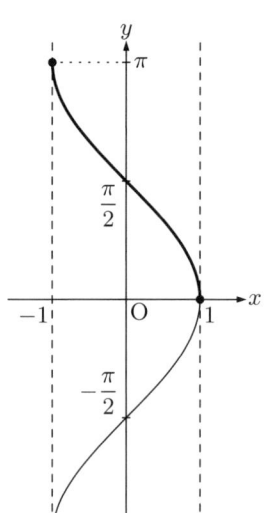

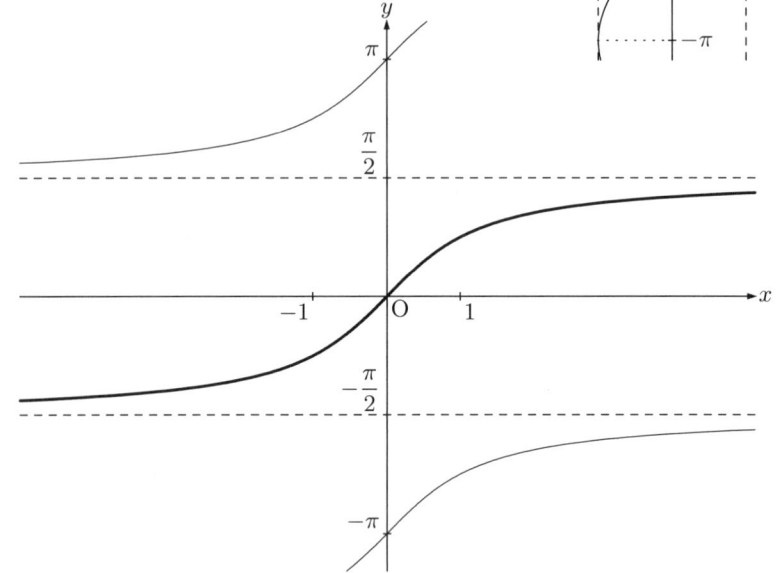

関数 $\sin^{-1} x$, $\cos^{-1} x$ の定義域は $-1 \leqq x \leqq 1$ となり，$\tan^{-1} x$ の定義域は実数全体である．

問 2.14 次の値を求めよ．

(1) $\cos^{-1} 1$ 　　(2) $\cos^{-1} \dfrac{1}{2}$ 　　(3) $\tan^{-1}(-1)$ 　　(4) $\tan^{-1} \sqrt{3}$

2.4.3 逆三角関数の導関数

関数 $y = \sin^{-1} x$ の導関数は，公式 2.7 でも求められるが，ここでは，合成関数の微分法を用いて求めてみよう．(2.11) より

$$\sin y = x$$

この式の両辺を x について微分すると，右辺は 1 となる．左辺は $\sin y$ と $y = \sin^{-1} x$ の合成関数であることに注意すると

2.4 逆三角関数と導関数

$$\frac{d}{dx}(\sin y) = \frac{d}{dy}(\sin y)\frac{dy}{dx} = 1$$

$$\cos y \frac{dy}{dx} = 1 \qquad (2.12)$$

$-\frac{\pi}{2} \leqq y \leqq \frac{\pi}{2}$ より，$\cos y \geqq 0$ である．このとき

$$\cos y = \sqrt{1 - \sin^2 y} = \sqrt{1 - x^2}$$

となるから，(2.12) より，$-1 < x < 1$ のとき

$$\frac{dy}{dx} = \frac{1}{\cos y} = \frac{1}{\sqrt{1 - x^2}}$$

したがって，次の公式が得られる．

$$\left(\sin^{-1} x\right)' = \frac{1}{\sqrt{1 - x^2}} \qquad (-1 < x < 1)$$

関数 $y = \cos^{-1} x$ についても同様にして，次の公式が得られる．

$$\left(\cos^{-1} x\right)' = -\frac{1}{\sqrt{1 - x^2}} \qquad (-1 < x < 1)$$

問 2.15 $\cos^{-1} x$ について，上の微分公式を示せ．

関数 $y = \tan^{-1} x$ については，$\frac{1}{\cos^2 y}\frac{dy}{dx} = 1$ と $1 + \tan^2 y = \frac{1}{\cos^2 y}$ より

$$\frac{dy}{dx} = \cos^2 y = \frac{1}{1 + \tan^2 y} = \frac{1}{1 + x^2}$$

が成り立つ．以上より，逆三角関数について次の微分公式が得られる．

公式 2.8

$$\left(\sin^{-1} x\right)' = \frac{1}{\sqrt{1 - x^2}}, \qquad \left(\cos^{-1} x\right)' = -\frac{1}{\sqrt{1 - x^2}}, \qquad \left(\tan^{-1} x\right)' = \frac{1}{1 + x^2}$$

例 2.14
$$\left(\sin^{-1} \frac{x}{2}\right)' = \left(\sin^{-1} u\right)'\left(\frac{x}{2}\right)' \quad \left[\frac{x}{2} = u \text{ とおいた}\right]$$
$$= \frac{1}{\sqrt{1 - u^2}} \cdot \frac{1}{2} = \frac{1}{2\sqrt{1 - \left(\frac{x}{2}\right)^2}} = \frac{1}{\sqrt{4 - x^2}}$$

問 2.16 次の関数を微分せよ．

(1) $y = \cos^{-1}(3 - 2x)$ (2) $y = \sin^{-1}\frac{1}{x}$ $(x > 1)$

(3) $y = \tan^{-1}\sqrt{1 + x^2}$ (4) $y = \tan^{-1}(\sin x)$

(5) $y = \sin^{-1}(\cos x)$ $(0 < x < \pi)$

2.5 指数関数の導関数

1 でない正の定数 a について,指数関数 $f_a(x) = a^x$ のグラフは,常に点 A(0, 1) を通る.また,$a_1 < a_2$ のとき,次の不等式が成り立つ.

$$a_1{}^x < a_2{}^x \qquad (x > 0)$$

点 A における接線の傾き,すなわち $x = 0$ における微分係数 $f_a{}'(0)$ の値は

$$f_a{}'(0) = \lim_{\Delta x \to 0} \frac{a^{0+\Delta x} - a^0}{\Delta x} = \lim_{\Delta x \to 0} \frac{a^{\Delta x} - 1}{\Delta x}$$

より,a が大きくなるにつれて大きくなる.左側の図は $a = 2.5, 3$ の場合のグラフである.また,右側の図は,点 A の近くを拡大して,A における接線を描き入れたものである.

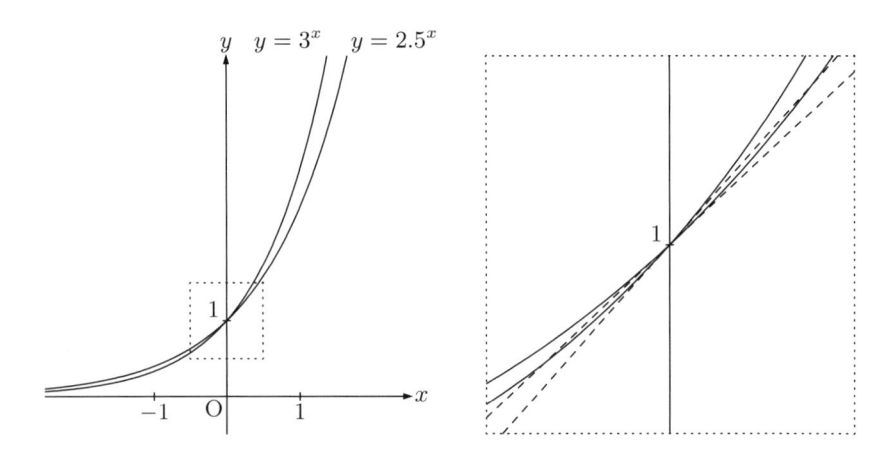

図から推察されるように,接線の傾き $f_a{}'(0)$ は,$a = 2.5$ のとき 1 より小さく,$a = 3$ のとき 1 より大きい.

これらのことから,ちょうど $f_a{}'(0) = 1$ となる a が 2.5 と 3 の間に存在することがわかる.a の値はただ 1 つ定まり,これを記号 e で表し,**ネピアの数**という.

ネピア,Napier
(1550-1617)

$$\lim_{\Delta x \to 0} \frac{e^{\Delta x} - 1}{\Delta x} = 1 \tag{2.13}$$

e は無理数で

$$e = 2.71828\cdots$$

であることが知られている.

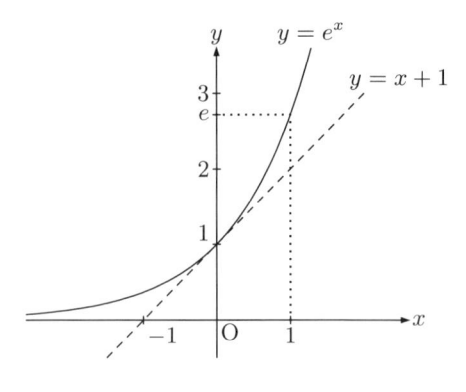

関数 $f(x) = e^x$ の導関数を求めよう.

$$f'(x) = \lim_{\Delta x \to 0} \frac{e^{x+\Delta x} - e^x}{\Delta x}$$
$$= \lim_{\Delta x \to 0} \frac{e^x e^{\Delta x} - e^x}{\Delta x}$$

2.5 指数関数の導関数

$$= \lim_{\Delta x \to 0} \frac{e^x(e^{\Delta x} - 1)}{\Delta x} = e^x \lim_{\Delta x \to 0} \frac{e^{\Delta x} - 1}{\Delta x} = e^x$$

したがって，次の公式が成り立つ．

公式 2.9
$$(e^x)' = e^x$$

例 2.15 $(e^{-x})' = (e^u)'(-x)' = e^u(-1) = -e^{-x}$ $[-x = u$ とおいた$]$

問 2.17 次の関数を微分せよ．

(1) $y = e^{3x+1}$ 　　　　　　(2) $y = e^{x^2}$

(3) $y = (e^{2x} + 1)(e^x - 2)$ 　　(4) $y = \sqrt{e^x + 1}$

(5) $y = \dfrac{1}{e^{2x+3}}$ 　　　　　(6) $y = \dfrac{e^x + 1}{e^x + 3}$

底を e とする対数 $\log_e x$ を **自然対数** という．数値計算を主とする分野では，自然対数を $\ln x$ と表し，底が 10 の対数 (**常用対数**) を，底を省略して $\log x$ と書くことが多いが，本書では，$\log x$ を自然対数の意味に用いる．

正の実数 a について，$\log a = b$ とおくと
$$a = e^b = e^{\log a}$$

これを用いて，指数関数 $y = a^x$ の導関数を求めよう．
$$(a^x)' = (e^{(\log a)x})' = (e^u)'((\log a)x)' \quad [(\log a)x = u \text{ とおいた}]$$
$$= e^{(\log a)x} \log a = a^x \log a$$

したがって，次の微分公式が成り立つ．

$$(a^x)' = a^x \log a$$

例 2.16 $(2^x)' = 2^x \log 2$

問 2.18 次の関数を微分せよ．

(1) $y = 3^x$ 　　　(2) $y = 10^{3x+1}$ 　　　(3) $y = \dfrac{2^x + 2^{-x}}{2}$

次式で定義される関数を **双曲線関数** という．

$$\cosh x = \frac{e^x + e^{-x}}{2}, \quad \sinh x = \frac{e^x - e^{-x}}{2}, \quad \tanh x = \frac{\sinh x}{\cosh x}$$

双曲線関数, hyperbolic function

この双曲線関数は，三角関数と類似の次のような性質をもつ．

(1) $\cosh^2 x - \sinh^2 x = 1$

(2) $\cosh(x_1 + x_2) = \cosh x_1 \cosh x_2 + \sinh x_1 \sinh x_2$

(3) $\sinh(x_1 + x_2) = \sinh x_1 \cosh x_2 + \cosh x_1 \sinh x_2$

(4) $(\cosh x)' = \sinh x, \quad (\sinh x)' = \cosh x$

[証明] (1) を示す．

$$\cosh^2 x - \sinh^2 x = \left(\frac{e^x + e^{-x}}{2}\right)^2 - \left(\frac{e^x - e^{-x}}{2}\right)^2$$
$$= \frac{e^{2x} + 2 + e^{-2x}}{4} - \frac{e^{2x} - 2 + e^{-2x}}{4} = \frac{4}{4} = 1 \quad \square$$

問 2.19 上の性質 (2), (3), (4) を示せ．

2.6 対数関数の導関数

対数関数 $y = \log x$ の導関数を求めよう．

$$y = \log x \iff e^y = x$$

の右側の等式の両辺を x で微分すると

$$\frac{d}{dx}(e^y) = \frac{d}{dy}(e^y)\frac{dy}{dx} = e^y \frac{dy}{dx} = 1$$

$$\frac{dy}{dx} = \frac{1}{e^y} = \frac{1}{x}$$

したがって，次の微分公式が成り立つ．

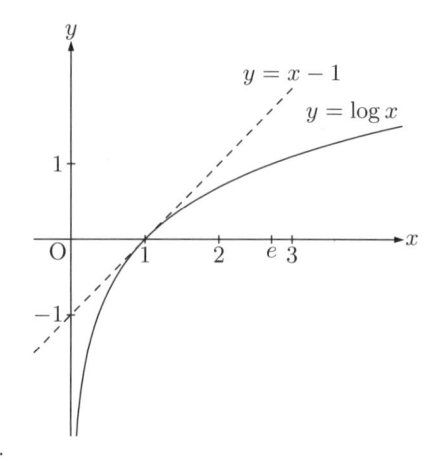

公式 2.10

$$(\log x)' = \frac{1}{x}$$

例 2.17 $\left(\log \sqrt{x^2 + 1}\right)' = \left(\log(x^2 + 1)^{\frac{1}{2}}\right)' = \frac{1}{2}\left(\log(x^2 + 1)\right)'$
$$= \frac{1}{2}(\log u)'(x^2 + 1)' \quad [x^2 + 1 = u \text{ とおいた}]$$
$$= \frac{x}{x^2 + 1}$$

問 2.20 次の関数を微分せよ．

(1) $y = \log(2x - 5)$ (2) $y = \log(e^x + 1)$ (3) $y = \log(\sin x)$

(4) $y = \log \dfrac{1}{x}$ (5) $y = \log(x + 3)(x + 1)$ (6) $y = \log \dfrac{x + 2}{x + 1}$

2.6 対数関数の導関数

関数 $y = \log|x|$ について

$x > 0$ のとき　$(\log|x|)' = (\log x)' = \dfrac{1}{x}$

$x < 0$ のとき　$(\log|x|)' = (\log(-x))' = \dfrac{1}{-x}(-1) = \dfrac{1}{x}$

したがって，次の公式が成り立つ．

$$(\log|x|)' = \dfrac{1}{x}$$

問 2.21 次の関数を微分せよ．

(1) $y = \log|\cos x|$ 　　　　(2) $y = \log|x^4 - 1|$

[例題 2.2] 関数 $y = (x+2)^x$ を微分せよ．

[解] 両辺の対数をとって

$$\log y = \log(x+2)^x = x \log(x+2)$$

両辺を x で微分すると，左辺は

$$\dfrac{d}{dx}(\log y) = \dfrac{d}{dy}(\log y)\dfrac{dy}{dx} = \dfrac{1}{y}\dfrac{dy}{dx} = \dfrac{y'}{y}$$

となるから

$$\dfrac{y'}{y} = \{x \log(x+2)\}' = \log(x+2) + \dfrac{x}{x+2}$$

$$\therefore \quad y' = (x+2)^x \left\{\log(x+2) + \dfrac{x}{x+2}\right\} \qquad \square$$

注意　例題のように，両辺の対数をとって微分する方法を**対数微分法**という．

問 2.22 対数微分法を用いて，次の関数を微分せよ．

(1) $y = x^x \quad (x > 0)$ 　　　　(2) $y = x^{\sin x} \quad (x > 0)$

(3) $y = \sqrt{\dfrac{x+2}{(x-1)(x+3)}} \quad (x > 1)$

問 2.23 p が実数のとき，微分公式 $(x^p)' = px^{p-1}$ を示せ．

一般の対数関数 $y = \log_a x$ については，底の変換公式を用いて

$$(\log_a x)' = \left(\dfrac{\log x}{\log a}\right)' = \dfrac{1}{\log a}(\log x)' = \dfrac{1}{x \log a}$$

したがって，次の公式が成り立つ．

$$(\log_a x)' = \dfrac{1}{x \log a}$$

2.7 媒介変数表示の関数

原点 O を中心とする半径 1 の円上の点を P(x, y) とし，半直線 OP が x 軸の正の部分となす角を t とおくと，次の等式が成り立つ．

$$x = \cos t, \quad y = \sin t \quad (2.14)$$

(2.14) において，t に値を与えると，x, y の値が定まる．逆に，$-1 \leqq x \leqq 1$ を満たす x をとるとき，t の範囲を限定すれば，(2.14) の第 1 式を満たす t の値が 1 つ定まり，第 2 式より y の値が定まる．したがって，(2.14) は x の関数 y を与えているといってよい．

一般に，関数が

$$x = \varphi(t), \quad y = \psi(t) \quad (2.15)$$

で与えられるとき，(2.15) を関数の**媒介変数表示**といい，t を**媒介変数**という．

ψ はギリシャ文字でプサイ (psi) と読む

例 2.18 $x = a \cos t, y = b \sin t$
$\qquad\qquad\qquad$ (a, b は正の定数)
$\cos t = \dfrac{x}{a}, \sin t = \dfrac{y}{b}$ より

$$\frac{x^2}{a^2} + \frac{y^2}{b^2} = 1$$

グラフは，図の楕円である．

例 2.19 $x = a(t - \sin t), y = a(1 - \cos t)$ （a は正の定数）
グラフは図の曲線 (**サイクロイド**) である．

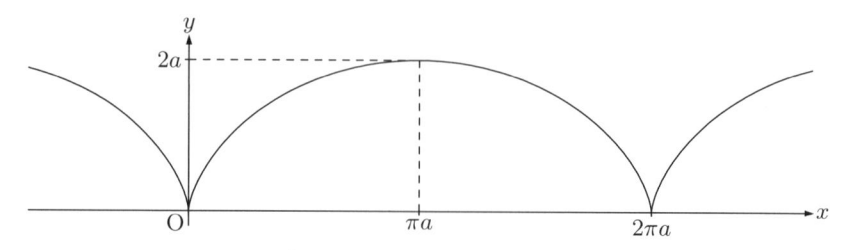

$x = \varphi(t), y = \psi(t)$ で，$\dfrac{dx}{dt} = \varphi'(t) \neq 0$ とする．このとき，$x = \varphi(t)$ は単調に増加または減少するから，x の変化量 Δx に対する t の変化量 Δt は 0 ではない．Δt に対する y の変化量を Δy とすると

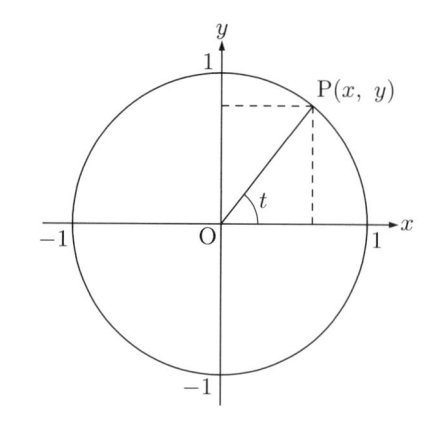

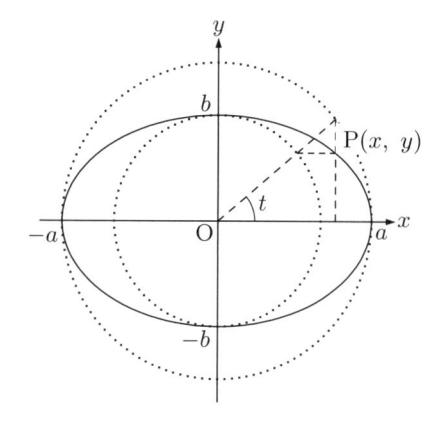

$$\frac{\Delta y}{\Delta x} = \frac{\frac{\Delta y}{\Delta t}}{\frac{\Delta x}{\Delta t}}$$

$\Delta x \to 0$ のとき $\Delta t \to 0$ だから，次の公式が得られる．

公式 2.11

$x = \varphi(t)$, $y = \psi(t)$ で，$\dfrac{dx}{dt} = \varphi'(t) \neq 0$ のとき

$$\frac{dy}{dx} = \frac{\frac{dy}{dt}}{\frac{dx}{dt}} = \frac{\psi'(t)}{\varphi'(t)}$$

例 2.20 円 $x = a\cos t$, $y = a\sin t$ (a は正の定数) について

$$\frac{dy}{dx} = \frac{(a\sin t)'}{(a\cos t)'} = -\frac{a\cos t}{a\sin t} = -\cot t$$

問 2.24 次の関数について，$\dfrac{dy}{dx}$ を求めよ．ただし，a, b は正の定数とする．

(1) $x = a\cos t$, $y = b\sin t$ 　(2) $x = a(t - \sin t)$, $y = a(1 - \cos t)$

2.8 高次導関数

関数 $y = f(x)$ の導関数 $f'(x)$ をさらに微分して得られる関数を，$f(x)$ の **第 2 次導関数** または **2 階導関数** といい

$$y'', \quad f''(x), \quad \frac{d^2y}{dx^2}, \quad \frac{d^2}{dx^2}f(x)$$

のように表す．第 2 次導関数が存在するとき，$f(x)$ は **2 回微分可能** という．

例 2.21 $y = x^3 + 4x^2 - 3x + 1$ のとき　$y' = 3x^2 + 8x - 3$, $y'' = 6x + 8$

問 2.25 次の関数の第 2 次導関数を求めよ．

(1) $y = \sin(3x + 1)$　　(2) $y = e^{-x^2}$　　(3) $y = \log(x^2 + 1)$

3 以上の整数 n についても，同様に **第 n 次導関数** が定義され，次のように表す．

$$y^{(n)}, \quad f^{(n)}(x), \quad \frac{d^n y}{dx^n}, \quad \frac{d^n}{dx^n}f(x)$$

第 n 次導関数が存在するとき，$f(x)$ は n **回微分可能** という．特に，第 n 次導関数が存在して連続であるとき，$f(x)$ は n **回連続微分可能** または C^n **級関数** であるという．

注意 $y^{(n)}$ の記法は $n = 0, 1, 2$ の場合も用いられる．特に，$y^{(0)} = y$ である．

[例題 2.3] $f(x) = x^2 e^x$ について，$f^{(n)}(x) = \{x^2 + 2nx + n(n-1)\}e^x$ であることを数学的帰納法で証明せよ．ただし，n は正の整数とする．

[解] $n = 1$ のとき
$$f'(x) = x^2(e^x)' + (x^2)'e^x = (x^2 + 2x)e^x = \{x^2 + 2 \cdot 1 x + 1 \cdot (1-1)\}e^x$$
となるから，成り立つ．

$n = k$ のとき，$f^{(k)}(x) = \{x^2 + 2kx + k(k-1)\}e^x$ が成り立つと仮定する．このとき
$$f^{(k+1)}(x) = \{x^2 + 2kx + k(k-1)\}(e^x)' + \{x^2 + 2kx + k(k-1)\}'e^x$$
$$= \{x^2 + 2kx + k(k-1) + 2x + 2k\}e^x$$
$$= \{x^2 + 2(k+1)x + k(k+1)\}e^x$$

したがって，$n = k+1$ のときも成り立つ．

以上より，すべての n について等式が成り立つ． □

問 2.26 数学的帰納法で証明せよ．ただし，n は正の整数とする．

(1) $f(x) = \dfrac{1}{x+1}$ のとき $f^{(n)}(x) = (-1)^n n!(x+1)^{-n-1}$

(2) $g(x) = \sin x$ のとき $g^{(n)}(x) = \sin\left(x + \dfrac{n\pi}{2}\right)$

[例題 2.4] 媒介変数表示の関数 $x = \varphi(t)$, $y = \psi(t)$ について，$y'' = \dfrac{d^2 y}{dx^2}$ を $\varphi'(t), \psi'(t), \psi''(t), \varphi''(t)$ で表せ．ただし，$\varphi'(t) \neq 0$ とする．

[解] $z = y' = \dfrac{dy}{dx}$ とおくと，公式 2.11 より
$$x = \varphi(t), \quad z = \frac{\psi'(t)}{\varphi'(t)}$$

再び公式 2.11 を用いて
$$\frac{d^2 y}{dx^2} = \frac{dz}{dx} = \frac{\left\{\dfrac{\psi'(t)}{\varphi'(t)}\right\}'}{\varphi'(t)} = \frac{\psi''(t)\varphi'(t) - \psi'(t)\varphi''(t)}{\varphi'(t)^3}$$
□

問 2.27 次の関数について，$\dfrac{d^2 y}{dx^2}$ を求めよ．

(1) $x = t^2$, $y = t^3$ (2) $x = e^t + e^{-t}$, $y = e^t - e^{-t}$

2.9 平均値の定理

2.9.1 連続関数の性質

2つの実数 a, b $(a < b)$ について，$a \leqq x \leqq b$ を満たす x の集合を**閉区間**といい，$[a, b]$ で表す．また，$a < x < b$ を満たす x の集合を**開区間**といい，(a, b) で表す．同様に，$a < x \leqq b$, $x > a$, $x < b$ を満たす x の集合や実数全体から

2.9 平均値の定理

なる集合を，それぞれ $(a, b]$, (a, ∞), $(-\infty, b)$, $(-\infty, \infty)$ などと表し，これらを総称して**区間**という．区間内の実数 x を点 x ということもある．

関数 $f(x)$ が区間内のすべての点 x で連続，すなわち (2.5) より

$$\lim_{\xi \to x} f(\xi) = f(x) \qquad (\xi は区間内の点)$$

であるとき，$f(x)$ はその区間で連続という．微分可能についても同様である．

連続関数について，以下の定理が知られている．

> **定理 2.1** (最大値・最小値の存在) 関数 $f(x)$ が閉区間 $[a, b]$ で連続ならば，最大値 (最小値) をとる点が区間内に少なくとも 1 つ存在する．

> **定理 2.2** (中間値の定理) 関数 $f(x)$ が閉区間 $[a, b]$ で連続で，$f(a) \neq f(b)$ のとき，$f(a)$ と $f(b)$ の間の任意の値 k について
> $$f(c) = k \qquad (a < c < b)$$
> を満たす点 c が少なくとも 1 つ存在する．

本書では，これらの定理の証明を省略するが，たとえば，定理 2.2 の意味は次の通りである．閉区間 $[a, b]$ で連続である関数 $f(x)$ のグラフでは，両端の点 $(a, f(a))$, $(b, f(b))$ が切れ目なくつながっている．したがって，$f(a)$ と $f(b)$ の間の k に対して，直線 $y = k$ はこのグラフと必ず共有点をもつことになる．

特に，$f(a)$ と $f(b)$ が異符号のときは，方程式 $f(x) = 0$ の解が少なくとも 1 つ存在する．

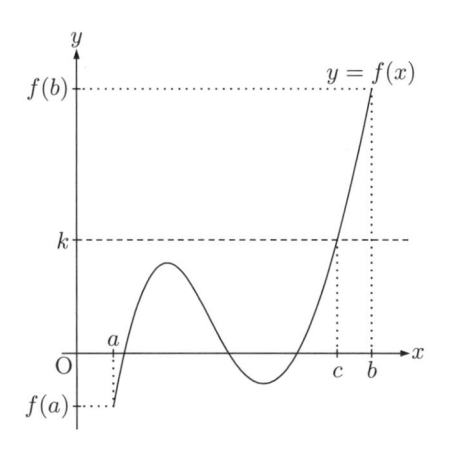

2.9.2 平均値の定理

はじめに，定理 2.1 を用いて次の定理を示すことにする．

> **定理 2.3** (ロルの定理) 関数 $f(x)$ は閉区間 $[a, b]$ で連続で，開区間 (a, b) で微分可能とする．さらに，$f(a) = f(b)$ を満たすならば
> $$f'(c) = 0 \qquad (a < c < b)$$
> を満たす点 c が少なくとも 1 つ存在する．

ロル, Rolle
(1652-1719)

[証明] 最大値・最小値がともに $f(a)$ である場合は，$[a, b]$ 内のすべての点 x で $f(x) = f(a)$，すなわち関数 $f(x)$ は定数関数となるから，定理は成り立つ．
最大値が $f(a)$ に等しくない場合は，定理 2.1 より，最大値をとる点 c が区間 (a, b) に存在する．このとき，任意の x に対して $f(x) \leqq f(c)$ となるから

$$\lim_{x \to c+0} \frac{f(x) - f(c)}{x - c} \leqq 0$$

$$\lim_{x \to c-0} \frac{f(x) - f(c)}{x - c} \geqq 0$$

これらの極限はいずれも $f'(c)$ になるから，$f'(c) = 0$ が成り立つ．最小値が $f(a)$ に等しくない場合も同様に証明される． □

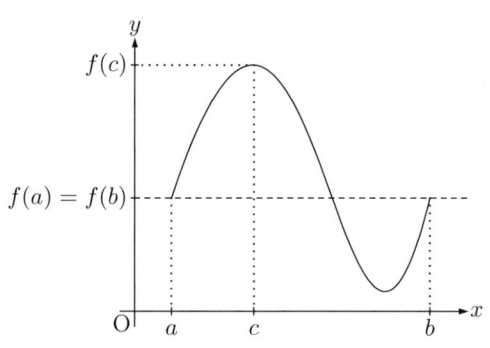

定理 2.4 (平均値の定理) 関数 $f(x)$ は閉区間 $[a, b]$ で連続で，開区間 (a, b) で微分可能とする．このとき

$$\frac{f(b) - f(a)}{b - a} = f'(c) \qquad (a < c < b)$$

を満たす点 c が少なくとも 1 つ存在する．

[証明] $m = \dfrac{f(b) - f(a)}{b - a}$ とおいて，関数 $F(x)$ を次のように定める

$$F(x) = f(x) - f(a) - m(x - a) \quad (1)$$

$F(x)$ も $f(x)$ と同様に，区間 $[a, b]$ で連続，区間 (a, b) で微分可能である．また

$$F(a) = f(a) - f(a) - m(a - a) = 0$$
$$F(b) = f(b) - f(a) - m(b - a)$$
$$\quad = m(b - a) - m(b - a) = 0$$

となるから，ロルの定理を適用して

$$F'(c) = 0 \quad (a < c < b)$$

となる c が少なくとも 1 つ存在する．
(1) より

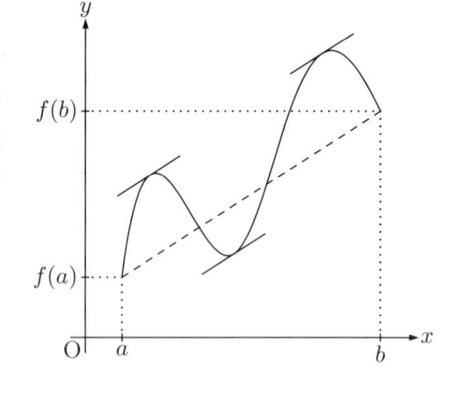

$$F'(x) = f'(x) - m = f'(x) - \frac{f(b) - f(a)}{b - a}$$

したがって，$F'(c) = 0$ より

$$f'(c) - \frac{f(b) - f(a)}{b - a} = 0 \quad \therefore \quad \frac{f(b) - f(a)}{b - a} = f'(c) \qquad □$$

注意 定理の等式を $f(b) - f(a) = f'(c)(b - a)$ と表すこともある．

また，$\dfrac{c-a}{b-a} = \theta$ とおくと
$$0 < \theta < 1, \quad c = a + \theta(b-a)$$
である．さらに，$b - a = h$ とおくと，定理の等式は次のようになる．
$$f(a+h) - f(a) = f'(a + \theta h)\,h \qquad (0 < \theta < 1)$$

[例題 2.5] 関数 $f(x)$ が開区間 (a, b) で常に $f'(x) = 0$ を満たせば，$f(x)$ は定数関数であることを示せ．

[解] (a, b) 内の任意の 2 点 x_1, x_2 $(x_1 < x_2)$ をとり，区間 $[x_1, x_2]$ で平均値の定理を適用すると
$$f(x_2) - f(x_1) = f'(c)(x_2 - x_1) \qquad (x_1 < c < x_2)$$
を満たす c が存在する．仮定より，$f'(c) = 0$ だから
$$f(x_2) - f(x_1) = 0$$
したがって，$f(x_1) = f(x_2)$ が成り立つから，$f(x)$ は定数関数である． □

問 2.28 関数 $f(x)$ は閉区間 $[a, b]$ で連続で，開区間 (a, b) 内のすべての点 x で $f'(x) \neq 0$ を満たせば，$f(a) \neq f(b)$ であることを示せ．

問 2.29 $0 < x < \dfrac{\pi}{2}$ のとき，$y = \sin^{-1}(\sin x) - x$ を微分せよ．さらに，$\sin^{-1}(\sin x) = x$ であることを示せ．

問 2.30 $\sin^{-1} x + \cos^{-1} x = \dfrac{\pi}{2}$ であることを示せ．

2.10 ロピタルの定理

関数 $f(x), g(x)$ は a を含むある区間で連続で，$f(a) = 0, g(a) = 0$ となり，また，$x = a$ 以外の点で微分可能とする．このとき，平均値の定理より

ロピタル，L'Hospital
(1661-1704)

$$f(x) = f'(c_1)(x - a), \qquad g(x) = g'(c_2)(x - a)$$
を満たす c_1, c_2 が a と x の間に存在する．

さらに，a の近くの点 x で $g'(x) \neq 0$ とし
$$\lim_{x \to a} f'(x),\ \lim_{x \to a} g'(x)\ \text{が存在},\qquad \lim_{x \to a} g'(x) \neq 0 \qquad (2.16)$$
とすると
$$\lim_{x \to a} \frac{f(x)}{g(x)} = \lim_{x \to a} \frac{f'(c_1)(x-a)}{g'(c_2)(x-a)} = \lim_{x \to a} \frac{f'(c_1)}{g'(c_2)}$$
$x \to a$ のとき，$c_1 \to a,\ c_2 \to a$ だから，$f'(x), g'(x)$ が連続とすると
$$\lim_{x \to a} \frac{f(x)}{g(x)} = \lim_{x \to a} \frac{f'(x)}{g'(x)}$$
したがって，(2.16) の仮定のもとに次の定理が得られる．

> **定理 2.5**（ロピタルの定理）　関数 $f(x), g(x)$ は a を含むある区間で連続で，$f(a)=0, g(a)=0$ であり，区間内の $x=a$ 以外の点で微分可能で $f'(x), g'(x)$ は連続かつ $g'(x) \neq 0$ ならば
> $$\lim_{x \to a} \frac{f(x)}{g(x)} = \lim_{x \to a} \frac{f'(x)}{g'(x)}$$

例 2.22　$\displaystyle \lim_{x \to 0} \frac{\sin x}{e^x - 1} = \lim_{x \to 0} \frac{(\sin x)'}{(e^x - 1)'} = \lim_{x \to 0} \frac{\cos x}{e^x} = \frac{1}{1} = 1$

問 2.31　次の極限値を求めよ．

(1) $\displaystyle \lim_{x \to 1} \frac{x^3 - 1}{x^5 - 1}$　　(2) $\displaystyle \lim_{x \to 0} \frac{\sqrt{x+4} - 2}{\sqrt{x+1} - 1}$　　(3) $\displaystyle \lim_{x \to 0} \frac{\sin^{-1} x}{\tan^{-1} x}$

定理 2.5 は分数形の極限を計算するのに有用であるが，たとえば
$$\lim_{x \to 0} \frac{1 - \cos x}{x^2}$$
については
$$\lim_{x \to 0} (x^2)' = \lim_{x \to 0} 2x = 0$$
となり，(2.16) を満たさないから，このままでは適用できない．(2.16) に代わる条件を求めるために，まず次の定理を証明する．

コーシー，Cauchy
(1789-1857)

> **定理 2.6**（コーシーの平均値の定理）　関数 $f(x), g(x)$ は閉区間 $[a, b]$ で連続で，開区間 (a, b) で微分可能とする．さらに，(a, b) 内のすべての点 x で $g'(x) \neq 0$ とする．このとき
> $$\frac{f(b) - f(a)}{g(b) - g(a)} = \frac{f'(c)}{g'(c)} \qquad (a < c < b)$$
> を満たす点 c が少なくとも 1 つ存在する．

［証明］　$m = \dfrac{f(b) - f(a)}{g(b) - g(a)}$ とおき，関数 $F(x)$ を次のように定める．
$$F(x) = f(x) - f(a) - m\{g(x) - g(a)\} \tag{1}$$
$F(x)$ も $f(x), g(x)$ と同様に $[a, b]$ で連続，(a, b) で微分可能である．また
$$F(a) = f(a) - f(a) - m\{g(a) - g(a)\} = 0$$
$$F(b) = f(b) - f(a) - m\{g(b) - g(a)\}$$
$$= m\{g(b) - g(a)\} - m\{g(b) - g(a)\} = 0$$
となるから，ロルの定理より
$$F'(c) = f'(c) - mg'(c) = 0 \qquad (a < c < b)$$
となる c が少なくとも 1 つ存在する．これを変形すると

2.10 ロピタルの定理

$$\frac{f'(c)}{g'(c)} = m = \frac{f(b)-f(a)}{g(b)-g(a)}$$

したがって，定理が成り立つ． □

定理 2.6 を用いると，定理 2.5 は

$$\lim_{x \to a} \frac{f'(x)}{g'(x)} \text{ が存在する} \tag{2.17}$$

という仮定のもとに，次のように証明される．

$f(a)=0$, $f(b)=0$ に注意すると

$$\frac{f(x)}{g(x)} = \frac{f'(c)}{g'(c)} \quad (c \text{ は } a \text{ と } x \text{ の間の数})$$

となる c が存在する．$x \to a$ のとき，$c \to a$ となるから定理が成り立つ．

注意 $\lim_{x \to a} \frac{f(x)}{g(x)}$ が形式的に $\frac{0}{0}$ になる場合を，$\frac{0}{0}$ 形の**不定形**という．

(2.17) より，不定形である限り，ロピタルの定理を繰り返し用いてよい．

例 2.23
$$\lim_{x \to 0} \frac{1-\cos x}{2\sqrt{1+x}-2-x} = \lim_{x \to 0} \frac{(1-\cos x)'}{\left\{2(1+x)^{\frac{1}{2}}-2-x\right\}'}$$
$$= \lim_{x \to 0} \frac{\sin x}{(1+x)^{-\frac{1}{2}}-1} = \lim_{x \to 0} \frac{(\sin x)'}{\left\{(1+x)^{-\frac{1}{2}}-1\right\}'}$$
$$= \lim_{x \to 0} \frac{\cos x}{-\frac{1}{2}(1+x)^{-\frac{3}{2}}} = -2$$

問 2.32 次の極限値を求めよ．

(1) $\displaystyle\lim_{x \to 0} \frac{e^x - 1 - x}{x^2}$ (2) $\displaystyle\lim_{x \to 0} \frac{\sin x - x}{x^3}$ (3) $\displaystyle\lim_{x \to 0} \frac{\sin x^2}{\cos x - 1}$

本書では証明を省略するが，ロピタルの定理は，形式的に

$$\lim_{x \to a} \frac{f(x)}{g(x)} = \frac{\infty}{\infty}, \quad \lim_{x \to \infty} \frac{f(x)}{g(x)} = \frac{0}{0}, \quad \lim_{x \to \infty} \frac{f(x)}{g(x)} = \frac{\infty}{\infty}$$

の不定形にも適用できることが知られている．

例 2.24 $\displaystyle\lim_{x \to \infty} \frac{\log x}{x} = \lim_{x \to \infty} \frac{(\log x)'}{(x)'} = \lim_{x \to \infty} \frac{\frac{1}{x}}{1} = \lim_{x \to \infty} \frac{1}{x} = 0$

問 2.33 次の極限値を求めよ．

(1) $\displaystyle\lim_{x \to \infty} \frac{\log x}{\sqrt{x}}$ (2) $\displaystyle\lim_{x \to \infty} \frac{x^2}{e^x}$ (3) $\displaystyle\lim_{x \to \infty} \frac{\log(x^2+1)}{\log x}$

2.11 微分法の応用

2.11.1 極大・極小

関数 $f(x)$ の定義域内の点 a において，a の近くにあって a とは異なる任意の x に対して

$$f(a) > f(x) \qquad (2.18)$$

であるとき，$f(x)$ は a で**極大**になるといい，$f(a)$ を**極大値**という．

同様に

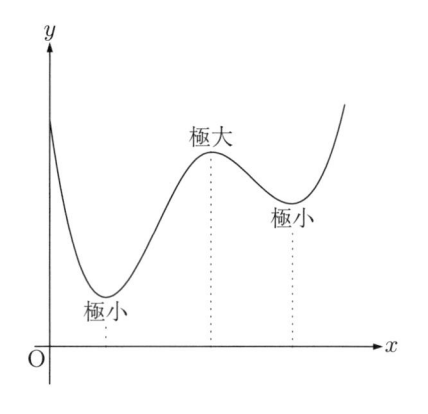

$$f(a) < f(x) \qquad (2.19)$$

が成り立つとき，$f(x)$ は a で**極小**になるといい，$f(a)$ を**極小値**という．極大値と極小値を合わせて**極値**という．

関数 $f(x)$ が a を含むある区間で微分可能のとき，次の公式が成り立つ．

公式 2.12 (極値の必要条件) ―――――――――

関数 $f(x)$ が点 a で極値をとるならば $f'(a) = 0$

―――――――――

[証明] 極大値をとる場合，(2.18) より $f(x) - f(a) < 0$ となるから

$$x > a \text{ のとき} \qquad \frac{f(x) - f(a)}{x - a} < 0 \qquad (1)$$

$$x < a \text{ のとき} \qquad \frac{f(x) - f(a)}{x - a} > 0 \qquad (2)$$

$f'(a) = \lim_{x \to a} \dfrac{f(x) - f(a)}{x - a}$ だから

(1) より $f'(a) \leqq 0$, (2) より $f'(a) \geqq 0$

したがって，$f'(a) = 0$ である．極小値をとる場合も同様に示される． □

逆に，$f'(a) = 0$ であるとき，実際に極値をとるかを調べよう．$f(x)$ は開区間 I で微分可能とする．このとき，次の公式が成り立つ．

公式 2.13 ―――――――――

開区間 I のすべての x について

(1) $f'(x) > 0$ ならば，$f(x)$ は I で単調に増加する．
(2) $f'(x) < 0$ ならば，$f(x)$ は I で単調に減少する．

―――――――――

2.11 微分法の応用

[証明] (1) を示す.

区間 I 内に 2 点 x_1, x_2 $(x_1 < x_2)$ をとると，平均値の定理より

$$f(x_2) - f(x_1) = f'(c)(x_2 - x_1) \quad (x_1 < c < x_2)$$

を満たす c が存在する. c も区間 I の点だから $f'(c) > 0$
したがって

$$f(x_2) - f(x_1) > 0 \quad \text{すなわち} \quad f(x_1) < f(x_2)$$

となるから, $f(x)$ は単調に増加する. □

公式 2.12, 2.13 を用いて極値が求められることを例題で示そう.

[例題 2.6] $y = x^4 - 4x^3 - 20x^2 + 2$ の極値を求めよ.

[解] $y' = 4x^3 - 12x^2 - 40x = 4x(x^2 - 3x - 10) = 4x(x+2)(x-5)$
$y' = 0$ より $x = -2, 0, 5$
区間 $(-\infty, -2), (-2, 0), (0, 5), (5, \infty)$ で, y' の符号はそれぞれ負, 正, 負, 正となるから, 増減は次の表 (**増減表**) のようになる.

x		-2		0		5	
y'	$-$	0	$+$	0	$-$	0	$+$
y	↘	極小	↗	極大	↘	極小	↗

したがって　　$x = -2$ のとき　極小値 -30
　　　　　　　$x = 0$ のとき　極大値 2
　　　　　　　$x = 5$ のとき　極小値 -373 □

問 2.34 次の関数の極値を求めよ.

(1) $y = (x^2 - 3x + 1)e^x$　　(2) $y = 3x^4 - 8x^3$

[例題 2.7] 関数 $y = x \log x$ $(x > 0)$ の極値を求め, グラフを描け.

[解] $y' = \log x + x \cdot \dfrac{1}{x} = \log x + 1$
$y' = 0$ より $\log x = -1$
$$\therefore \quad x = e^{-1} = \frac{1}{e}$$

増減表は次のようになる.

x	0		e^{-1}	
y'	×	$-$	0	$+$
y	×	↘	極小	↗

したがって, $x = \dfrac{1}{e}$ のとき, 極小値 $-\dfrac{1}{e}$
をとる.
また
$$\lim_{x \to \infty} x \log x = \infty$$

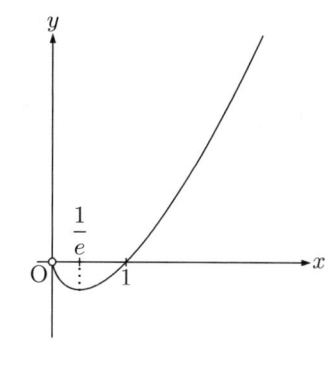

$$\lim_{x\to+0} x\log x = \lim_{x\to+0} \frac{\log x}{\frac{1}{x}} = \lim_{x\to+0} \frac{(\log x)'}{\left(\frac{1}{x}\right)'} = \lim_{x\to+0} \frac{\frac{1}{x}}{-\frac{1}{x^2}}$$
$$= \lim_{x\to+0} (-x) = 0$$

以上より，グラフは図のようになる． □

問 2.35 次の関数の極値を求め，グラフを描け．

(1) $y = xe^{-x}$　　(2) $y = \dfrac{\log x}{x}$　　(3) $y = x - \sqrt{x}$

(4) $y = 2\cos x + x$ $(0 \leqq x \leqq 2\pi)$

2.11.2 グラフの凹凸

曲線 $y = f(x)$ 上の $x = a$ に対応する点 P において接線を引くとき，P の近くでグラフがその接線の下側にあれば，関数 $y = f(x)$ は $x = a$ において **上に凸** であるといい，P の近くでグラフが接線の上側にあれば，**下に凸** であるという．

関数 $y = f(x)$ が区間 I のすべての点において上に凸のとき，区間 I において上に凸であるという．下に凸の場合も同様である．

$x < a$ と $x > a$ とでグラフと接線の上下関係が入れ替わるとき，点 $(a, f(a))$ を **変曲点** という．

区間 I において，$f''(x) > 0$ であるとき，x の増加にともなって接線の傾き $f'(x)$ が増加するから，この関数のグラフは下に凸であることがわかる．また，$f''(x) < 0$ のときも同様に考えて，次の公式が得られる．

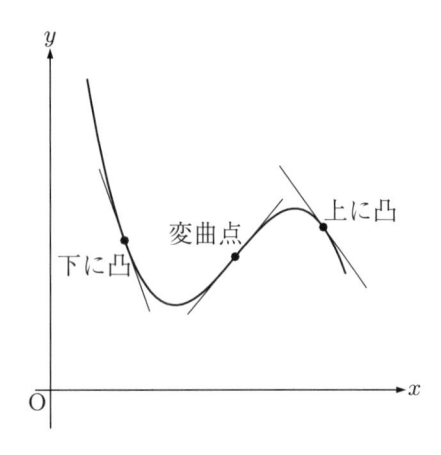

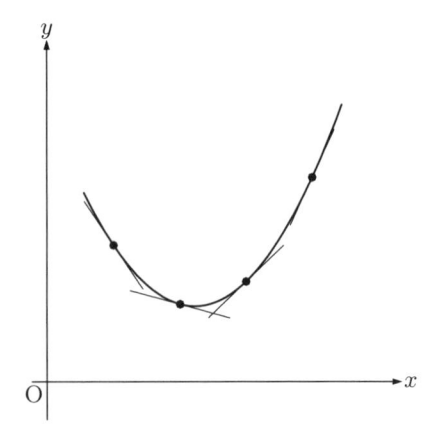

2.11 微分法の応用

公式 2.14

開区間 I のすべての x について
(1) $f''(x) > 0$ ならば，$f(x)$ は I で下に凸である．
(2) $f''(x) < 0$ ならば，$f(x)$ は I で上に凸である．

[例題 2.8] 関数 $y = x^4 - 8x^3 + 18x^2 - 11$ の増減，極値，グラフの凹凸，変曲点を調べ，グラフの概形を描け．

[解] y', y'' を求めると
$$y' = 4x^3 - 24x^2 + 36x = 4x(x-3)^2$$
$$y'' = 12x^2 - 48x + 36$$
$$= 12(x-1)(x-3)$$

$y' = 0$ より $x = 0, 3$
$y'' = 0$ より $x = 1, 3$
y' と y'' の符号を同時に考えて
 増加かつ上に凸を ⤴
 増加かつ下に凸を ⤴
 減少かつ上に凸を ⤵
 減少かつ下に凸を ⤵
で表すと，増減表は次のようになる．

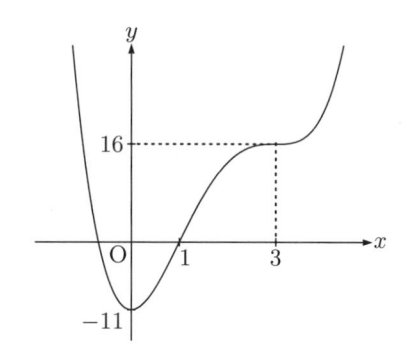

x		0		1		3	
y'	−	0	+	+	+	0	+
y''	+	+	+	0	−	0	+
y	⤵	極小	⤴	変曲点	⤴	変曲点	⤴

したがって，$x = 0$ のとき，極小値 -11 をとる．
また，変曲点は $(1, 0)$ と $(3, 16)$ であり，グラフは図のようになる． □

問 2.36 次の関数の増減，極値，凹凸，変曲点を調べ，グラフの概形を描け．
(1) $y = e^{-\frac{x^2}{2}}$
(2) $y = x^2 \log \dfrac{x}{2}$ $(x > 0)$

2.11.3 速度・加速度

数直線を運動する点 P の時刻 t における座標を x とすると，x は t の関数になる．この関数を $x(t)$ とおくと
$$x(t + \Delta t) - x(t)$$
は点 P が時刻 t から時刻 $t + \Delta t$ まで運動したときの変位を表すから

$$\frac{x(t+\Delta t)-x(t)}{\Delta t} \tag{2.20}$$

は t と $t+\Delta t$ の間の平均の速度を表す.

(2.20) の $\Delta t \to 0$ のときの極限値

$$v(t)=\frac{dx}{dt}=\lim_{\Delta t \to 0}\frac{x(t+\Delta t)-x(t)}{\Delta t} \tag{2.21}$$

を時刻 t における点 P の**速度**という. また, 速度の変化率

$$a(t)=\frac{dv}{dt}=\frac{d^2x}{dt^2}=\lim_{\Delta t \to 0}\frac{v(t+\Delta t)-v(t)}{\Delta t} \tag{2.22}$$

を時刻 t における点 P の**加速度**という.

問 2.37 A, ω を正の定数とするとき, 時刻 t における座標が $x=A\sin\omega t$ で表される点 P の速度, 加速度を求めよ.

一般に, y が時刻 t の関数のとき

$$v(t)=\frac{dy}{dt}=\lim_{t \to 0}\frac{y(t+\Delta t)-y(t)}{\Delta t}$$

を y の時刻 t における速度という. 加速度についても同様に定義される.

問 2.38 ある化学反応で, 反応物 A の時刻 t における濃度を y とすると, $y=y_0 e^{-kt}$ (y_0, k は正の定数) で表される. このとき, y の速度, 加速度を求めよ.

Column

歴史的には, 次章で学ぶ定積分の方が, 微分より先であった. ヘレニズム期の古代ギリシャ(シチリア島) に生まれたアルキメデス (287?-212B.C.) は, その著作『円の計測』において, 円に内外接する正 96 角形の周長を計算することによって円周率 π の精密な近似値を得ている.

章末問題 2

— A —

2.1 $f(x)$ は $x=0$ で微分可能で $f'(0)=a$, $f(0)=b$ とする. 次の各値を a, b を用いて表せ.

(1) $\displaystyle\lim_{x\to 0}\frac{f(3x)-f(0)}{x}$ (2) $\displaystyle\lim_{x\to 0}\frac{f(x)-f(-x)}{x}$ (3) $\displaystyle\lim_{x\to 0}\frac{\{f(x)\}^2-\{f(0)\}^2}{x}$

2.2 次の関数を微分せよ.

(1) $y=\sqrt{x+\sqrt{x}}$ (2) $y=\sqrt{\dfrac{x-1}{x+1}}$ (3) $y=(x-2)\sqrt[3]{x+1}$

(4) $y=\sin x\cos^3 x$ (5) $y=\sqrt{\tan x}$ (6) $y=x^2\sin\pi x$

(7) $y=e^{-x}(\sin 2x+\cos 2x)$ (8) $y=\dfrac{e^x+1}{e^x-1}$ (9) $y=\log\dfrac{\sin x+1}{\cos x+1}$

2.3 次の公式を示せ. ただし, a は 0 でない定数とする.

(1) $\left(\dfrac{1}{2a}\log\left|\dfrac{x-a}{x+a}\right|\right)'=\dfrac{1}{x^2-a^2}$ (2) $\left(\log\left|x+\sqrt{x^2+a}\right|\right)'=\dfrac{1}{\sqrt{x^2+a}}$

2.4 次の公式を示せ. ただし, a は 0 でない定数で, (1) では $a>0$ とする.

(1) $\left(\sin^{-1}\dfrac{x}{a}\right)'=\dfrac{1}{\sqrt{a^2-x^2}}$ (2) $\left(\tan^{-1}\dfrac{x}{a}\right)'=\dfrac{a}{x^2+a^2}$

2.5 $y=\sin^{-1}x+\sin^{-1}\sqrt{1-x^2}$ $(0<x<1)$ に対して, 次の問いに答えよ.

(1) y' を求めよ.

(2) $y=\dfrac{\pi}{2}$ であることを示せ.

2.6 関数 f, g について, 次の等式を示せ.

(1) $(fg)''=f''g+2f'g'+fg''$

(2) $(fg)^{(3)}=f^{(3)}g+3f''g'+3f'g''+fg^{(3)}$

2.7 次の極限値を求めよ.

(1) $\displaystyle\lim_{x\to 1}\frac{\log x}{\sin\pi x}$ (2) $\displaystyle\lim_{x\to 0}\frac{\tan^{-1}x-x}{\sin x-x}$ (3) $\displaystyle\lim_{x\to +0}\frac{x\log x}{\cot x}$

2.8 次の関数の極値を求め, グラフを描け.

(1) $y=\dfrac{\sqrt{x}}{x+1}$ (2) $y=x^2+\dfrac{2}{x}$ $(x\ne 0)$

(3) $y=\sin^2 x$ $(0\le x\le 2\pi)$ (4) $y=e^{-x}\sin x$ $(0\le x\le 2\pi)$

2.9 次の関数のグラフの変曲点を求めよ.

(1) $y=\dfrac{1}{x^2+1}$ (2) $y=\dfrac{\log x}{x}$

(3) $y=\dfrac{1}{e^x+1}$ (4) $y=x^4-4x^3+6x^2$

— B —

2.10 次の値を求めよ.

(1) $\cos\left(\sin^{-1}\dfrac{1}{3}\right)$
(2) $\tan\left(\cos^{-1}\dfrac{3}{5}\right)$
(3) $\sin\left(\tan^{-1}\dfrac{1}{\sqrt{5}}\right)$

2.11 $f(x) = \log x$ の $x=1$ における微分係数の値を用いて, 次の公式を示せ.
$$\lim_{x \to 0}(1+x)^{\frac{1}{x}} = e$$

2.12 次の極限値を求めよ.

(1) $\lim_{x \to 0}(1+2x)^{\frac{1}{x}}$
(2) $\lim_{x \to 0}(1+x)^{\frac{1}{2x}}$
(3) $\lim_{x \to \infty}\left(1+\dfrac{1}{x}\right)^{x}$

2.13 曲線 (サイクロイド) $x = a(t - \sin t)$, $y = a(1 - \cos t)$ は, $x=0$ で微分可能でないことを示せ.

2.14 次の公式 (ライプニッツの公式) を示せ.
$$(fg)^{(n)} = f^{(n)}g + {}_nC_1 f^{(n-1)}g' + {}_nC_2 f^{(n-2)}g^{(2)} + \cdots + {}_nC_{n-1}f'g^{(n-1)} + fg^{(n)}$$

2.15 ライプニッツの公式を用いて, 次の $y^{(n)}$ を求めよ.

(1) $y = xe^{2x}$
(2) $y = x\sin x$

2.16 $y = \tan^{-1} x$ について, 次の問いに答えよ.
(1) n を正の整数とするとき, 次の等式を示せ.
$$(1+x^2)y^{(n+1)} + 2nxy^{(n)} + n(n-1)y^{(n-1)} = 0$$
(2) $y^{(4)}$ を求めよ.

2.17 関数 $f(x)$ は微分可能で, 偶関数であるとする. このとき, $f'(0) = 0$ を示せ.

3 積分法

3.1 不定積分

3.1.1 不定積分の定義と性質

関数 $f(x)$ について
$$F'(x) = f(x) \tag{3.1}$$
を満たす関数 $F(x)$ を $f(x)$ の**不定積分** (原始関数) といい,次のように表す.
$$\int f(x)\,dx$$

例 3.1 $f(x) = 2x + 1$ について
$$(x^2 + x)' = 2x + 1 = f(x), \quad (x^2 + x + 1)' = 2x + 1 = f(x)$$
よって,関数 $x^2 + x$ および $x^2 + x + 1$ は,いずれも $f(x)$ の不定積分である.

例 3.1 のように,関数 $f(x)$ の不定積分は 1 つではない.すなわち,$F(x)$ が $f(x)$ の 1 つの不定積分とすると,任意定数 C について
$$\{F(x) + C\}' = F'(x) = f(x)$$
となるから,関数 $F(x) + C$ も $f(x)$ の不定積分である.

逆に,$F(x)$, $G(x)$ がともに $f(x)$ の不定積分とすると
$$\{G(x) - F(x)\}' = f(x) - f(x) = 0$$
したがって,2 章の例題 2.5 より,$G(x) - F(x)$ は定数関数となるから
$$G(x) = F(x) + C$$
が成り立つ.一般に,関数 $f(x)$ の不定積分の 1 つを $F(x)$ とおくと
$$\int f(x)\,dx = F(x) + C$$
である.任意定数 C を**積分定数**という.$f(x)$ の不定積分を求めることを,$f(x)$ を**積分する**という.また,$f(x)$ のことを**被積分関数**という.

例 3.2 $\displaystyle\int (2x+1)\,dx = x^2 + x + C$

注意 $\displaystyle\int 1\,dx$ は $\displaystyle\int dx$ と書くことが多い．

2 章の導関数の性質より，不定積分について次の性質が成り立つ．

公式 3.1

(1) $\displaystyle\int \{f(x) + g(x)\}\,dx = \int f(x)\,dx + \int g(x)\,dx$

(2) $\displaystyle\int kf(x)\,dx = k\int f(x)\,dx$ （k は定数）

3.1.2 不定積分の公式

2 章の導関数の公式より，次の公式が得られる．

公式 3.2

積分定数を C とおくとき

(1) $\displaystyle\int dx = x + C$

(2) $\displaystyle\int x^\alpha\,dx = \frac{1}{\alpha+1}x^{\alpha+1} + C$ （$\alpha \neq -1$）

(3) $\displaystyle\int x^{-1}\,dx = \int \frac{dx}{x} = \log|x| + C$

(4) $\displaystyle\int \sin x\,dx = -\cos x + C, \quad \int \cos x\,dx = \sin x + C$

(5) $\displaystyle\int \sec^2 x\,dx = \int \frac{dx}{\cos^2 x} = \tan x + C$

$\displaystyle\int \operatorname{cosec}^2 x\,dx = \int \frac{dx}{\sin^2 x} = -\cot x + C$

(6) $\displaystyle\int e^x\,dx = e^x + C$

(7) $\displaystyle\int \frac{dx}{\sqrt{a^2 - x^2}} = \sin^{-1}\frac{x}{a} + C$ （$a > 0$）

(8) $\displaystyle\int \frac{dx}{x^2 + a^2} = \frac{1}{a}\tan^{-1}\frac{x}{a} + C$ （$a \neq 0$）

(9) $\displaystyle\int \frac{dx}{\sqrt{x^2 + a}} = \log\left|x + \sqrt{x^2 + a}\right| + C$ （$a \neq 0$）

3.1 不定積分

[証明] 右辺の関数を微分して，被積分関数になることを示せばよい．

たとえば，(1) $(x)' = 1$　　(2) $\left(\dfrac{1}{\alpha+1} x^{\alpha+1}\right)' = \dfrac{\alpha+1}{\alpha+1} x^\alpha = x^\alpha$

(3) 以降も 2 章の導関数の公式 ((7) から (9) は章末問題 2) を用いて証明される．　□

例 3.3　$\displaystyle\int \dfrac{dx}{\sqrt{x}} = \int x^{-\frac{1}{2}} dx = 2 x^{\frac{1}{2}} + C = 2\sqrt{x} + C,\quad \int \dfrac{dx}{\sqrt{4-x^2}} = \sin^{-1}\dfrac{x}{2} + C$

問 3.1　次の不定積分を求めよ．

(1) $\displaystyle\int \dfrac{dx}{x^2}$　　(2) $\displaystyle\int \sqrt{x}\, dx$　　(3) $\displaystyle\int \dfrac{dx}{x^2 + 2}$　　(4) $\displaystyle\int \dfrac{dx}{\sqrt{x^2+3}}$

[例題 3.1]　次の不定積分を求めよ．

(1) $\displaystyle\int \dfrac{\sqrt{x}+3}{x}\, dx$　　(2) $\displaystyle\int \tan^2 x\, dx$

[解]　(1) 与式 $= \displaystyle\int \left(\dfrac{1}{\sqrt{x}} + \dfrac{3}{x}\right) dx = \int x^{-\frac{1}{2}} dx + 3 \int \dfrac{dx}{x} = 2\sqrt{x} + 3\log x + C$

(2) $1 + \tan^2 x = \dfrac{1}{\cos^2 x}$ より　$\tan^2 x = \dfrac{1}{\cos^2 x} - 1$

したがって　　与式 $= \displaystyle\int \left(\dfrac{1}{\cos^2 x} - 1\right) dx = \tan x - x + C$　　□

問 3.2　次の不定積分を求めよ．

(1) $\displaystyle\int \sqrt{x}\,(x+1)\, dx$　　(2) $\displaystyle\int (\sin x + \cos x)\, dx$　　(3) $\displaystyle\int (e^x + x^e)\, dx$

(4) $\displaystyle\int \dfrac{(x-1)^2}{x^2}\, dx$　　(5) $\displaystyle\int \dfrac{1+\sin^3 x}{\sin^2 x}\, dx$　　(6) $\displaystyle\int \dfrac{x^2+2}{x^2+1}\, dx$

[例題 3.2]　$f(x)$ の不定積分の 1 つを $F(x)$ とするとき，次の公式を示せ．ただし，a, b は定数で，$a \neq 0$ とする．

$$\int f(ax+b)\, dx = \dfrac{1}{a} F(ax+b) + C$$

[解]　$F'(x) = f(x)$ だから，合成関数の微分法により

$$\left\{\dfrac{1}{a} F(ax+b)\right\}' = \dfrac{1}{a} F'(u)\, u' \quad [ax+b = u \text{ とおいた}]$$

$$= \dfrac{1}{a} F'(u)\, (ax+b)' = f(u) = f(ax+b)$$

したがって，公式が成り立つ．　□

例 3.4　$\displaystyle\int \cos x\, dx = \sin x + C$ だから

$$\int \cos(3x+1)\, dx = \dfrac{1}{3} \sin(3x+1) + C$$

問 3.3　次の不定積分を求めよ．

(1) $\displaystyle\int (2x+3)^3\, dx$　　(2) $\displaystyle\int \sqrt{x+1}\, dx$　　(3) $\displaystyle\int (e^{2x} + e^{-x})\, dx$

3.2 定積分

3.2.1 定積分の定義

閉区間 $[a, b]$ で定義された関数 $y = f(x)$ について，y 軸に平行な直線 $x = a$, $x = b$ と x 軸および曲線 $y = f(x)$ で囲まれる図形の面積 S を考えよう．ただし，$a < b$ とし，$[a, b]$ で $f(x) \geqq 0$ とする．

区間 $[a, b]$ を n 個の小区間に分け，分点を次のようにおく．

$$a = x_0 < x_1 < x_2 < \cdots < x_n = b$$

また，各小区間の幅を $\Delta x_k = x_k - x_{k-1}$ $(k = 1, 2, \cdots, n)$ とおく．

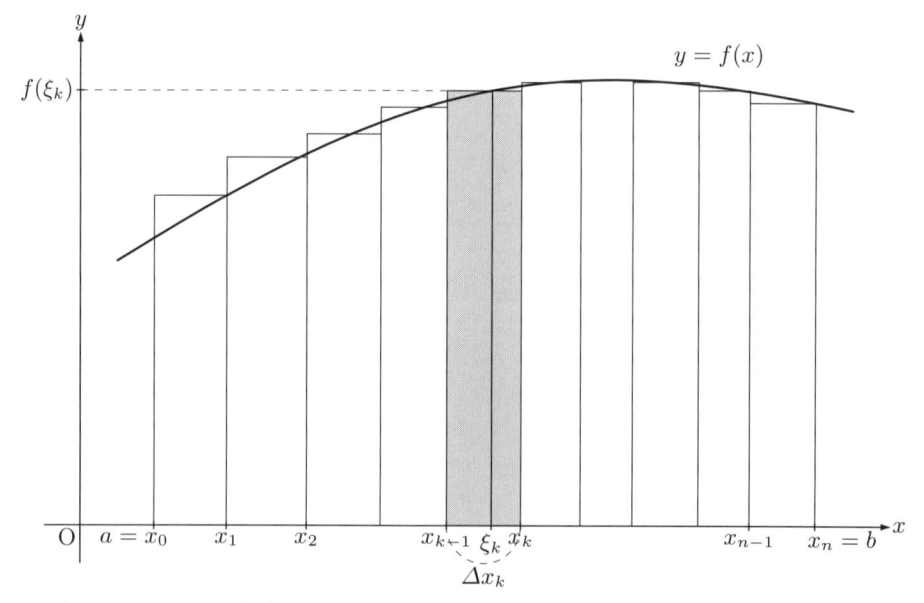

各 k について，直線 $x = x_{k-1}$, $x = x_k$, x 軸および曲線 $y = f(x)$ で囲まれる図形の面積は，小区間 $[x_{k-1}, x_k]$ 内の 1 点を ξ_k とするとき

$$f(\xi_k)\, \Delta x_k$$

で近似される．したがって，これらの k についての和

$$S_n = \sum_{k=1}^{n} f(\xi_k)\, \Delta x_k$$

をとると，面積 S は S_n で近似される．

すべての Δx_k が限りなく 0 に近づくように，分割数 n を限りなく大きくするとき，分点と点 ξ_k の取り方によらず，S_n が一定の値に近づくならば，$f(x)$ は $[a, b]$ において**積分可能**といい，その値を $\int_a^b f(x)\, dx$ で表し，関数 $f(x)$ の a から b までの**定積分**という．区間 $[a, b]$ を**積分区間**という．

$$\int_a^b f(x)\, dx = \lim_{\Delta x_k \to 0} \sum_{k=1}^{n} f(\xi_k)\, \Delta x_k \tag{3.2}$$

3.2 定積分

注意 $\Delta x_k \to 0$ は，すべての Δx を限りなく 0 に近づけることの意味とする．

定積分の値を求めることを，$f(x)$ を a から b まで**積分する**といい，$f(x)$ を**被積分関数**，x を**積分変数**という．定義から，次の等式が成り立つ．

$$\int_a^b f(x)\,dx = S$$

区間 $[a, b]$ で必ずしも正でない関数 $f(x)$ の定積分も (3.2) で定義される．特に，$[a, b]$ で $f(x) \leqq 0$ の場合は，次のようになる．

$$\int_a^b f(x)\,dx = -S$$

また

$$\int_a^a f(x)\,dx = 0, \quad \int_b^a f(x)\,dx = -\int_a^b f(x)\,dx$$

と定める．

$[a, b]$ で連続である関数については，積分可能であることが知られている．

[例題 3.3] 定積分の定義式 (3.2) を用いて，$\displaystyle\int_0^1 x\,dx$ を求めよ．

[解] $f(x) = x$ は連続だから積分可能である．区間 $[0, 1]$ を n 等分すると

$$x_k = \frac{k}{n} \quad (k = 0, 1, \cdots, n)$$

$$\Delta x_k = \frac{1}{n}$$

また，$\xi_k = x_k$ にとると

$$f(\xi_k) = f(x_k) = \frac{k}{n}$$

$n \to \infty$ のとき，$\Delta x_k \to 0$ となるから

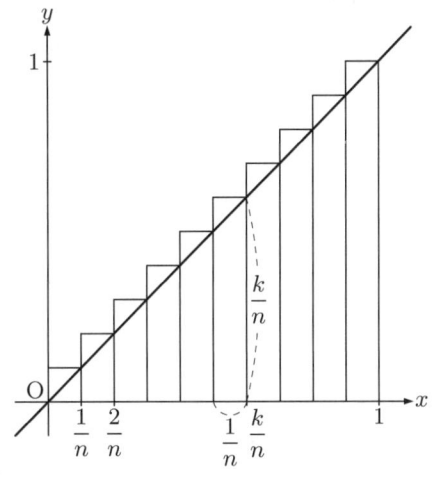

$$\begin{aligned}
\int_0^1 x\,dx &= \lim_{n \to \infty} \sum_{k=1}^n \frac{k}{n} \cdot \frac{1}{n} \\
&= \lim_{n \to \infty} \frac{1}{n^2} \sum_{k=1}^n k \\
&= \lim_{n \to \infty} \frac{1}{n^2} \cdot \frac{n(n+1)}{2} \\
&= \lim_{n \to \infty} \frac{1}{2}\left(1 + \frac{1}{n}\right) = \frac{1}{2}
\end{aligned}$$

したがって $\displaystyle\int_0^1 x\,dx = \frac{1}{2}$ □

$\displaystyle\lim_{n\to\infty} S_n$ は，n を限りなく大きくするとき近づく一定の値 (極限値) を意味する

問 3.4 (3.2) を用いて，定数関数 $y = c$ について次の等式を示せ．

$$\int_a^b c\,dx = c(b-a)$$

3.2.2 定積分の性質

(3.2) より，定積分について次の性質が得られる．

公式 3.3

$f(x)$, $g(x)$ が積分可能のとき

(1) $\displaystyle\int_a^b \{f(x)+g(x)\}\,dx = \int_a^b f(x)\,dx + \int_a^b g(x)\,dx$

(2) $\displaystyle\int_a^b k f(x)\,dx = k\int_a^b f(x)\,dx$ （k は定数）

(3) $\displaystyle\int_a^b f(x)\,dx = \int_a^c f(x)\,dx + \int_c^b f(x)\,dx$

(4) $f(x) \geqq g(x)$, $a<b$ のとき $\displaystyle\int_a^b f(x)\,dx \geqq \int_a^b g(x)\,dx$

[証明]　(1) を示す．
$$\int_a^b \{f(x)+g(x)\}\,dx = \lim_{\Delta x_k \to 0} \sum_{k=1}^n \{f(\xi_k)+g(\xi_k)\}\,\Delta x_k$$
$$= \lim_{\Delta x_k \to 0} \sum_{k=1}^n f(\xi_k)\,\Delta x_k + \lim_{\Delta x_k \to 0} \sum_{k=1}^n g(\xi_k)\,\Delta x_k$$
$$= \int_a^b f(x)\,dx + \int_a^b g(x)\,dx$$

(3) $a<c<b$ のときは，区間 $[a,\,b]$ を $[a,\,c]$ と $[c,\,b]$ に分ければよい．
その他の場合，たとえば $a<b<c$ とすると
$$\int_a^c f(x)\,dx = \int_a^b f(x)\,dx + \int_b^c f(x)\,dx$$
より
$$\int_a^b f(x)\,dx = \int_a^c f(x)\,dx - \int_b^c f(x)\,dx = \int_a^c f(x)\,dx + \int_c^b f(x)\,dx$$
他も同様に証明される． □

問 3.5　公式 3.3，例題 3.3，問 3.4 を用いて，次の定積分の値を求めよ．
$$\int_0^1 (2x+3)\,dx$$

3.3 定積分と不定積分の関係

定積分は (3.2) で定義されるが，この定義式により実際に定積分を計算するのは容易ではない．しかし，不定積分を用いることで，いろいろな関数の定積分の値が求められるようになる．本節では，その方法を説明しよう．

関数 $f(x)$ は区間 $[a,\,b]$ で連続とする．このとき，2 章の定理 2.1 より，区間 $[a,\,b]$ で $f(x)$ の最大値 M および最小値 m が存在する．すなわち，区間 $[a,\,b]$ で次の不等式が成り立つ．

3.3 定積分と不定積分の関係

$$m \leqq f(x) \leqq M$$

各辺を a から b まで積分すると，公式 3.3 (4) より

$$\int_a^b m\,dx \leqq \int_a^b f(x)\,dx \leqq \int_a^b M\,dx$$

$$m(b-a) \leqq \int_a^b f(x)\,dx \leqq M(b-a) \tag{3.3}$$

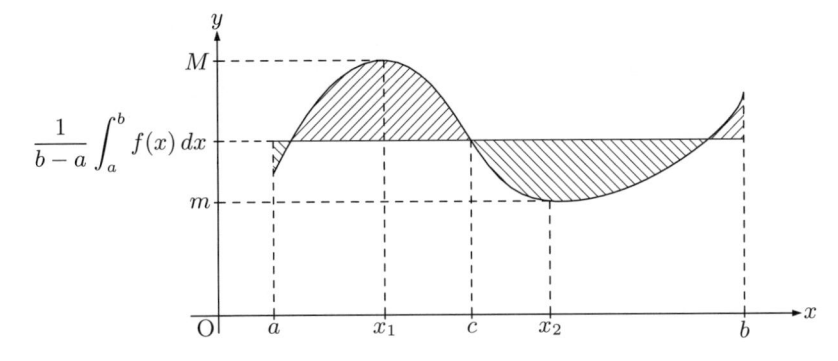

(3.3) の各項を $b-a$ で割って

$$m \leqq \frac{1}{b-a}\int_a^b f(x)\,dx \leqq M$$

したがって，m および M となる 2 点を両端とする区間に，定理 2.2 の中間値の定理を適用すると

$$\frac{1}{b-a}\int_a^b f(x)\,dx = f(c)$$

となる c が区間 (a, b) 内に存在することがわかる．これから，次の**定積分についての平均値の定理**が得られる．

定理 3.1 $f(x)$ が区間 $[a, b]$ で連続のとき

$$\int_a^b f(x)\,dx = f(c)(b-a) \qquad (a < c < b)$$

を満たす c が少なくとも 1 つ存在する．

区間 $[a, b]$ 内の 1 点 x について，$f(t)$ の a から x までの定積分の値

$$\int_a^x f(t)\,dt$$

は x の関数となる．このとき，定理 3.1 を用いて，次の**微分積分学の基本定理**が証明される．

定理 3.2 $f(x)$ が区間 $[a, b]$ で連続のとき

$$\frac{d}{dx}\int_a^x f(t)\,dt = f(x)$$

[証明] $S(x) = \int_a^x f(t)\,dt$ とおくと

$$S(x+\Delta x) - S(x) = \int_a^{x+\Delta x} f(t)\,dt - \int_a^x f(t)\,dt = \int_x^{x+\Delta x} f(t)\,dt$$

定理 3.1 より, x と $x + \Delta x$ の間にあって

$$\int_x^{x+\Delta x} f(t)\,dt = f(c)(x + \Delta x - x)$$
$$= f(c)\Delta x$$

を満たす点 c が存在する. このとき

$$\frac{S(x+\Delta x) - S(x)}{\Delta x} = f(c)$$

$\Delta x \to 0$ のとき, $c \to x$ となるから

$$S'(x) = \lim_{\Delta x \to 0} \frac{S(x+\Delta x) - S(x)}{\Delta x}$$
$$= \lim_{c \to x} f(c) = f(x) \qquad \square$$

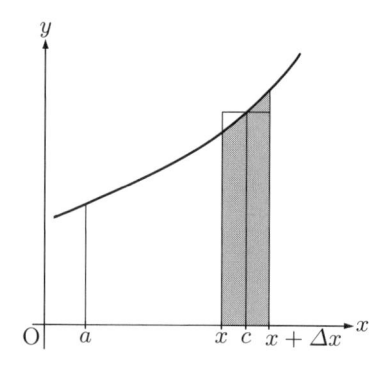

定理 3.2 は $\int_a^x f(t)\,dt$ が $f(x)$ の不定積分 (の 1 つ) であることを意味している. したがって, $F(x)$ も $f(x)$ の不定積分の 1 つであるとき

$$\int_a^x f(t)\,dt - F(x) = C \qquad (C \text{ は定数})$$

が成り立つ. ここで, $x = a$ とおくと

$$0 - F(a) = C \quad \text{すなわち} \quad C = -F(a)$$

となるから

$$\int_a^x f(t)\,dt = F(x) + C = F(x) - F(a)$$

x, t をそれぞれ b, x と置き換えることにより, 次の定理が得られる.

定理 3.3 $F(x)$ が $f(x)$ の不定積分の 1 つであるとき
$$\int_a^b f(x)\,dx = F(b) - F(a)$$

注意 右辺を $\Big[F(x)\Big]_a^b$ と表すことにする.

例 3.5 $\int (\sin x + \cos x)\,dx = -\cos x + \sin x + C$ だから

$$\int_0^\pi (\sin x + \cos x)\,dx = \Big[-\cos x + \sin x\Big]_0^\pi = -\cos \pi + \cos 0 = 2$$

問 3.6 次の定積分の値を求めよ.

(1) $\displaystyle\int_1^2 \left(x^2 + \frac{1}{x}\right) dx$
(2) $\displaystyle\int_0^4 \sqrt{x}(\sqrt{x}+1)\, dx$
(3) $\displaystyle\int_0^{\frac{\pi}{4}} \tan^2 x\, dx$

(4) $\displaystyle\int_0^1 \left(e^x + \frac{1}{x^2+1}\right) dx$
(5) $\displaystyle\int_0^1 \frac{dx}{\sqrt{4-x^2}}$
(6) $\displaystyle\int_{-1}^1 \frac{dx}{\sqrt{x^2+3}}$

問 3.7 次の定積分の値を求めよ.

(1) $\displaystyle\int_{\frac{1}{2}}^1 (2x-1)^5\, dx$
(2) $\displaystyle\int_0^1 (e^x + e^{-x})^2\, dx$
(3) $\displaystyle\int_1^2 \frac{dx}{-2x+5}$

3.4 置換積分法

3.4.1 不定積分の置換積分法

関数 $f(t)$ の不定積分の 1 つをとり,$F(t)$ とおく.

$$F(t) = \int f(t)\, dt \tag{3.4}$$

また,関数 $t = \varphi(x)$ は微分可能とすると,合成関数の微分の公式より

$$\begin{aligned}\{F(\varphi(x))\}' &= F'(t)\,\varphi'(x) \quad [\varphi(x) = t \text{ とおく}]\\ &= f(t)\,\varphi'(x) \\ &= f(\varphi(x))\,\varphi'(x)\end{aligned}$$

したがって,$F(\varphi(x))$ は $f(\varphi(x))\,\varphi'(x)$ の不定積分 (の 1 つ) である.すなわち

$$\int f(\varphi(x))\,\varphi'(x)\, dx = F(\varphi(x))$$

ただし,積分定数 C は省略して表すことにする.右辺は (3.4) の t に $\varphi(x)$ を代入して得られるから,次の**置換積分**の公式が成り立つ.

公式 3.4

$$\int f(\varphi(x))\,\varphi'(x)\, dx = \int f(t)\, dt \quad [\varphi(x) = t \text{ とおく}]$$

注意 形式的には,左辺で

$$\varphi(x) = t, \quad \varphi'(x)\, dx = dt$$

とおくと,右辺が得られる.
$t = \varphi(x)$ より,第 2 式は次のように表すこともできる.

$$\frac{dt}{dx}\, dx = dt$$

[例題 3.4] 次の不定積分を求めよ．

(1) $\displaystyle\int \sin^3 x \cos x \, dx$　　　(2) $\displaystyle\int x\sqrt{x^2+1} \, dx$

[解] (1) $\sin x = t$ とおくと
$$(\sin x)' \, dx = dt \quad \text{すなわち} \quad \cos x \, dx = dt$$
したがって
$$\int \sin^3 x \cos x \, dx = \int t^3 \, dt = \frac{1}{4} t^4 + C = \frac{1}{4} \sin^4 x + C$$

(2) $x^2 + 1 = t$ とおくと
$$2x \, dx = dt \quad \text{すなわち} \quad x \, dx = \frac{1}{2} dt$$
したがって
$$\int x\sqrt{x^2+1} \, dx = \int \sqrt{t} \, \frac{1}{2} dt = \frac{1}{2} \int \sqrt{t} \, dt$$
$$= \frac{1}{2} \cdot \frac{2}{3} t^{\frac{3}{2}} + C = \frac{1}{3} t\sqrt{t} + C$$
$$= \frac{1}{3}(x^2+1)\sqrt{x^2+1} + C \quad\square$$

問 3.8 次の不定積分を求めよ．

(1) $\displaystyle\int x^2 (x^3 - 2)^4 \, dx$　　　(2) $\displaystyle\int (x+1)(x^2+2x+2)^3 \, dx$

(3) $\displaystyle\int \frac{e^x}{e^x + 1} \, dx$　　　(4) $\displaystyle\int \frac{\log x}{x} \, dx$

問 3.9 次の公式を示せ．

(1) $\displaystyle\int \tan x \, dx = -\log|\cos x| + C$

(2) $\displaystyle\int \cot x \, dx = \log|\sin x| + C$

[例題 3.5] 不定積分 $\displaystyle\int x\sqrt{2x+1} \, dx$ を求めよ．

[解] $2x + 1 = t$ とおくと $2 \, dx = dt$
また，$x = \dfrac{t-1}{2}$ と表されるから
$$\int x\sqrt{2x+1} \, dx = \int \frac{t-1}{2} \sqrt{t} \, \frac{1}{2} dt = \frac{1}{4} \int (t\sqrt{t} - \sqrt{t}) \, dt$$
$$= \frac{1}{4}\left(\frac{2}{5} t^{\frac{5}{2}} - \frac{2}{3} t^{\frac{3}{2}}\right) + C = \frac{1}{30}(3t - 5) t\sqrt{t} + C$$
$$= \frac{1}{15}(3x - 1)(2x + 1)\sqrt{2x+1} + C \quad\square$$

問 3.10 次の不定積分を求めよ．

(1) $\displaystyle\int x(x-1)^4 \, dx$　　(2) $\displaystyle\int \frac{x}{(x+2)^2} \, dx$　　(3) $\displaystyle\int \frac{x}{\sqrt{1-x}} \, dx$

3.4.2 定積分の置換積分法

関数 $\varphi(x)$ は区間 $[a, b]$ で微分可能とし，$F(t) = \displaystyle\int f(t)\,dt$ とおく．
このとき，公式 3.4 と定理 3.3 より

$$\int_a^b f(\varphi(x))\varphi'(x)\,dx = \Big[F(t)\Big]_{\varphi(a)}^{\varphi(b)} = \int_{\varphi(a)}^{\varphi(b)} f(t)\,dt$$

したがって

$$\varphi(x) = t, \quad \varphi'(x)\,dx = dt$$

とし，積分区間を $[\varphi(a), \varphi(b)]$ に変更すれば，x に戻さずに計算できる．

例 3.6 $\displaystyle\int_0^{\frac{\pi}{2}} \cos x \sqrt{\sin x + 1}\,dx$

$\sin x + 1 = t$ とおくと $\cos x\,dx = dt$
また，t の積分区間は $[1, 2]$ となる．

x	$0 \to \dfrac{\pi}{2}$
t	$1 \to 2$

$$\int_0^{\frac{\pi}{2}} \cos x \sqrt{\sin x + 1}\,dx = \int_1^2 \sqrt{t}\,dt = \left[\frac{2}{3} t\sqrt{t}\right]_1^2 = \frac{2(2\sqrt{2} - 1)}{3}$$

問 3.11 次の定積分の値を求めよ．

(1) $\displaystyle\int_0^1 \frac{x^2}{(x^3 + 1)^2}\,dx$ (2) $\displaystyle\int_1^e \frac{(\log x)^2}{x}\,dx$ (3) $\displaystyle\int_e^{e^2} \frac{dx}{x \log x}$

(4) $\displaystyle\int_{-1}^1 (x+1)\sqrt{x^2 + 2x + 3}\,dx$ (5) $\displaystyle\int_0^1 \frac{e^x - e^{-x}}{e^x + e^{-x}}\,dx$

3.5 部分積分法

3.5.1 不定積分の部分積分法

関数 $f(x)$, $g(x)$ はともに微分可能で，関数 $F(x)$, $G(x)$ はそれぞれ関数 $f(x)$, $g(x)$ の不定積分とする．このとき，積の微分公式より

$$\{f(x)G(x)\}' = f'(x)G(x) + f(x)G'(x) = f'(x)G(x) + f(x)g(x)$$

したがって

$$\int \{f'(x)G(x) + f(x)g(x)\}\,dx = f(x)G(x) \qquad \text{(積分定数を省略)}$$

である．変形すると

$$\int f(x)g(x)\,dx = f(x)G(x) - \int f'(x)G(x)\,dx$$

が成り立つ．同様に，$F(x)g(x)$ を微分することにより，次の**部分積分**の公式が得られる．

公式 3.5

$\displaystyle\int f(x)\,dx = F(x),\ \int g(x)\,dx = G(x)$ とおくと

$$\int f(x)g(x)\,dx = f(x)G(x) - \int f'(x)G(x)\,dx$$
$$= F(x)g(x) - \int F(x)g'(x)\,dx$$

[例題 3.6] 次の不定積分を求めよ.

(1) $\displaystyle\int x\sin x\,dx$ (2) $\displaystyle\int \log x\,dx$

[解] (1) $\displaystyle\int \sin x\,dx = -\cos x\ (+C)$ だから

$$\int x\sin x\,dx = x(-\cos x) - \int (x)'(-\cos x)\,dx$$
$$= -x\cos x + \int \cos x\,dx = -x\cos x + \sin x + C$$

(2) $\log x = 1\cdot \log x$ と考えて,公式 3.5 の第 2 式を用いる.

$$\int \log x\,dx = \int 1\cdot \log x\,dx$$
$$= x\log x - \int x(\log x)'\,dx = x\log x - \int x\cdot \frac{1}{x}\,dx$$
$$= x\log x - \int dx = x\log x - x + C \qquad \square$$

問 3.12 次の不定積分を求めよ.

(1) $\displaystyle\int x\,e^x\,dx$ (2) $\displaystyle\int x\cos 2x\,dx$ (3) $\displaystyle\int x^2 \log x\,dx$

[例題 3.7] 不定積分 $\displaystyle\int x^2 e^{-2x}\,dx$ を求めよ.

[解] $\displaystyle\int e^{-2x}\,dx = -\frac{1}{2}e^{-2x}\ (+C\,)$ に注意して,部分積分法を繰り返して用いる.

$$\int x^2 e^{-2x}\,dx = x^2\left(-\frac{1}{2}e^{-2x}\right) - \int 2x\left(-\frac{1}{2}e^{-2x}\right)dx$$
$$= -\frac{1}{2}x^2 e^{-2x} + \int xe^{-2x}\,dx$$
$$= -\frac{1}{2}x^2 e^{-2x} + \left\{x\left(-\frac{1}{2}e^{-2x}\right) - \int \left(-\frac{1}{2}e^{-2x}\right)dx\right\}$$
$$= -\frac{1}{2}x^2 e^{-2x} - \frac{1}{2}xe^{-2x} - \frac{1}{4}e^{-2x} + C$$
$$= -\frac{1}{4}(2x^2 + 2x + 1)e^{-2x} + C \qquad \square$$

3.5 部分積分法

問 3.13 次の不定積分を求めよ．

(1) $\displaystyle\int x^2 \cos x \, dx$ (2) $\displaystyle\int x (\log x)^2 \, dx$ (3) $\displaystyle\int x^3 e^{-x} \, dx$

［例題 3.8］ 次の公式を示せ．

$$\int \sqrt{a^2 - x^2} \, dx = \frac{1}{2}\left(x\sqrt{a^2-x^2} + a^2 \sin^{-1}\frac{x}{a}\right) + C \quad (a > 0)$$

［解］ $I = \displaystyle\int \sqrt{a^2 - x^2} \, dx$ とおき，部分積分法を用いる．ただし，途中の計算では積分定数を省略する．

$$\begin{aligned}
I = \int \sqrt{a^2 - x^2} \, dx &= x\sqrt{a^2-x^2} - \int x \cdot \frac{-x}{\sqrt{a^2-x^2}} \, dx \\
&= x\sqrt{a^2-x^2} - \int \frac{-x^2}{\sqrt{a^2-x^2}} \, dx \\
&= x\sqrt{a^2-x^2} - \int \frac{(a^2-x^2)-a^2}{\sqrt{a^2-x^2}} \, dx \\
&= x\sqrt{a^2-x^2} - \int \left(\sqrt{a^2-x^2} - \frac{a^2}{\sqrt{a^2-x^2}}\right) dx \\
&= x\sqrt{a^2-x^2} - \int \sqrt{a^2-x^2} \, dx + a^2 \int \frac{dx}{\sqrt{a^2-x^2}} \\
&= x\sqrt{a^2-x^2} - I + a^2 \sin^{-1}\frac{x}{a}
\end{aligned}$$

右辺の I を移項して

$$2I = x\sqrt{a^2-x^2} + a^2 \sin^{-1}\frac{x}{a}$$

これから公式が得られる． □

例題 3.8 と同様にして，次の公式が得られる．

公式 3.6

0 でない定数 a, b について

(1) $\displaystyle\int e^{ax} \sin bx \, dx = \frac{e^{ax}}{a^2+b^2}(a \sin bx - b \cos bx) + C$

(2) $\displaystyle\int e^{ax} \cos bx \, dx = \frac{e^{ax}}{a^2+b^2}(a \cos bx + b \sin bx) + C$

問 3.14 公式 3.6 を示せ．

問 3.15 次の公式を示せ．ただし，$a \neq 0$ とする．

$$\int \sqrt{x^2 + a} \, dx = \frac{1}{2}\left(x\sqrt{x^2+a} + a \log\left|x + \sqrt{x^2+a}\right|\right) + C$$

問 3.16 次の不定積分を求めよ．

(1) $\displaystyle\int \sin^{-1} x \, dx$ (2) $\displaystyle\int \tan^{-1} x \, dx$

3.5.2 定積分の部分積分法

関数 $f(x)$, $g(x)$ はともに区間 $[a, b]$ で微分可能で，$f'(x)$, $g'(x)$ も連続とし，$F(x) = \int f(x)\,dx$, $G(x) = \int g(x)\,dx$ とおく．このとき，公式 3.5 より

$$\int f(x)g(x)\,dx = f(x)G(x) - \int f'(x)G(x)\,dx \tag{3.5}$$

また，$\int_a^x f'(t)G(t)\,dt$ は $f'(x)G(x)$ の不定積分，したがって，(3.5) より

$$f(x)G(x) - \int_a^x f'(t)G(t)\,dt$$

は $f(x)g(x)$ の不定積分 (の1つ) となるから

$$\begin{aligned}\int_a^b f(x)g(x)\,dx &= \left[f(x)G(x) - \int_a^x f'(t)G(t)\,dt\right]_a^b \\ &= \left[f(x)G(x)\right]_a^b - \left\{\int_a^b f'(t)G(t)\,dt - \int_a^a f'(t)G(t)\,dt\right\} \\ &= \left[f(x)G(x)\right]_a^b - \int_a^b f'(t)G(t)\,dt\end{aligned}$$

右辺の t を x で置き換えることにより，定積分の部分積分の公式が得られる．

公式 3.7

$F(x) = \int f(x)\,dx$, $G(x) = \int g(x)\,dx$ とおくと

$$\int_a^b f(x)g(x)\,dx = \left[f(x)G(x)\right]_a^b - \int_a^b f'(x)G(x)\,dx$$

例 3.7 $\displaystyle\int_0^\pi x\sin x\,dx = \left[x(-\cos x)\right]_0^\pi - \int_0^\pi (-\cos x)\,dx = \pi + \left[\sin x\right]_0^\pi = \pi$

問 3.17 次の定積分の値を求めよ．

(1) $\displaystyle\int_1^e \log x\,dx$ (2) $\displaystyle\int_0^{\frac{\pi}{2}} x\cos 2x\,dx$ (3) $\displaystyle\int_0^1 x^2 e^{-x}\,dx$

[例題 3.9] 定積分 $\displaystyle\int_0^{\frac{1}{2}} x\sin^{-1} x\,dx$ の値を求めよ．

[解] $\displaystyle\int_0^{\frac{1}{2}} x\sin^{-1} x\,dx = \left[\frac{1}{2}x^2 \sin^{-1} x\right]_0^{\frac{1}{2}} - \frac{1}{2}\int_0^{\frac{1}{2}} \frac{x^2}{\sqrt{1-x^2}}\,dx$ $\quad \left[\sin^{-1}\frac{1}{2} = \frac{\pi}{6} \text{ より}\right]$

$\displaystyle\qquad\qquad\qquad\quad = \frac{\pi}{48} - \frac{1}{2}\int_0^{\frac{1}{2}} \frac{-(1-x^2)+1}{\sqrt{1-x^2}}\,dx$

$\displaystyle\qquad\qquad\qquad\quad = \frac{\pi}{48} - \frac{1}{2}\int_0^{\frac{1}{2}} \left(-\sqrt{1-x^2} + \frac{1}{\sqrt{1-x^2}}\right)\,dx$ [例題 3.8 より]

$$= \frac{\pi}{48} - \frac{1}{2}\left[-\frac{1}{2}\left(x\sqrt{1-x^2} + \sin^{-1} x\right) + \sin^{-1} x\right]_0^{\frac{1}{2}}$$
$$= \frac{\pi}{48} - \frac{1}{2}\left(-\frac{\sqrt{3}}{8} + \frac{\pi}{12}\right) = -\frac{\pi}{48} + \frac{\sqrt{3}}{16} \qquad \square$$

問 3.18 次の定積分の値を求めよ．

(1) $\displaystyle\int_0^1 x\tan^{-1} x\, dx$ \qquad (2) $\displaystyle\int_0^1 \log(x^2 + 1)\, dx$

3.6 いろいろな不定積分

本節では，いろいろな関数の積分を例題として示すことにする．

3.6.1 有理関数

変数の分数式で表される関数を**有理関数**という．

[例題 3.10] (1) 次の等式を満たす定数 a, b, c を求めよ．
$$\frac{3x-1}{(2x+1)(x^2+1)} = \frac{a}{2x+1} + \frac{bx+c}{x^2+1}$$

(2) 不定積分 $\displaystyle\int \frac{3x-1}{(2x+1)(x^2+1)}\, dx$ を求めよ．

[解] (1) 右辺を通分して，分子を等しいとおくと
$$3x - 1 = a(x^2 + 1) + (bx + c)(2x + 1)$$
$$= (a + 2b)x^2 + (b + 2c)x + (a + c)$$

これから
$$a + 2b = 0, \quad b + 2c = 3, \quad a + c = -1$$

a, b, c について解いて $a = -2, b = 1, c = 1$

(2) $I = \displaystyle\int \frac{3x-1}{(2x+1)(x^2+1)}\, dx$ とおくと
$$I = \int \left(-\frac{2}{2x+1} + \frac{x+1}{x^2+1}\right) dx$$
$$= -2\int \frac{dx}{2x+1} + \int \frac{x}{x^2+1}\, dx + \int \frac{dx}{x^2+1}$$

第 2 項の積分について，$x^2 + 1 = t$ とおくと $2x\, dx = dt$
$$\int \frac{x}{x^2+1}\, dx = \int \frac{1}{t} \cdot \frac{1}{2}\, dt = \frac{1}{2}\log|t| = \frac{1}{2}\log(x^2+1) \quad \text{（積分定数を省略）}$$

したがって
$$I = -\log|2x+1| + \frac{1}{2}\log(x^2+1) + \tan^{-1} x + C \qquad \square$$

注意 (1) のように，分数式を簡単な分数式の和に表すことを**部分分数分解**という．

[例題 3.11] $I_n = \int \dfrac{dx}{(x^2+1)^n}$ $(n=1, 2, \cdots)$ とおくとき，I_2 を求めよ．

[解] $I_1 = \int \dfrac{dx}{x^2+1} = \int 1 \cdot \dfrac{1}{x^2+1}\, dx$ に部分積分法を用いると

$$I_1 = \dfrac{x}{x^2+1} - \int \dfrac{-2x^2}{(x^2+1)^2}\, dx = \dfrac{x}{x^2+1} + 2\int \dfrac{(x^2+1)-1}{(x^2+1)^2}\, dx$$

$$= \dfrac{x}{x^2+1} + 2\Big(\int \dfrac{dx}{x^2+1} - \int \dfrac{dx}{(x^2+1)^2}\Big)$$

したがって　　$I_1 = \dfrac{x}{x^2+1} + 2(I_1 - I_2)$　　（積分定数を省略）

これから　　$I_2 = \dfrac{1}{2}\Big(I_1 + \dfrac{x}{x^2+1}\Big) = \dfrac{1}{2}\Big(\tan^{-1} x + \dfrac{x}{x^2+1}\Big) + C$ □

問 3.19　不定積分 $\displaystyle\int \dfrac{3x-1}{(x+1)(x+5)}\, dx$ を求めよ．

問 3.20　次の公式を示せ．ただし，$a \neq 0$ とする．
$$\int \dfrac{dx}{x^2-a^2} = \dfrac{1}{2a} \log \left| \dfrac{x-a}{x+a} \right| + C$$

問 3.21　以下の問いに答えよ．
(1) 次の等式を満たす定数 a, b, c を求めよ．
$$\dfrac{2x+1}{x^2(x+1)} = \dfrac{ax+b}{x^2} + \dfrac{c}{x+1}$$

(2) 不定積分 $\displaystyle\int \dfrac{2x+1}{x^2(x+1)}\, dx$ を求めよ．

問 3.22　不定積分 $\displaystyle\int \dfrac{x}{(x-1)^2+4}\, dx$ を $x-1=t$ とおくことにより求めよ．

3.6.2　無 理 関 数

根号の中に変数を含む関数を**無理関数**という．

[例題 3.12]　不定積分 $\displaystyle\int \dfrac{dx}{\sqrt{2+2x-x^2}}$ を求めよ．

[解] $2+2x-x^2 = 3-(x-1)^2$ と変形して，$x-1=t$ の置換積分を用いる．
$$\int \dfrac{dx}{\sqrt{2+2x-x^2}} = \int \dfrac{dt}{\sqrt{3-t^2}} = \sin^{-1} \dfrac{t}{\sqrt{3}} + C = \sin^{-1} \dfrac{x-1}{\sqrt{3}} + C$$ □

問 3.23　次の不定積分を求めよ．

(1) $\displaystyle\int \dfrac{dx}{\sqrt{2x-x^2}}$　　　　　　　　(2) $\displaystyle\int \dfrac{dx}{\sqrt{x^2-2x+2}}$

3.6 いろいろな不定積分

公式 3.4 において，x と t を交換し，左辺と右辺を入れ替えると

$$\int f(x)\,dx = \int f(\varphi(t))\,\varphi'(t)\,dt \tag{3.6}$$

形式的には，左辺で $x = \varphi(t)$, $dx = \varphi'(t)dt$ の置換をすると右辺が得られる．

無理関数の不定積分には，(3.6) を用いて有理関数の不定積分になおすことができるものもある．そのことを例題で示そう．

[例題 3.13] $\sqrt{x^2 + ax + b}$ を含む不定積分について，次の問いに答えよ．

(1) $x + \sqrt{x^2 + ax + b} = t$ とおくとき，次の等式を示せ．
$$x = \frac{t^2 - b}{2t + a}, \quad \sqrt{x^2 + ax + b} = \frac{t^2 + at + b}{2t + a}, \quad dx = \frac{2(t^2 + at + b)}{(2t + a)^2}\,dt$$

(2) $\displaystyle\int \frac{dx}{\sqrt{x^2 + ax + b}}$ を求めよ．

[解] (1) $t - x = \sqrt{x^2 + ax + b}$ の両辺を 2 乗して
$$t^2 - 2tx = ax + b$$

これから
$$x = \frac{t^2 - b}{2t + a}$$

よって
$$\sqrt{x^2 + ax + b} = t - x = t - \frac{t^2 - b}{2t + a} = \frac{t^2 + at + b}{2t + a}$$
$$dx = \left(\frac{t^2 - b}{2t + a}\right)'dt = \frac{2t(2t + a) - (t^2 - b) \cdot 2}{(2t + a)^2}\,dt = \frac{2(t^2 + at + b)}{(2t + a)^2}\,dt$$

(2) $x + \sqrt{x^2 + at + b} = t$ とおき，(1) を用いると
$$\int \frac{dx}{\sqrt{x^2 + ax + b}} = \int \frac{2t + a}{t^2 + at + b} \cdot \frac{2(t^2 + at + b)}{(2t + a)^2}\,dt = \int \frac{2}{2t + a}\,dt$$
$$= \log|2t + a| + C$$
$$= \log\left|2x + a + 2\sqrt{x^2 + ax + b}\right| + C \qquad \square$$

問 3.24 次の不定積分を求めよ．

(1) $\displaystyle\int \frac{dx}{\sqrt{x^2 - x + 1}}$ (2) $\displaystyle\int \frac{dx}{x\sqrt{x^2 + 2}}$ (3) $\displaystyle\int \frac{dx}{x\sqrt{x^2 + x + 1}}$

3.6.3 三 角 関 数

[例題 3.14] 次の不定積分を求めよ．

(1) $\displaystyle\int \sin 3x \cos 2x\,dx$ (2) $\displaystyle\int \cos^2 x\,dx$

[解] 1 章の公式 1.3 を用いる．

(1) $\displaystyle\int \sin 3x \cos 2x\,dx = \frac{1}{2}\int (\sin 5x + \sin x)\,dx = -\frac{1}{10}\cos 5x - \frac{1}{2}\cos x + C$

(2) $\displaystyle\int \cos^2 x\,dx = \frac{1}{2}\int (1 + \cos 2x)\,dx = \frac{1}{2}\left(x + \frac{1}{2}\sin 2x\right) + C \qquad \square$

[例題 3.15] 不定積分 $\displaystyle\int \frac{dx}{\sin x}$ を求めよ.

[解] $\displaystyle\int \frac{dx}{\sin x} = \int \frac{\sin x}{\sin^2 x} dx = \int \frac{\sin x}{1 - \cos^2 x} dx$

$[\cos x = t \text{ とおくと } -\sin x \, dx = dt]$

$\displaystyle = -\int \frac{dt}{1-t^2} = \int \frac{dt}{t^2-1} = \frac{1}{2}\int \left(\frac{1}{t-1} - \frac{1}{t+1}\right) dt$

$\displaystyle = \frac{1}{2}\bigl(\log|t-1| - \log|t+1|\bigr) + C$

$[\,|\cos x - 1| = 1 - \cos x,\ |\cos x + 1| = \cos x + 1 \text{ より}\,]$

$\displaystyle = \frac{1}{2}\log\frac{1-\cos x}{1+\cos x} + C$ □

問 3.25 次の不定積分を求めよ.

(1) $\displaystyle\int \cos 5x \cos 3x \, dx$ (2) $\displaystyle\int \cos^4 x \, dx$ (3) $\displaystyle\int \sin^3 x \, dx$

三角関数の分数で表される関数の不定積分を, 分数関数の不定積分になおす方法がある. そのことを次の例題で示そう.

[例題 3.16] 次の問いに答えよ.

(1) $\tan\dfrac{x}{2} = t$ とおくとき, 次の等式を示せ.
$$\sin x = \frac{2t}{1+t^2}, \quad \cos x = \frac{1-t^2}{1+t^2}$$

(2) 不定積分 $\displaystyle\int \frac{dx}{\sin x + 2}$ を求めよ.

[解] (1) 2倍角の公式と
$$1 + \tan^2\frac{x}{2} = \frac{1}{\cos^2\dfrac{x}{2}} \quad \text{すなわち} \quad \cos^2\frac{x}{2} = \frac{1}{1+\tan^2\dfrac{x}{2}}$$
を用いる.

$$\sin x = 2\sin\frac{x}{2}\cos\frac{x}{2} = 2\tan\frac{x}{2}\cos^2\frac{x}{2} = \frac{2\tan\dfrac{x}{2}}{1+\tan^2\dfrac{x}{2}} = \frac{2t}{1+t^2}$$

$$\cos x = \cos^2\frac{x}{2} - \sin^2\frac{x}{2} = \cos^2\frac{x}{2}\left(1 - \tan^2\frac{x}{2}\right) = \frac{1-\tan^2\dfrac{x}{2}}{1+\tan^2\dfrac{x}{2}} = \frac{1-t^2}{1+t^2}$$

(2) $\tan\dfrac{x}{2} = t$ とおくと
$$\frac{1}{2\cos^2\dfrac{x}{2}} dx = dt \quad \text{すなわち} \quad dx = 2\cos^2\frac{x}{2} dt = \frac{2}{1+t^2} dt$$

したがって
$$\int \frac{dx}{\sin x + 2} = \int \frac{1}{\frac{2t}{1+t^2}+2} \cdot \frac{2}{1+t^2} dt = \int \frac{2}{2t+2(t^2+1)} dt$$
$$= \int \frac{dt}{t^2+t+1} = \int \frac{dt}{\left(t+\frac{1}{2}\right)^2+\frac{3}{4}}$$

$t+\dfrac{1}{2}=s$ とおくと, $dt=ds$ だから

$$\int \frac{dx}{\sin x + 2} = \int \frac{ds}{s^2+\frac{3}{4}} = \frac{2}{\sqrt{3}}\tan^{-1}\frac{2s}{\sqrt{3}}+C$$
$$= \frac{2}{\sqrt{3}}\tan^{-1}\frac{2t+1}{\sqrt{3}}+C = \frac{2}{\sqrt{3}}\tan^{-1}\frac{2\tan\frac{x}{2}+1}{\sqrt{3}}+C \quad \square$$

問 3.26 次の不定積分を求めよ．

(1) $\displaystyle\int \frac{dx}{\cos x + 3}$ 　　(2) $\displaystyle\int \frac{dx}{\cos x + 2\sin x + 1}$

問 3.27 不定積分 $\displaystyle\int \frac{\cos x}{1+\cos x} dx$ を次の2通りの方法で求めよ．

(1) $\dfrac{\cos x}{1+\cos x} = \dfrac{\cos x(1-\cos x)}{\sin^2 x}$ と変形する．　　(2) $\tan\dfrac{x}{2}=t$ とおく．

3.7 積分の応用

3.7.1 面　　積

$a<b$ とし，区間 $[a,b]$ で $f(x) \geqq 0$ のとき，曲線 $y=f(x)$ と直線 $x=a$, $x=b$ で囲まれた図形の面積を S とすると，定積分の定義より
$$S = \int_a^b f(x)\,dx$$
であった．

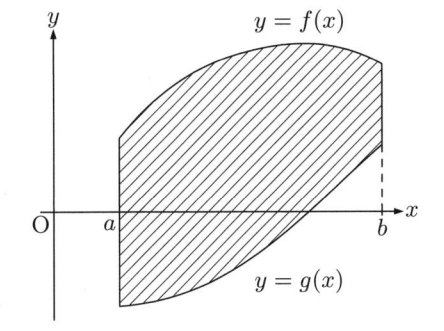

2曲線 $y=f(x)$, $y=g(x)$ および直線 $x=a$, $x=b$ で囲まれた図形の面積 S については，次の公式が成り立つ．

公式 3.8

区間 $[a,b]$ で $f(x) \geqq g(x)$ のとき
$$S = \int_a^b \{f(x)-g(x)\}\,dx$$

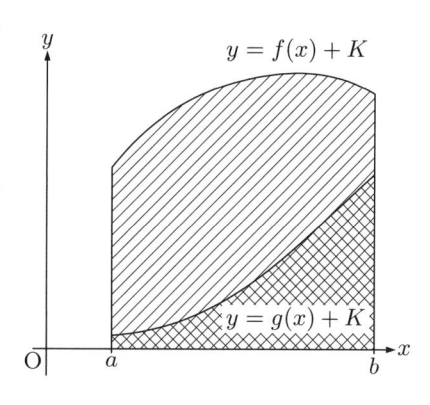

[証明] 正の定数 K を，区間 $[a, b]$ で
$$f(x) + K \geqq 0, \quad g(x) + K \geqq 0$$
となるようにとる．

曲線 $y = f(x) + K, y = g(x) + K$ および直線 $x = a, x = b$ で囲まれた図形の面積を S_1, S_2 とおくと
$$S_1 = \int_a^b \{f(x) + K\} \, dx$$
$$S_2 = \int_a^b \{g(x) + K\} \, dx$$
したがって
$$S = S_1 - S_2$$
$$= \int_a^b \{(f(x) + K) - (g(x) + K)\} \, dx = \int_a^b \{f(x) - g(x)\} \, dx \quad \square$$

[例題 3.17] 半径 a の円の面積 S を求めよ．

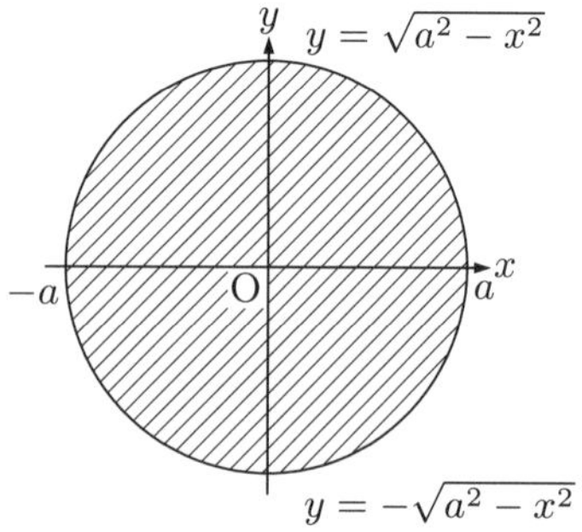

[解] 原点 O を中心とする半径 a の円は
$$x^2 + y^2 = a^2 \text{ すなわち } y = \pm\sqrt{a^2 - x^2}$$
で表されるから，上半円，下半円はそれぞれ
$$y = \sqrt{a^2 - x^2}, \quad y = -\sqrt{a^2 - x^2}$$
で表される．
したがって
$$S = \int_{-a}^{a} \left\{ \sqrt{a^2 - x^2} - \left(-\sqrt{a^2 - x^2}\right) \right\} dx$$
$$= 2\int_{-a}^{a} \sqrt{a^2 - x^2} \, dx = 4\int_{0}^{a} \sqrt{a^2 - x^2} \, dx$$
[例題 3.8 の公式より]
$$= 4 \cdot \frac{1}{2} \left[x\sqrt{a^2 - x^2} + a^2 \sin^{-1} \frac{x}{a} \right]_0^a = 2a^2 \sin^{-1} 1 = \pi a^2 \quad \square$$

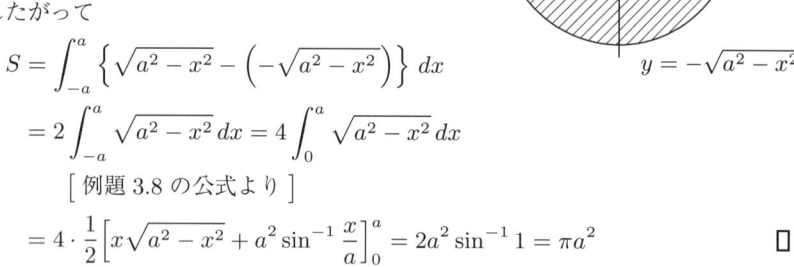

問 3.28 次の図形の面積を求めよ．
(1) 曲線 $y = \sin x \; (0 \leqq x \leqq \pi)$ と x 軸で囲まれる図形
(2) 2 曲線 $y = \dfrac{1}{x}, \; y = \dfrac{1}{x^2}$ と直線 $x = 2$ で囲まれる図形
(3) 曲線 $y = \log x$ と x 軸，および直線 $x = \dfrac{1}{e}, \; x = e$ で囲まれる図形

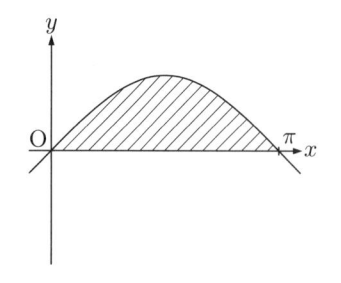

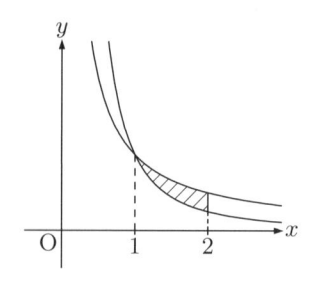

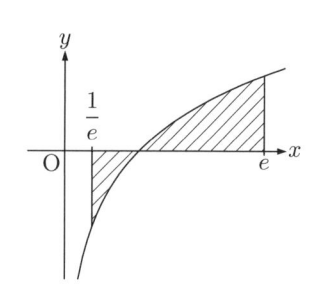

3.7.2 速度・加速度

ある化学反応において，1つの成分の生成量や濃度を x で表すと，x は一般に時刻 t の関数である．これを

$$x = x(t) \tag{3.7}$$

と表すことにする．

関数 $x(t)$ の t についての導関数を $x(t)$ の**速度**という．速度は記号 $v = v(t)$ で表すことが多い．

$$v = \frac{dx}{dt} \tag{3.8}$$

初期時刻 $t = 0$ における x の値 $x(0)$ を**初期値**という．速度 v と x の初期値が与えられているとき，$x(t)$ は次のように求められる．

(3.8) より x は v の不定積分 (の 1 つ) だから

$$\int_0^t v(\tau)\,d\tau = \Big[x(\tau)\Big]_0^t = x(t) - x(0)$$

τ はギリシャ文字でタウ (tau) と読む

これから，次の等式が成り立つ．

$$\boldsymbol{x(t) = x(0) + \int_0^t v(\tau)\,d\tau} \tag{3.9}$$

例 3.8 $v = -\lambda e^{-\lambda t}$ (λ は正の定数) で $x(0) = 1$ のとき

$$\begin{aligned} x(t) &= 1 + \int_0^t \left(-\lambda e^{-\lambda \tau}\right) d\tau \\ &= 1 + \Big[e^{-\lambda \tau}\Big]_0^t \\ &= 1 + \left(e^{-\lambda t} - 1\right) = e^{-\lambda t} \end{aligned}$$

λ はギリシャ文字でラムダ (lambda) と読む

問 3.29 $v = -\dfrac{\lambda}{(1+\lambda t)^2}$ (λ は正の定数) で $x(0) = 1$ のとき，$x(t)$ を求めよ．

速度 v の t についての導関数を $x(t)$ の**加速度**という．加速度を $\alpha = \alpha(t)$ と表すと，(3.9) と同様に，次の等式が成り立つ．

$$\boldsymbol{v(t) = v(0) + \int_0^t \alpha(\tau)\,d\tau} \tag{3.10}$$

3.8 広 義 積 分

3.2 節では，閉区間における定積分を定義した．しかし，閉区間でないときにも定積分の値が定まる場合がある．これを**広義積分**という．ここでは，区間が端点の少なくとも一方を含まない場合，および無限区間の場合について，広義積分を考えることにしよう．

3.8.1 端点を含まない区間における広義積分

関数 $f(x)$ は区間 $[a, b)$ すなわち $a \leqq x < b$ で連続とする．区間内の点 ξ を b の近くにとり，$f(x)$ の閉区間 $[a, \xi]$ における定積分の値を I_ξ とおく．

$$I_\xi = \int_a^\xi f(x)\,dx$$

I_ξ の $\xi \to b-0$ としたときの極限値 I が存在するとき，I を $f(x)$ の区間 $[a, b)$ における広義積分の値とする．すなわち

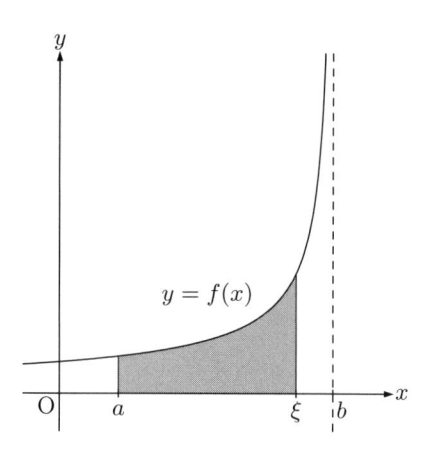

$$\int_a^b f(x)\,dx = \lim_{\xi \to b-0} \int_a^\xi f(x)\,dx$$

$f(x)$ が閉区間 $[a, b]$ で連続のときは，広義積分は本来の定積分と一致する．

区間 $(a, b]$, (a, b) のときも同様に定義される．ただし，区間 (a, b) の場合は，区間内に 1 点 c をとり

$$\int_a^c f(x)\,dx + \int_c^b f(x)\,dx$$

として，それぞれの広義積分を求めることにする．

[例題 3.18] 広義積分 $\displaystyle\int_0^1 \frac{dx}{\sqrt{1-x^2}}$ を求めよ．

[解] $x = 1$ のとき，関数の値が定義されないから広義積分になる．1 の近くに ξ $(\xi < 1)$ をとると

$$\int_0^\xi \frac{dx}{\sqrt{1-x^2}} = \left[\sin^{-1} x\right]_0^\xi = \sin^{-1} \xi$$

$\xi \to 1-0$ のとき

$$\sin^{-1} \xi \to \sin^{-1} 1 = \frac{\pi}{2}$$

したがって

$$\int_0^1 \frac{dx}{\sqrt{1-x^2}} = \frac{\pi}{2} \qquad \square$$

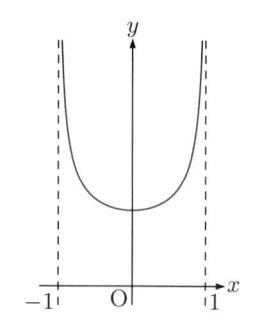

注意 関数 $y = \dfrac{1}{(1-x)^2}$ のとき，同様に計算すると

$$\int_0^\xi \frac{dx}{(1-x)^2} = \left[\frac{1}{1-x}\right]_0^\xi = \frac{1}{1-\xi} - 1 \to \infty \quad (\xi \to 1-0)$$

となり，広義積分の値は存在しない．

3.8 広義積分

問 3.30 次の広義積分を求めよ．

(1) $\displaystyle\int_0^1 \frac{x}{\sqrt{1-x^2}}\,dx$ (2) $\displaystyle\int_0^1 \frac{dx}{\sqrt{x}}$ (3) $\displaystyle\int_0^2 \frac{dx}{\sqrt[3]{(2-x)^2}}$

3.8.2 無限区間における広義積分

関数 $f(x)$ は区間 $[a, \infty)$，すなわち $x \geqq a$ で連続とする．区間内の点 ξ をとり，$I_\xi = \displaystyle\int_a^\xi f(x)\,dx$ とおく．

I_ξ の $\xi \to \infty$ としたときの極限値 I が存在するとき，I を $f(x)$ の区間 $[a, \infty)$ における広義積分の値とする．

$$\int_a^\infty f(x)\,dx = \lim_{\xi \to \infty} \int_a^\xi f(x)\,dx$$

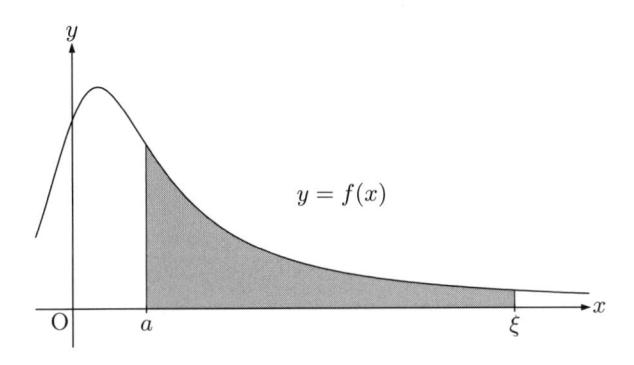

区間 $(-\infty, a]$, $(-\infty, \infty)$ のときも同様に定義される．ただし，区間 $(-\infty, \infty)$ の場合は，区間内に 1 点 c をとり

$$\int_{-\infty}^c f(x)\,dx + \int_c^\infty f(x)\,dx$$

として，それぞれの広義積分を計算する．

[例題 3.19] 広義積分 $\displaystyle\int_{-\infty}^\infty \frac{dx}{x^2+1}$ を求めよ．

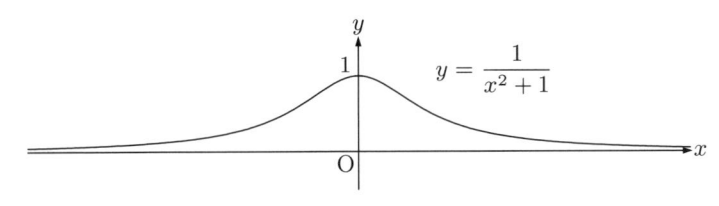

[解] $\xi > 0$ をとると

$$\int_0^\xi \frac{dx}{x^2+1} = \left[\tan^{-1} x\right]_0^\xi = \tan^{-1} \xi$$

$\xi \to \infty$ のとき，$\tan^{-1} \xi \to \dfrac{\pi}{2}$ だから

$$\int_0^\infty \frac{dx}{x^2+1} = \lim_{\xi\to\infty}\int_0^\xi \frac{dx}{x^2+1} = \frac{\pi}{2}$$

同様に
$$\int_{-\infty}^0 \frac{dx}{x^2+1} = \frac{\pi}{2}$$

したがって
$$\int_{-\infty}^\infty \frac{dx}{x^2+1} = \int_{-\infty}^0 \frac{dx}{x^2+1} + \int_0^\infty \frac{dx}{x^2+1} = \pi \qquad \square$$

問 3.31 次の広義積分を求めよ.

(1) $\displaystyle\int_1^\infty \frac{dx}{x\sqrt{x}}$ (2) $\displaystyle\int_0^\infty e^{-x}\,dx$ (3) $\displaystyle\int_{-\infty}^0 xe^{-x^2}\,dx$

Column

微分積分をはじめて学ぶ人にとっては,「微分する (接線を求める) ことが曲線図形の求積に本質的に関係する」ことが不思議なことだと思えるだろう. そのことを独立に見抜いたのが, ニュートン (1642-1727) とライプニッツ (1646-1716) であった. ニュートンの攻撃性, 用心深さ, 疑い深さは異様なほどであり, そのため主著『プリンキピア』の他, 完成度の高い著作しか発表しなかったのだが, 1962 年にはじめて出版された初期の研究をまとめた資料によれば, 1666 年春には「微分と積分が逆演算であること」, すなわち微分積分学の基本定理 (定理 3.2) がはっきり記されている. また, この段階ですでにニュートンの数学が, 記号化された代数によっていることも見てとれる.

微分積分学の基本定理の発見によって, 不定積分 (原始関数) を求めることが重要になってくるが, 数学の発展に伴って, 不定積分が既知の関数では表せないようなケースも数多く知られるようになった. たとえば

$$\int \frac{\sin x}{x}\,dx, \quad \int \frac{1}{\sqrt{1-k^2\sin^2 x}}\,dx \quad (0<k<1)$$

などはそのような例であるが, これらの関数の性質はよくわかっている.

章末問題 3

— A —

3.1 次の不定積分を求めよ．
(1) $\displaystyle\int \sin x \cos x\, dx$
(2) $\displaystyle\int \frac{dx}{x(\log x)^2}$
(3) $\displaystyle\int \frac{x}{\sqrt{x^2-1}}\, dx$
(4) $\displaystyle\int x \cos x^2\, dx$
(5) $\displaystyle\int (x+1) e^{x^2+2x+4}\, dx$
(6) $\displaystyle\int \frac{x}{\sqrt{x^4+1}}\, dx$

3.2 次の定積分の値を求めよ．
(1) $\displaystyle\int_0^\pi \frac{\sin x}{\cos^2 x + 1}\, dx$
(2) $\displaystyle\int_0^1 \frac{\tan^{-1} x}{x^2+1}\, dx$
(3) $\displaystyle\int_1^2 \frac{dx}{\sqrt{x^2+2x}}$

3.3 次の積分を求めよ．
(1) $\displaystyle\int \sqrt{x} \log x\, dx$
(2) $\displaystyle\int \frac{\log x}{\sqrt{x}}\, dx$
(3) $\displaystyle\int_0^1 x^3 e^x\, dx$

3.4 次の有理関数の積分を求めよ．
(1) $\displaystyle\int \frac{dx}{3x+2}$
(2) $\displaystyle\int_0^3 \frac{2x-1}{x+1}\, dx$
(3) $\displaystyle\int_2^3 \frac{x}{(x-1)^2}\, dx$

3.5 不定積分 $\displaystyle\int \cos mx \cos nx\, dx$ を求めよ．ただし，m, n は正の整数とする．

3.6 次の問いに答えよ．
(1) 不定積分 $\displaystyle\int \frac{x}{x^2+2x+2}\, dx$ を求めよ．
(2) 次の等式を満たす定数 a, b, c を求めよ．
$$\frac{x+4}{(x-1)(x^2+2x+2)} = \frac{a}{x-1} + \frac{bx+c}{x^2+2x+2}$$
(3) 不定積分 $\displaystyle\int \frac{x+4}{(x-1)(x^2+2x+2)}\, dx$ を求めよ．

3.7 次の問いに答えよ．
(1) 等式 $x^2 + 2x = a(x-1)^2 + b(x-1) + c$ を満たす定数 a, b, c を求めよ．
(2) 不定積分 $\displaystyle\int \frac{x^2+2x}{(x-1)^3}\, dx$ を求めよ．

3.8 不定積分 $\displaystyle\int \frac{dx}{(x^2+1)^2}$ を $x = \tan t$ とおくことにより求めよ．

— B —

3.9 次の積分を求めよ．

(1) $\displaystyle\int \frac{dx}{x\sqrt{x^2+3}}$

(2) $\displaystyle\int \frac{dx}{2\cos x+1}$

3.10 $I_n = \displaystyle\int (\log x)^n\, dx \quad (n=0,\ 1,\ \cdots)$ とおくとき，次の問いに答えよ．

(1) $n \geqq 1$ のとき，I_n を I_{n-1} を用いて表せ．

(2) $I_1,\ I_2,\ I_3$ を求めよ．

3.11 $I_n = \displaystyle\int_0^{\frac{\pi}{2}} \sin^n x\, dx \quad (n=0,\ 1,\ \cdots)$ とおくとき，次の問いに答えよ．

(1) $n \geqq 2$ のとき，I_n を I_{n-2} を用いて表せ．

(2) I_6 を求めよ．

3.12 不定積分 $I = \displaystyle\int \sqrt{\dfrac{x+1}{3-x}}\, dx$ について，以下の問いに答えよ．

(1) $\sqrt{\dfrac{x+1}{3-x}} = t$ とおくとき，x を t で表せ．

(2) I を求めよ．

3.13 $y = \dfrac{1}{x}$ のグラフと定積分の定義を用いて，次の不等式を示せ．

$$\log(n+1) < 1 + \frac{1}{2} + \cdots + \frac{1}{n} < \log n + 1$$

4

関数の展開

4.1 1次近似式

関数 $f(x)$ は，点 0 を含むある区間で微分可能とする．このとき，微分係数の定義式より

$$\lim_{x \to 0} \frac{f(x) - f(0)}{x} = f'(0)$$

変形して

$$\lim_{x \to 0} \left\{ \frac{f(x) - f(0)}{x} - f'(0) \right\} = 0$$

$$\lim_{x \to 0} \frac{f(x) - f(0) - f'(0)\, x}{x} = 0 \qquad (4.1)$$

(4.1) の左辺の分子を ε_1 とおくと，ε_1 は x の関数で

$$\lim_{x \to 0} \frac{\varepsilon_1}{x} = 0 \qquad (4.2)$$

ε はギリシャ文字でイプシロン (epsilon) と読む

また

$$f(x) - f(0) - f'(0)\, x = \varepsilon_1$$

より，次の等式が成り立つ．

$$f(x) = f(0) + f'(0)\, x + \varepsilon_1 \qquad (4.3)$$

ε_1 は $x = 0$ で値 0 をとり連続である．また，(4.2) より，x が 0 に近いとき，非常に小さい値をとる．したがって，x が 0 に近いとき，次の近似が成り立つ．

$$f(x) \fallingdotseq f(0) + f'(0)\, x \qquad (4.4)$$

(4.4) の右辺の 1 次式を，$f(x)$ の $x = 0$ における **1 次近似式** という．

1 次近似式は，点 $(0, f(0))$ における接線の方程式にほかならない．また，(4.3) の ε_1 については，(4.2) の性質だけに着目することにする．

例 4.1　$f(x) = \sqrt{1+x}$

$$f'(x) = \frac{1}{2}(1+x)^{-\frac{1}{2}}$$

$$f(0) = 1, \quad f'(0) = \frac{1}{2}$$

したがって

$$f(x) = 1 + \frac{1}{2}x + \varepsilon_1$$

ただし　$\displaystyle\lim_{x \to 0} \frac{\varepsilon_1}{x} = 0$

よって，1次近似式は $y = 1 + \dfrac{1}{2}x$ である．また，たとえば，$\sqrt{1.1}$ の近似値は

$$\sqrt{1.1} = \sqrt{1+0.1} \fallingdotseq 1 + \frac{1}{2}(0.1) = 1.05$$

問 4.1　次の関数の $x=0$ における1次近似式を求め，(4.3) の等式で表せ．

(1)　$y = e^x$　　　　　(2)　$y = \sin x$　　　　　(3)　$y = \log(1+x)$

$f(x)$ が点 a を含むある区間で微分可能のとき

$$\lim_{x \to a} \frac{f(x) - f(a)}{x - a} = f'(a)$$

$x = 0$ の場合と同様に変形すると，次の等式が得られる．

$$f(x) = f(a) + f'(a)(x-a) + \varepsilon_1 \quad \text{ただし} \quad \lim_{x \to a} \frac{\varepsilon_1}{x-a} = 0$$

$y = f(a) + f'(a)(x-a)$ を，$f(x)$ の $x=a$ における1次近似式という．

4.2　高次の近似式

4.2.1　2次近似式

関数 $f(x)$ は 0 の近くで2回微分可能とする．
$f'(x)$ に (4.3) を適用すると

$$f'(x) = f'(0) + f''(0)x + \varepsilon_1 \quad \text{ただし} \quad \lim_{x \to 0} \frac{\varepsilon_1}{x} = 0$$

両辺を 0 から x まで積分して

$$\int_0^x f'(x)\,dx = f'(0)\int_0^x dx + f''(0)\int_0^x x\,dx + \int_0^x \varepsilon_1\,dx$$

$$f(x) - f(0) = f'(0)x + \frac{f''(0)}{2}x^2 + \int_0^x \varepsilon_1\,dx$$

したがって，$\displaystyle\int_0^x \varepsilon_1\,dx = \varepsilon_2$ とおくと，次の等式が成り立つ．

$$f(x) = f(0) + f'(0)x + \frac{f''(0)}{2}x^2 + \varepsilon_2 \tag{4.5}$$

4.2 高次の近似式

また，$\lim_{x \to 0} \dfrac{\varepsilon_2}{x^2}$ にロピタルの定理を適用すると
$$\lim_{x \to 0} \frac{\varepsilon_2}{x^2} = \lim_{x \to 0} \frac{(\varepsilon_2)'}{(x^2)'} = \lim_{x \to 0} \frac{\varepsilon_1}{2x} = 0$$
したがって，ε_2 について，次の等式が成り立つ.
$$\lim_{x \to 0} \frac{\varepsilon_2}{x^2} = 0 \tag{4.6}$$
$y = f(0) + f'(0)x + \dfrac{f''(0)}{2}x^2$ を，$f(x)$ の $x = 0$ における **2 次近似式**という．

例 4.2　$f(x) = \sqrt{1+x}$

例 4.1 より　$f(0) = 1, \; f'(0) = \dfrac{1}{2}$

また　$f''(x) = -\dfrac{1}{4}(1+x)^{-\frac{3}{2}}$ より
$$f''(0) = -\frac{1}{4}$$
したがって
$$f(x) = 1 + \frac{1}{2}x - \frac{1}{8}x^2 + \varepsilon_2$$
$$\text{ただし}\quad \lim_{x \to 0} \frac{\varepsilon_2}{x^2} = 0$$

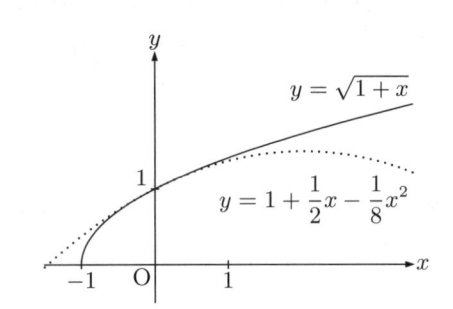

よって，2 次近似式は $y = 1 + \dfrac{1}{2}x - \dfrac{1}{8}x^2$ である.

問 4.2　次の関数の $x = 0$ における 2 次近似式を求め，(4.5) の等式で表せ.

(1)　$y = e^x$　　　　(2)　$y = \cos x$　　　　(3)　$y = \log(1+x)$

$f(x)$ が点 a を含むある区間で 2 回微分可能のときも，$x = 0$ の場合と同様にして，次の等式が得られる.
$$f(x) = f(a) + f'(a)(x-a) + \frac{f''(a)}{2}(x-a)^2 + \varepsilon_2 \tag{4.7}$$
$$\text{ただし}\quad \lim_{x \to a} \frac{\varepsilon_2}{(x-a)^2} = 0$$

(4.7) の右辺で ε_2 を除いてできる 2 次式を，$f(x)$ の $x = a$ における **2 次近似式**という．

[例題 4.1]　関数 $f(x)$ は点 a を含むある区間で 2 回微分可能で，$f'(a) = 0$ とする．このとき，次を示せ．

(1)　$f''(a) > 0$ ならば，$f(x)$ は $x = a$ で極小値をとる．

(2)　$f''(a) < 0$ ならば，$f(x)$ は $x = a$ で極大値をとる．

[解]　$f'(a) = 0$ に注意して (4.7) を用いると
$$f(x) = f(a) + \frac{f''(a)}{2}(x-a)^2 + \varepsilon_2$$
$$f(x) - f(a) = \frac{f''(a)}{2}(x-a)^2 + \varepsilon_2$$

$x \neq a$ のとき，両辺を $(x-a)^2$ で割って

$$\frac{f(x)-f(a)}{(x-a)^2} = \frac{f''(a)}{2} + \frac{\varepsilon_2}{(x-a)^2} \qquad ただし \quad \lim_{x \to a} \frac{\varepsilon_2}{(x-a)^2} = 0$$

(1) $f''(a) > 0$ のとき，a に十分近い x について

$$\frac{f(x)-f(a)}{(x-a)^2} > 0 \quad \therefore \quad f(x) - f(a) > 0$$

したがって，点 a で極小値をとり，(1) が成り立つ．

(2) $f''(a) < 0$ のとき，a に十分近い x について

$$\frac{f(x)-f(a)}{(x-a)^2} < 0 \quad \therefore \quad f(x) - f(a) < 0$$

したがって，点 a で極大値をとり，(2) が成り立つ． □

問 4.3 次の関数について，$y' = 0$ を満たす x を求め，各点について，y'' の符号を調べることにより極値をとるかを調べよ．

(1) $y = x^4 - 2x^2$ 　　　　(2) $y = \dfrac{1}{2}e^{2x} - 3e^x + 2x$

4.2.2 高次の近似式

関数 $f(x)$ は 0 の近くで n 回微分可能 (n は 3 以上の整数) とするとき，$x = 0$ における **n 次近似式**を求めよう．$f'(x)$ に (4.5) を適用すると

$$f'(x) = f'(0) + f''(0)x + \frac{f^{(3)}(0)}{2}x^2 + \varepsilon_2 \qquad ただし \quad \lim_{x \to 0} \frac{\varepsilon_2}{x^2} = 0$$

両辺を 0 から x まで積分して，$\int_0^x \varepsilon_2 \, dx = \varepsilon_3$ とおくと

$$\int_0^x f'(x) \, dx = f'(0) \int_0^x dx + f''(0) \int_0^x x \, dx + \frac{f^{(3)}(0)}{2} \int_0^x x^2 \, dx + \varepsilon_3$$

$$f(x) - f(0) = f'(0)x + \frac{f''(0)}{2}x^2 + \frac{f^{(3)}(0)}{3!}x^3 + \varepsilon_3$$

したがって，次の等式が成り立つ．

$$f(x) = f(0) + f'(0)x + \frac{f''(0)}{2}x^2 + \frac{f^{(3)}(0)}{3!}x^3 + \varepsilon_3 \qquad (4.8)$$

また，ロピタルの定理より，ε_3 について次の等式が得られる．

$$\lim_{x \to 0} \frac{\varepsilon_3}{x^3} = 0 \qquad (4.9)$$

n の場合も同様にして，次の等式が得られる．

$$f(x) = f(0) + f'(0)x + \frac{f''(0)}{2!}x^2 + \cdots + \frac{f^{(n)}(0)}{n!}x^n + \varepsilon_n \qquad (4.10)$$

$$ただし \quad \lim_{x \to 0} \frac{\varepsilon_n}{x^n} = 0$$

4.2 高次の近似式

右辺の ε_n を除いてできる n 次式

$$y = f(0) + f'(0)x + \frac{f''(0)}{2!}x^2 + \cdots + \frac{f^{(n)}(0)}{n!}x^n$$

を，$f(x)$ の $x = 0$ における **n 次近似式** という．

例 4.3 $f(x) = e^x$ について

$$f(0) = 1,\ f'(0) = 1,\ f''(0) = 1,\ \cdots,\ f^{(n)}(0) = 1$$

したがって

$$e^x = 1 + x + \frac{1}{2!}x^2 + \frac{1}{3!}x^3 + \cdots + \frac{1}{n!}x^n + \varepsilon_n \qquad (4.11)$$

$$\text{ただし}\quad \lim_{x \to 0}\frac{\varepsilon_n}{x^n} = 0$$

問 4.4 次の関数について，$x = 0$ における（　）内の次数の近似式を求め，等式で表せ．

(1) $y = \dfrac{1}{1-x}$ $(n = 4)$　　　(2) $y = \tan^{-1} x$ $(n = 3)$

問 4.5 $\sin x$, $\cos x$ は次のように表されることを示せ．

$$\sin x = x - \frac{1}{3!}x^3 + \frac{1}{5!}x^5 - \cdots + (-1)^n \frac{1}{(2n+1)!}x^{2n+1} + \varepsilon_{2n+1} \qquad (4.12)$$

$$\cos x = 1 - \frac{1}{2!}x^2 + \frac{1}{4!}x^4 - \cdots + (-1)^n \frac{1}{(2n)!}x^{2n} + \varepsilon_{2n} \qquad (4.13)$$

$$\text{ただし}\quad \lim_{x \to 0}\frac{\varepsilon_{2n+1}}{x^{2n+1}} = 0,\ \lim_{x \to 0}\frac{\varepsilon_{2n}}{x^{2n}} = 0$$

$y = \cos x$ について，6 次および 8 次の近似式のグラフは次のようになる．

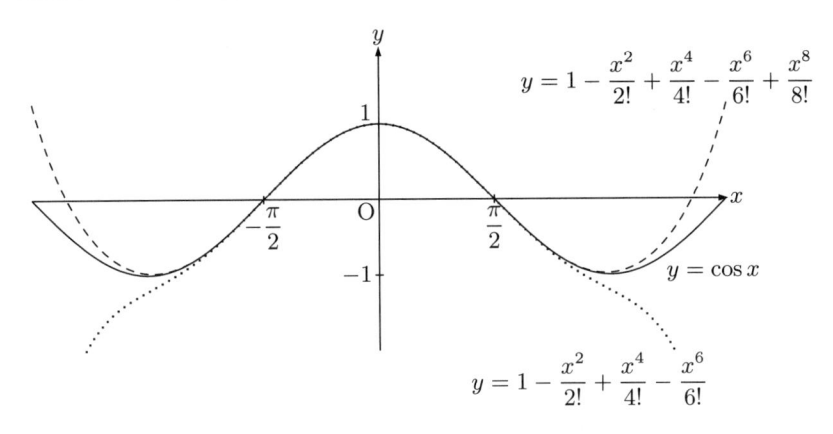

[例題 4.2] $\sqrt[3]{1.1}$ の近似値を，$y = \sqrt[3]{1+x}$ の 3 次近似式を用いて求めよ．

[解] $y' = \dfrac{1}{3}(1+x)^{-\frac{2}{3}},\ y'' = -\dfrac{2}{9}(1+x)^{-\frac{5}{3}},\ y^{(3)} = \dfrac{10}{27}(1+x)^{-\frac{8}{3}}$ より

$$\sqrt[3]{1+x} = 1 + \frac{1}{3}x - \frac{1}{9}x^2 + \frac{5}{81}x^3 + \varepsilon_3 \qquad \text{ただし}\quad \lim_{x \to 0}\frac{\varepsilon}{x^3} = 0$$

したがって，次の近似式が成り立つ．

$$\sqrt[3]{1+x} ≒ 1 + \frac{1}{3}x - \frac{1}{9}x^2 + \frac{5}{81}x^3$$

$x = 0.1$ とおくと

$$\sqrt[3]{1.1} = \sqrt[3]{1+0.1} ≒ 1 + \frac{1}{3}(0.1) - \frac{1}{9}(0.1)^2 + \frac{5}{81}(0.1)^3 = 1.032284 \quad \square$$

注意 $\sqrt[3]{1.1}$ の真の値は $1.032280\cdots$ である．また，1次，2次の近似式を用いたときの近似値は，それぞれ

$$1.033333, \quad 1.032222$$

であり，近似式の次数を大きくすると真の値に近づくことがわかる．

問 4.6 $y = \sin x$ の 5 次近似式を用いて，$\sin\frac{\pi}{18}$ の近似値を求めよ．ただし，$\pi = 3.14159$ として計算せよ．

$x = a$ における n **次近似式**についても同様にして，次の公式が得られる．

公式 4.1

$f(x)$ が a を含むある区間で n 回微分可能のとき

$$f(x) = f(a) + f'(a)(x-a) + \frac{f''(a)}{2!}(x-a)^2 + \cdots + \frac{f^{(n)}(a)}{n!}(x-a)^n + \varepsilon_n$$

$$\text{ただし} \quad \lim_{x \to a}\frac{\varepsilon_n}{(x-a)^n} = 0$$

4.3 テイラー展開

関数 $f(x)$ は 0 を含む区間 I で何回でも微分可能とする．このとき，$f(x)$ の $x = 0$ での n 次近似式を $S_n(x)$ とおくと

$$S_n(x) = f(0) + f'(0)x + \frac{f''(0)}{2!}x^2 + \cdots + \frac{f^{(n)}(0)}{n!}x^n$$

$$f(x) - S_n(x) = \varepsilon_n \quad \text{ただし} \quad \lim_{x \to 0}\frac{\varepsilon_n}{x^n} = 0$$

$x = 0$ のときは，$\varepsilon_n = 0$ となるから，$f(0) = S_n(0)$ が成り立つ．それ以外の点では，これらは一致するとは限らないが，もし I 内のすべての x について

$$\lim_{n \to \infty}\{f(x) - S_n(x)\} = 0 \tag{4.14}$$

が成り立つならば

$$f(x) = f(0) + f'(0)x + \frac{f''(0)}{2!}x^2 + \cdots + \frac{f^{(n)}(0)}{n!}x^n + \cdots \tag{4.15}$$

と表し，右辺を $f(x)$ の $x = 0$ での**テイラー展開**または単に**マクローリン展開**という．

> n を限りなく大きくするとき，$f(x) - S_n(x)$ が 0 に近づくことを意味する
>
> テイラー，Taylor
> (1685 - 1731)
>
> マクローリン，
> Maclaurin
> (1698 - 1746)

関数 e^x, $\sin x$, $\cos x$ については，実数全体で (4.14) が成り立つことが知られている．すなわち，(4.11), (4.12), (4.13) より

$$e^x = 1 + x + \frac{1}{2!}x^2 + \frac{1}{3!}x^3 + \cdots + \frac{1}{n!}x^n + \cdots \qquad (4.16)$$

$$\sin x = x - \frac{1}{3!}x^3 + \frac{1}{5!}x^5 - \cdots + (-1)^n \frac{1}{(2n+1)!}x^{2n+1} + \cdots \qquad (4.17)$$

$$\cos x = 1 - \frac{1}{2!}x^2 + \frac{1}{4!}x^4 - \cdots + (-1)^n \frac{1}{(2n)!}x^{2n} + \cdots \qquad (4.18)$$

また，関数 $\log(1+x)$, $\tan^{-1} x$ などについては，区間 $(-1, 1)$ で (4.14) が成り立ち，次のように表されることが知られている．

$$\log(1+x) = x - \frac{1}{2}x^2 + \frac{1}{3}x^3 - \cdots + (-1)^{n-1}\frac{1}{n}x^n + \cdots \qquad (4.19)$$

$$\tan^{-1} x = x - \frac{1}{3}x^3 + \frac{1}{5}x^5 - \cdots + (-1)^n \frac{1}{2n+1}x^{2n+1} + \cdots \qquad (4.20)$$

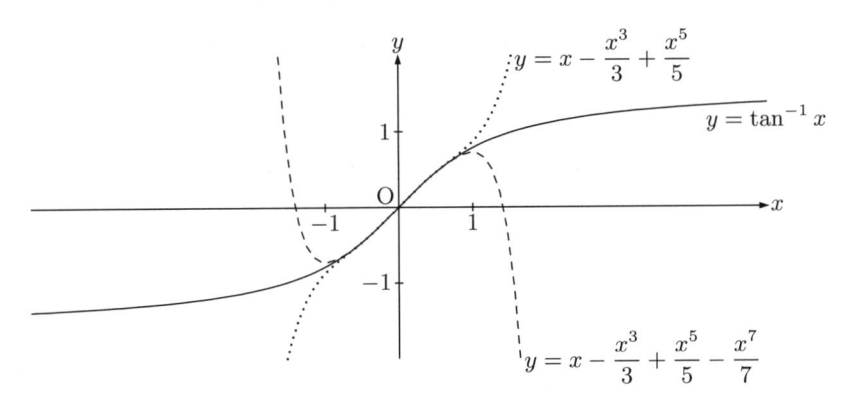

問 4.7 双曲線関数 $\sinh x$, $\cosh x$ については，実数全体で (4.14) が成り立つことが知られている．これらの関数のマクローリン展開を求めよ．

同様に，$f(x)$ の $x = a$ におけるテイラー展開は次のようになる．

$$f(x) = f(a) + f'(a)(x-a) + \frac{f''(a)}{2!}(x-a)^2 + \cdots + \frac{f^{(n)}(a)}{n!}(x-a)^n + \cdots \qquad (4.21)$$

問 4.8 関数 e^x の $x = 1$ におけるテイラー展開を求めよ．

4.4 オイラーの公式

複素数の場合も，実数の場合と同様に，極限を考えることができる．このとき，任意の複素数 z について

$$S_n(z) = 1 + z + \frac{1}{2!}z^2 + \frac{1}{3!}z^3 + \cdots + \frac{1}{n!}z^n$$

オイラー，Euler
(1707-1783)

は，$n \to \infty$ のとき収束することが知られている．そこで，(4.16) にならって，この極限値を e^z の値と定義することにする．

$$e^z = 1 + z + \frac{1}{2!}z^2 + \frac{1}{3!}z^3 + \cdots + \frac{1}{n!}z^n + \cdots$$

特に，z に ix（x は実数）を代入すると

$$e^{ix} = 1 + ix + \frac{1}{2!}(ix)^2 + \frac{1}{3!}(ix)^3 + \cdots + \frac{1}{n!}(ix)^n + \cdots$$

$$= 1 + ix - \frac{1}{2!}x^2 - \frac{1}{3!}ix^3 + \frac{1}{4!}x^4 + \frac{1}{5!}ix^5 + \cdots$$

$$= \left(1 - \frac{1}{2!}x^2 + \frac{1}{4!}x^4 - \cdots\right) + i\left(x - \frac{1}{3!}x^3 + \frac{1}{5!}x^5 - \cdots\right)$$

実部，虚部はそれぞれ $\cos x$, $\sin x$ のマクローリン展開だから，次の公式が成り立つ．

公式 4.2 (オイラーの公式)

実数 x について

$$e^{ix} = \cos x + i \sin x$$

複素数 z, w についても

$$e^z e^w = e^{z+w}$$

が成り立つことが知られている．特に，x, y が実数のとき，$e^{x+iy} = e^x e^{iy}$ から次の公式が得られる．

$$e^{x+iy} = e^x(\cos y + i \sin y) \tag{4.22}$$

問 4.9 次を簡単にせよ．

(1) $e^{2\pi i}$ （2） $e^{\pi i}$ （3） $4e^{1+\frac{\pi}{2}i}$

問 4.10 実数 x と正の整数 n について，次の等式を示せ．

(1) $(e^{ix})^n = e^{inx}$

(2) $(\cos x + i \sin x)^n = \cos nx + i \sin nx$

x を実数とするとき，複素数の値をとる関数 $f(x) = \varphi(x) + i\psi(x)$ について，導関数 $f'(x)$ を

$$f'(x) = \varphi'(x) + i\psi'(x)$$

で定める．このとき，次の公式が成り立つ．

公式 4.3

複素数の定数 α について　$(e^{\alpha x})' = \alpha e^{\alpha x}$

[証明] $\alpha = a + ib$ とおくと

$$(e^{\alpha x})' = (e^{ax+ibx})' = \{e^{ax}(\cos bx + i\sin bx)\}' = (e^{ax}\cos bx)' + i(e^{ax}\sin bx)'$$
$$= ae^{ax}\cos bx + e^{ax}(-b\sin bx) + i(ae^{ax}\sin bx + e^{ax}b\cos bx)$$
$$= (a+ib)e^{ax}\cos bx + (-b+ai)e^{ax}\sin bx$$
$$= (a+ib)e^{ax}\cos bx + i(a+ib)e^{ax}\sin bx$$
$$= (a+ib)e^{ax}(\cos bx + i\sin bx) = \alpha e^{ax}e^{ibx} = \alpha e^{\alpha x}$$

したがって，等式が成り立つ． □

4.5 テイラーの定理

関数 $f(x)$ が 0 の近くで n 回微分可能のとき，(4.10) より

$$f(x) = f(0) + f'(0)x + \frac{f''(0)}{2!}x^2 + \cdots + \frac{f^{(n)}(0)}{n!}x^n + \varepsilon_n$$

$$\text{ただし} \quad \lim_{x \to 0} \frac{\varepsilon_n}{x^n} = 0$$

が成り立つ．この ε_n について，より精密な形が次の定理により得られる．

定理 4.1 (マクローリンの定理) $f(x)$ は，原点 0 を含む区間 I で $n+1$ 回微分可能とする．このとき，I 内の点 x に対して，次式を満たす数 c が 0 と x の間に存在する．

$$f(x) = f(0) + f'(0)x + \frac{f''(0)}{2!}x^2 + \cdots + \frac{f^{(n)}(0)}{n!}x^n + \frac{f^{(n+1)}(c)}{(n+1)!}x^{n+1}$$

[証明] $n=1$ の場合を証明するが，一般の n についても同様である．
関数を $F(x)$, $G(x)$ を

$$F(x) = f(x) - \{f(0) + f'(0)x\}, \quad G(x) = x^2$$

により定義する．$F(0) = G(0) = 0$ に注意して，コーシーの平均値の定理 (定理 2.6) を用いると

$$\frac{F(x)}{G(x)} = \frac{F'(c_1)}{G'(c_1)} \tag{4.23}$$

を満たす c_1 が 0 と x の間に存在することがわかる．次に

$$F'(c_1) = f'(c_1) - f'(0), \quad G'(c_1) = 2c_1$$

を c_1 の関数とみなしてコーシーの平均値の定理を用いると，$F'(0) = G'(0) = 0$ より

$$\frac{F'(c_1)}{G'(c_1)} = \frac{F''(c)}{G''(c)} = \frac{f''(c)}{2} \tag{4.24}$$

を満たす c が 0 と c_1 の間，したがって，0 と x の間に存在することがわかる．
(4.23), (4.24) より

$$\frac{f(x) - \{f(0) + f'(0)x\}}{x^2} = \frac{f''(c)}{2}$$

これから
$$f(x) = f(0) + f'(0)x + \frac{f''(c)}{2!}x^2$$
が得られる. □

同様に, $x = a$ のとき, 次の定理が得られる.

定理 4.2 (テイラーの定理) 点 a を含む区間 I で, $f(x)$ が $n+1$ 回微分可能であるとする. このとき, I 内の点 x に対して, 次式を満たす数 c が a と x の間に存在する.

$$f(x) = f(a) + f'(a)(x-a) + \frac{f''(a)}{2!}(x-a)^2 + \cdots$$
$$+ \frac{f^{(n)}(a)}{n!}(x-a)^n + \frac{f^{(n+1)}(c)}{(n+1)!}(x-a)^{n+1}$$

例 4.4 $f(x) = e^x$ に対して, マクローリンの定理を適用すると

$$e^x = 1 + \frac{x}{1!} + \frac{x^2}{2!} + \cdots + \frac{x^n}{n!} + \frac{x^{n+1}}{(n+1)!}e^c \quad (c \text{ は } 0 \text{ と } x \text{ の間の数})$$

ここで, $x = 1$, $n = 10$ の場合を考えると

$$e = 1 + \frac{1}{1!} + \frac{1}{2!} + \cdots + \frac{1}{10!} + \frac{e^c}{11!} \fallingdotseq 2.718281801 \quad (0 < c < 1)$$

誤差 $\dfrac{e^c}{11!}$ について, $e < 3$ より次の不等式が得られる.

$$\left|\frac{e^c}{11!}\right| < \frac{e}{11!} < \frac{3}{11!} < 0.000000076$$

また, 任意の x について

$$0 \leqq \left|\frac{x^{n+1}}{(n+1)!}e^c\right| \leqq \frac{|x|^{n+1}}{(n+1)!}e^{|x|}$$

$|x| < m$ を満たす整数 m を 1 つ選ぶと, $n > m$ である n について

$$\frac{|x|^{n+1}}{(n+1)!} = \frac{|x|^{m-1}}{(m-1)!} \cdot \frac{|x|}{m} \cdot \frac{|x|}{m+1} \cdots \cdot \frac{|x|}{n+1} \leqq \frac{|x|^{m-1}}{(m-1)!} \cdot \frac{|x|}{n+1}$$

$n \to \infty$ のとき, 不等式の右辺は 0 に近づくから

$$\lim_{n \to \infty} \frac{x^{n+1}}{(n+1)!}e^c = 0$$

したがって, 関数 e^x は任意の x についてマクローリン展開が可能で

$$e^x = 1 + \frac{x}{1!} + \frac{x^2}{2!} + \cdots + \frac{x^n}{n!} + \cdots$$

が成り立つ.

章末問題 4

— A —

4.1 次の極限値を，$x=0$ における適当な次数 n の近似式と ε_n を用いて求めよ．

(1) $\displaystyle\lim_{x\to 0}\frac{\sin x - x}{x^3}$
(2) $\displaystyle\lim_{x\to 0}\frac{\sqrt{1+x}-1-\frac{x}{2}}{e^x-1-x}$
(3) $\displaystyle\lim_{x\to 0}\frac{2\cos x - 2 + x^2}{x^4}$

4.2 次の関数の導関数を求めよ．

(1) $y = e^{ix}$
(2) $y = e^{(2+i)x}$
(3) $y = \dfrac{1}{e^{2ix}}$

4.3 関数 e^x のマクローリン展開の 6 次の項までの和を用いて，e の近似値を求めよ．

4.4 関数 $y = \tan^{-1} x$ について，次の問いに答えよ．

(1) $\tan^{-1}\dfrac{1}{2} + \tan^{-1}\dfrac{1}{3} = \dfrac{\pi}{4}$ を示せ．

(2) $\tan^{-1} x$ の $x=0$ における 5 次近似式を用いて，π の近似値を求めよ．

— B —

4.5 関数 $f(x)$ の定義域内の点 a について
$$f'(a) = 0, \ \cdots, \ f^{(n-1)}(a) = 0, \ f^{(n)}(a) \neq 0$$
とする．このとき，次を示せ．

(1) n が偶数で，$f^{(n)}(a) > 0$ ならば，$f(x)$ は点 a で極小値をとる．

(2) n が偶数で，$f^{(n)}(a) < 0$ ならば，$f(x)$ は点 a で極大値をとる．

(3) n が奇数ならば，$f(x)$ は点 a で極値をとらない．

4.6 次の関数について，与えられた点で極値をとるかどうか調べよ．

(1) $f(x) = 2\cos x + e^{x^2} \quad (x=0)$
(2) $f(x) = (x+1)\sin x + \cos^2 x - x \quad (x=0)$

4.7 0 以上の整数 n について，$\displaystyle\lim_{x\to 0}\frac{\varepsilon_n}{x^n} = 0$ を満たす関数 ε_n をまとめて $o(x^n)$ と表す (ランダウの記号)．このとき，次を示せ．ただし，m は 0 以上の整数とする．

(1) $o(x^n) + o(x^{n+m}) = o(x^n)$
(2) $o(x^m) o(x^n) = o(x^{m+n})$
(3) $x^m o(x^n) = o(x^{m+n})$

4.8 ランダウの記号を用いると，$x=0$ の近くで，たとえば，次のように表される．
$$e^x = 1 + x + \frac{1}{2}x^2 + o(x^2), \quad \sin x = x - \frac{1}{6}x^3 + o(x^3)$$
これらを用いて，次の関数を $o(x^3)$ を用いて表せ．

(1) $(1+x)\sin x$
(2) $e^x \sin x$

5

微分方程式

微分方程式は，時間 t とともに変化する現象を解析するのに用いられることが多い．そこで，本章では，独立変数を t，関数を $x = x(t), y = y(t), \cdots$ と表すことにする．

5.1 微分方程式と解

C を任意定数とするとき，関数
$$x = Ce^t - t \tag{5.1}$$

は図の曲線群を表している．

これらの関数が共通に満たす等式を求めよう．

(5.1) を微分すると
$$\frac{dx}{dt} = Ce^t - 1 \tag{5.2}$$

また，(5.1) より
$$Ce^t = x + t$$

(5.2) に代入して，次の等式が得られる．

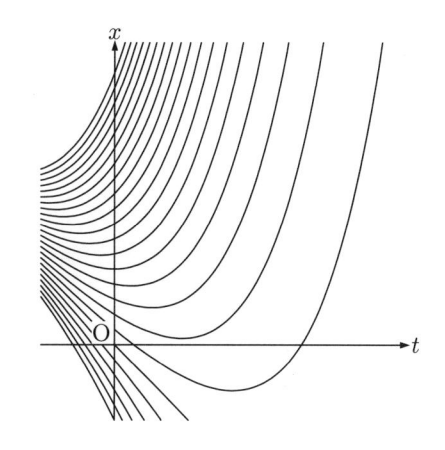

$$\frac{dx}{dt} = x + t - 1 \tag{5.3}$$

(5.3) は関数 x とその導関数 $\dfrac{dx}{dt}$ および変数 t の間に成り立つ関係式である．これを関数 x についての方程式と考え，**微分方程式**という．(5.1) のように，微分方程式を満たす関数を，その微分方程式の**解**といい，解を求めることを，微分方程式を**解く**という．解の表す曲線を**解曲線**という．

微分方程式に含まれる導関数の最高次数を**階数**という．たとえば，微分方程式 (5.3) の階数は 1 である．また，(5.3) を **1 階微分方程式**という．

例 5.1 $\dfrac{d^2x}{dt^2} = -x$ は 2 階微分方程式である．また
$$x = C_1 \sin t + C_2 \cos t \qquad (C_1, C_2 \text{ は任意定数}) \tag{5.4}$$
とすると
$$\dfrac{dx}{dt} = C_1 \cos t - C_2 \sin t$$
$$\dfrac{d^2x}{dt^2} = -C_1 \sin t - C_2 \cos t = -x$$
となるから，(5.4) は微分方程式 $\dfrac{d^2x}{dt^2} = -x$ の解である．

問 5.1 次の関数が満たす 1 階微分方程式をつくれ．ただし，C は任意定数とする．

(1) $x = Ce^{2t}$ 　　　(2) $x = Ce^{t^2}$ 　　　(3) $x = C(t^2+1)$

問 5.2 関数 $x = C_1 e^{2t} + C_2 e^{-2t}$ は 2 階微分方程式 $\dfrac{d^2x}{dt^2} = 4x$ の解であることを示せ．ただし，C_1, C_2 は任意定数とする．

問 5.3 数直線上を運動する動点 P の時刻 t における位置を x とするとき，次の関係を微分方程式で表せ．ただし，比例定数を k とする．
(1) 速度がそのときの位置に比例する．
(2) 加速度がそのときの速度の 2 乗に比例する．

(5.1), (5.4) のように，微分方程式の解には任意定数が含まれる．一般に，微分方程式の階数だけの任意定数を含む解を**一般解**という．

また，一般解の任意定数に特定の値を代入して得られる解を**特殊解**という．任意定数の値を決定するには，条件
$$\lceil t = t_0 \text{ のとき } \quad x = x_0 \rfloor \quad \text{すなわち} \quad x(t_0) = x_0$$
のように，特定の点 t_0 における x の値を指定することが多い．特に，$t=0$ のときの条件を**初期条件**という．

例 5.2 微分方程式 (5.3) において，初期条件 $x(0) = 1$ を満たす解は，一般解 (5.1) から次のように求められる．
(5.1) に $t = 0, x = 1$ を代入すると
　$1 = Ce^0 - 0$ 　すなわち 　$C = 1$
したがって，$x = e^t - t$ が条件を満たす解である．

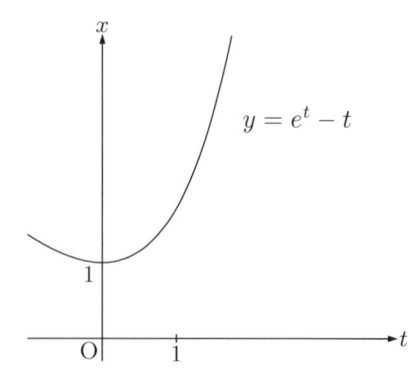

2 階微分方程式の初期条件は，$x(0) = x_0$, $\dfrac{dx}{dt}(0) = v_0$ のようになる．ここで，$\dfrac{dx}{dt}(0)$ は $t = 0$ における $\dfrac{dx}{dt}$ の値を表す．また，$x(a) = x_1$, $x(b) = x_2$ のように，変数 t の異なる 2 点における値を指定することもある．このような条件を**境界条件**という．

問 5.4 次を求めよ．
(1) 微分方程式 (5.3) において，条件 $x(1) = 1$ を満たす解
(2) 例 5.1 の微分方程式において，初期条件 $x(0) = 0$, $\dfrac{dx}{dt}(0) = -1$ を満たす解
(3) 例 5.1 の微分方程式において，境界条件 $x(0) = 1$, $x\left(\dfrac{\pi}{2}\right) = 2$ を満たす解

微分方程式によっては，一般解の任意定数にどのような値を代入しても求められない解をもつことがある．このような解を**特異解**という．

5.2 変数分離形

1 階微分方程式
$$\frac{dx}{dt} = x \tag{5.5}$$
の解で，初期条件 $x(0) = c_0$ を満たすものを求めよう．

$c_0 > 0$ のとき，少なくとも $t = 0$ の近くでは $x > 0$ となる．

(5.5) の両辺を x で割ると
$$\frac{1}{x}\frac{dx}{dt} = 1$$
両辺を t で積分すると
$$\int \frac{1}{x}\frac{dx}{dt}\,dt = \int dt$$
左辺は $x(t) = x$ の置換積分により
$$\int \frac{1}{x}\frac{dx}{dt}\,dt = \int \frac{1}{x}\,dx = \log|x|$$
$$= \log x \quad (積分定数を省略)$$
となるから
$$\log x = t + C \quad (C は積分定数)$$
$t = 0$ のとき $x = c_0$ だから
$$\log c_0 = 0 + C \quad すなわち \quad C = \log c_0$$
したがって，次の等式が成り立つ．

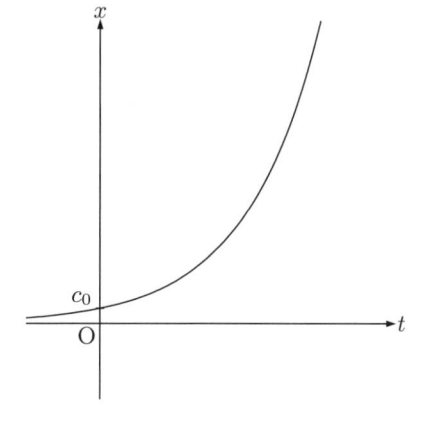

$$\log x = t + \log c_0 \qquad (5.6)$$

(5.6) から x を求めるには，次のようにすればよい．

$$\log x - \log c_0 = t$$

$$\log \frac{x}{c_0} = t \quad \text{すなわち} \quad \frac{x}{c_0} = e^t$$

これから，次の解が得られる．

$$x = c_0 \, e^t \qquad (5.7)$$

注意 (5.6) は (5.7) の関数を表しているといってよい．本章では，このように関数を x, t の関係式として表すこともある．

$c_0 < 0$ のときも，同様にして (5.7) が得られる．

$c_0 = 0$ のとき，(5.7) に代入すると
$$x = 0 \quad (\text{定数関数})$$

このとき，$\dfrac{dx}{dt} = 0$ となり，(5.5) を満たすから解である．

以上より，任意の c_0 について，(5.7) は (5.5) の解となる．

c_0 を任意定数 C に置き換えると，(5.5) の一般解

$$x = C e^t \quad (C \text{ は任意定数})$$

が得られる．

一般に

$$\frac{dx}{dt} = f(t)\,g(x)$$

の形に表される微分方程式を**変数分離形**という．変数分離形の微分方程式は，上の例と同様に，次のようにして解を求めることができる．

$$\frac{1}{g(x)} \frac{dx}{dt} = f(t)$$

$$\int \frac{1}{g(x)} \, dx = \int f(t) \, dt$$

ただし，以後の計算は，一般解を求めることを目的とし，$g(x)$ による場合分けをせずに形式的に行う．

[**例題 5.1**] 次の微分方程式の一般解を求めよ．

(1) $(t^2 + 1)\dfrac{dx}{dt} = 4tx$ \qquad (2) $x\dfrac{dx}{dt} = -t$

[**解**] それぞれ $\dfrac{dx}{dt} = \dfrac{4t}{t^2+1} \cdot x$, $\dfrac{dx}{dt} = -t \cdot \dfrac{1}{x}$ となるから，変数分離形である．

(1) $\dfrac{1}{x}\dfrac{dx}{dt} = \dfrac{4t}{t^2+1}$ の両辺を積分して

$$\int \frac{1}{x} \, dx = \int \frac{4t}{t^2+1} \, dt \qquad \therefore \quad \log|x| = 2\log(t^2+1) + C$$

ただし，右辺の積分では $t^2+1=u$, $2t\,dt=du$ の置換積分を用いた．
これから
$$\log\left|\frac{x}{(t^2+1)^2}\right|=C \quad \text{すなわち} \quad \frac{x}{(t^2+1)^2}=\pm e^C$$
$\pm e^C$ をあらためて C とおいて，次の一般解が得られる．
$$x=C(t^2+1)^2 \quad (C \text{ は任意定数})$$

(2) $x\dfrac{dx}{dt}=-t$ の両辺を積分して
$$\int x\,dx=-\int t\,dt \qquad \therefore \quad \frac{1}{2}x^2=-\frac{1}{2}t^2+C$$
これから
$$x^2=-t^2+2C$$
$2C$ をあらためて C とおいて，次の一般解が得られる．
$$x^2+t^2=C \quad (C \text{ は任意定数}) \qquad \square$$

問 5.5 次の微分方程式の一般解を求めよ．ただし，(2) では $x>0$ とする．

(1) $\dfrac{dx}{dt}=tx$ (2) $\dfrac{dx}{dt}=2\sqrt{x}\,e^t$ (3) $\dfrac{dx}{dt}=\dfrac{\sin x+1}{t\cos x}$

問 5.6 次の微分方程式において，( ) 内の初期条件を満たす解を求めよ．

(1) $\dfrac{dx}{dt}=-(t+1)x^2 \quad (x(0)=1)$ (2) $\cos x\dfrac{dx}{dt}=\sin t \quad (x(0)=0)$

5.3 同次形

1階微分方程式において，$\dfrac{dx}{dt}$ を x, t の式で表したとき
$$\frac{dx}{dt}=\frac{x}{t}-\left(\frac{x}{t}\right)^2 \tag{5.8}$$
のように，右辺が $\dfrac{x}{t}$ だけの式になるならば，この微分方程式を**同次形**という．
(5.8) において
$$\frac{x}{t}=u \tag{5.9}$$
によって関数 u を定めると，$x=tu$ となるから
$$\frac{dx}{dt}=\frac{d}{dt}(t)u+t\frac{du}{dt}=u+t\frac{du}{dt} \tag{5.10}$$
(5.9), (5.10) を (5.8) に代入すると
$$u+t\frac{du}{dt}=u-u^2$$
これから，u についての次の微分方程式が得られる．

$$t\frac{du}{dt} = -u^2 \tag{5.11}$$

(5.11) は変数分離形だから，前節の方法で解くことができる．すなわち

$$\int \frac{1}{u^2}\,du = -\int \frac{1}{t}\,dt \quad \text{より} \quad u = \frac{1}{\log|t| + C}$$

したがって，(5.9) より，(5.8) の一般解は次のようになる．

$$x = \frac{t}{\log|t| + C}$$

もう1つの例を例題として示すことにしよう．

[**例題 5.2**] 微分方程式 $\dfrac{dx}{dt} = \dfrac{-3x+t}{x-3t}$ の一般解を求めよ．

[**解**] 右辺の分母と分子を t で割ると

$$\frac{-3x+t}{x-3t} = \frac{-3\cdot\dfrac{x}{t}+1}{\dfrac{x}{t}-3} = \frac{-3u+1}{u-3} \quad \left[\frac{x}{t}=u \text{ とおいた}\right]$$

となるから，同次形である．(5.10) を用いると

$$u + t\frac{du}{dt} = \frac{-3u+1}{u-3} \quad \text{すなわち} \quad t\frac{du}{dt} = -\frac{u^2-1}{u-3}$$

これから

$$\int \frac{u-3}{u^2-1}\,du = -\int \frac{1}{t}\,dt$$

左辺の積分で，被積分関数を部分分数分解すると (3.6.1 参照)

$$\frac{u-3}{(u+1)(u-1)} = \frac{2}{u+1} - \frac{1}{u-1}$$

したがって

$$2\log|u+1| - \log|u-1| = -\log|t| + C$$
$$2\log|u+1| + \log|t| - \log|u-1| = C$$
$$\log\left|\frac{t(u+1)^2}{u-1}\right| = C$$
$$\frac{t(u+1)^2}{u-1} = \pm e^C$$

$\pm e^C$ をあらためて C とおき，$u=\dfrac{x}{t}$ を代入すると

$$\frac{t\left(\dfrac{x}{t}+1\right)^2}{\dfrac{x}{t}-1} = \frac{(x+t)^2}{x-t} = C$$

よって，求める一般解は $\quad (x+t)^2 = C(x-t) \quad\square$

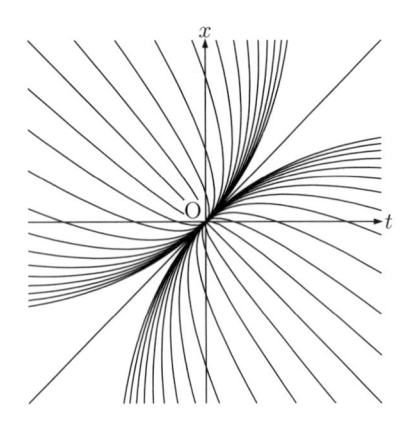

注意 関数 $x = t$ は
$$\frac{dx}{dt} = 1, \quad \frac{-3x+t}{x-3t} = \frac{-3t+t}{t-3t} = 1$$
より解であるが，解答の一般解では表されない．すなわち，特異解といってよい．

問 5.7 次の微分方程式の一般解を求めよ．

(1) $\dfrac{dx}{dt} = \dfrac{x}{t} + \cos^2\dfrac{x}{t}$ (2) $\dfrac{dx}{dt} = \dfrac{t^2+tx+x^2}{t^2}$ (3) $\dfrac{dx}{dt} = \dfrac{2x}{t-x}$

5.4　1 階 線 形

与えられた関数 $\varphi(t)$, $f(t)$ について
$$\frac{dx}{dt} + \varphi(t)\,x = f(t) \tag{5.12}$$
で表される微分方程式を **1 階線形**であるという．たとえば
$$\frac{dx}{dt} - 2t\,x = t\,e^{t^2} \tag{5.13}$$
は 1 階線形である．

(5.12) で，$f(t) = 0$ のとき**斉次**であるという．

斉次 (せいじ)
homogeneous

$$\frac{dx}{dt} + \varphi(t)\,x = 0 \tag{5.14}$$

(5.14) からわかるように，斉次 1 階線形微分方程式は変数分離形である．したがって，積分により一般解を求めることができる．

1 階線形微分方程式 (5.12) については，まず $f(t) = 0$ とおいてできる斉次微分方程式の一般解を求め，この一般解を利用して，1 階線形 (5.12) の一般解を求める方法がある．これを (5.13) の例によって説明しよう．

(5.13) で右辺を 0 とおくと
$$\frac{dx}{dt} - 2tx = 0$$
変数分離形の解法により
$$\int \frac{1}{x}\,dx = 2\int t\,dt$$
これから，斉次の場合の一般解が得られる．
$$x = Ce^{t^2} \quad (C \text{ は任意定数}) \tag{5.15}$$

(5.13) の一般解を求めるために，(5.15) の定数 C を関数とみなして u とおく．
$$x = u\,e^{t^2} \tag{5.16}$$

この方法を**定数変化法**という．

(5.16) より
$$\frac{dx}{dt} = \frac{du}{dt}e^{t^2} + 2\,t\,u\,e^{t^2}$$

(5.13) に代入して
$$\frac{du}{dt}e^{t^2} + 2tu e^{t^2} - 2tu e^{t^2} = te^{t^2}$$
すなわち
$$\frac{du}{dt} = t$$
これから
$$u = \int t\,dt = \frac{1}{2}t^2 + C$$
(5.16) に代入して，(5.13) の一般解
$$x = \left(\frac{1}{2}t^2 + C\right)e^{t^2}$$
が得られる．

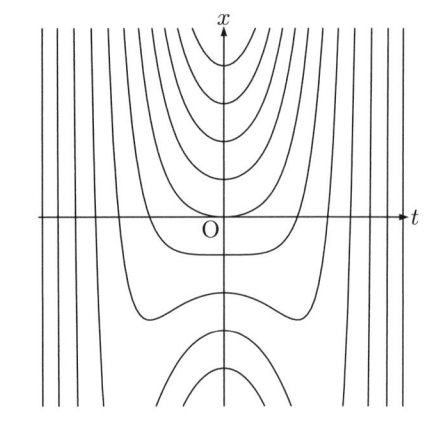

以上の 1 階線形微分方程式の解法をまとめると，次のようになる．

> (I) 斉次の場合の方程式 (5.14) の一般解を求める．
> (II) (I) の一般解の任意定数 C を関数 u で置き換え，u を求める．
> (III) (II) の u を代入して，(5.12) の一般解が得られる．

問 5.8 次の微分方程式の一般解を求めよ．

(1) $\dfrac{dx}{dt} - x = e^{2t}$ 　　(2) $t\dfrac{dx}{dt} - x = 2t^3 + t$

(3) $\dfrac{dx}{dt} - x\cos t = \sin t\, e^{\sin t}$ 　　(4) $\dfrac{dx}{dt} - \dfrac{2tx}{t^2+1} = 2t$

5.5　2 階線形

関数 $\varphi(t),\ \psi(t),\ f(t)$ が与えられたとき
$$\frac{d^2x}{dt^2} + \varphi(t)\frac{dx}{dt} + \psi(t)\,x = f(t) \tag{5.17}$$
で表される微分方程式を **2 階線形**であるといい，$f(t) = 0$ のとき**斉次**であるという．
$$\frac{d^2x}{dt^2} + \varphi(t)\frac{dx}{dt} + \psi(t)\,x = 0 \tag{5.18}$$
また，(5.17) に対して，(5.18) を (5.17) に対応する斉次微分方程式という．

斉次線形微分方程式について，次の定理が成り立つ．

> **定理 5.1**　$x = x_1(t),\ x = x_2(t)$ がともに (5.18) の解であれば
> $$x = c_1 x_1 + c_2 x_2 \qquad (c_1,\ c_2\text{は任意定数})$$
> も (5.18) の解である．

[証明] $x = c_1 x_1 + c_2 x_2$ のとき
$$\frac{dx}{dt} = c_1 \frac{dx_1}{dt} + c_2 \frac{dx_2}{dt}, \quad \frac{d^2 x}{dt^2} = c_1 \frac{d^2 x_1}{dt^2} + c_2 \frac{d^2 x_2}{dt^2}$$

(5.18) の左辺に代入して
$$\left(c_1 \frac{d^2 x_1}{dt^2} + c_2 \frac{d^2 x_2}{dt^2}\right) + \varphi(t)\left(c_1 \frac{dx_1}{dt} + c_2 \frac{dx_2}{dt}\right) + \psi(t)(c_1 x_1 + c_2 x_2)$$
$$= c_1 \left(\frac{d^2 x_1}{dt^2} + \varphi(t)\frac{dx_1}{dt} + \psi(t)x_1\right) + c_2 \left(\frac{d^2 x_2}{dt^2} + \varphi(t)\frac{dx_2}{dt} + \psi(t)x_2\right)$$

x_1, x_2 は (5.18) の解だから,第 1 項,第 2 項とも 0 となる.
したがって,$x = c_1 x_1 + c_2 x_2$ も (5.18) の解である.   □

2 つの関数 $x = x(t), y = y(t)$ について,一方が他方の定数倍であるとき,x, y は**線形従属**であるといい,そうでないとき**線形独立**であるという.たとえば
$$x = \sin t, \quad y = 3\sin t$$
は線形従属で
$$x = e^{2t}, \quad y = e^{3t}$$
は線形独立である.

このとき,次の定理が成り立つことが知られている.

定理 5.2 関数 x_1, x_2 は線形独立で,斉次線形微分方程式 (5.18) の解であれば,(5.18) の任意の解は,次のように表される.
$$x = C_1 x_1 + C_2 x_2 \qquad (C_1, C_2 \text{は任意定数}) \tag{5.19}$$

注意 定理 5.2 より,(5.19) は (5.18) の一般解である.

例 5.3 微分方程式 $\dfrac{d^2 x}{dt^2} + x = 0$ について,関数 $x = \sin t, x = \cos t$ は線形独立な解だから,一般解は $x = C_1 \sin t + C_2 \cos t$ である.

問 5.9 微分方程式 $\dfrac{d^2 x}{dt^2} - x = 0$ について,$x = e^t, x = e^{-t}$ は解であることを示し,一般解を求めよ.

斉次線形微分方程式 (5.18) において,1 つの解がわかっているとき,次の例題のように,定数変化法を用いて一般解を求める方法がある.

[例題 5.3] 微分方程式 $\dfrac{d^2 x}{dt^2} - 2\dfrac{dx}{dt} + x = 0$ について,$x = e^t$ は 1 つの解であることを示し,一般解を求めよ.

[解] $x = e^t$ のとき，$\dfrac{dx}{dt} = e^t$, $\dfrac{d^2x}{dt^2} = e^t$ である．これらを方程式の左辺に代入すると

$$\frac{d^2x}{dt^2} - 2\frac{dx}{dt} + x = e^t - 2e^t + e^t = 0$$

したがって，$x = e^t$ は解である．また，定理 5.1 より $x = ce^t$ も解である．
定数変化法で，$x = ue^t$ とおくと

$$\frac{dx}{dt} = \frac{du}{dt}e^t + ue^t, \quad \frac{d^2x}{dt^2} = \frac{d^2u}{dt^2}e^t + 2\frac{du}{dt}e^t + ue^t$$

方程式に代入して

$$\frac{d^2u}{dt^2}e^t + 2\frac{du}{dt}e^t + ue^t - 2\left(\frac{du}{dt}e^t + ue^t\right) + ue^t = 0$$

整理すると

$$\frac{d^2u}{dt^2}e^t = 0 \quad \text{すなわち} \quad \frac{d^2u}{dt^2} = 0$$

これから

$$\frac{du}{dt} = \int 0\,dt = C_1 \quad (C_1 \text{は任意定数})$$

$$u = \int C_1\,dt = C_1 t + C_2 \quad (C_2 \text{は任意定数})$$

よって，求める一般解は $\quad x = (C_1 t + C_2)e^t$ □

注意 関数 $x = te^t$, $x = e^t$ は線形独立である．

問 5.10 次の微分方程式について，以下の問いに答えよ．

$$\frac{d^2x}{dt^2} - \frac{1}{t}\frac{dx}{dt} + \frac{1}{t^2}x = 0 \quad (t > 0)$$

(1) $x = Ct$ (C は任意定数) は解であることを示せ．
(2) $x = ut$ とおくとき，u の満たす微分方程式をつくれ．
(3) (2) において，$\dfrac{du}{dt} = v$ とおくとき，v を求めよ．
(4) 一般解を求めよ．

5.6 定数係数斉次2階線形

2階線形微分方程式において，左辺の各係数が定数，すなわち

$$\frac{d^2x}{dt^2} + a\frac{dx}{dt} + bx = f(t) \quad (a, b \text{ は定数}) \tag{5.20}$$

と表されるとき，**定数係数**であるという．本節では，斉次の場合の微分方程式

$$\frac{d^2x}{dt^2} + a\frac{dx}{dt} + bx = 0 \tag{5.21}$$

の解法を，いくつかの例により説明しよう．

5.6 定数係数斉次2階線形

例 5.4 $\dfrac{d^2x}{dt^2} - 3\dfrac{dx}{dt} + 2x = 0$ (5.22)

関数 x とその導関数が等式を満たすことから，微分しても関数の形が変わらない解をもつことが予想される．そこで

$$x = e^{\lambda t} \quad (\lambda \text{ は定数})$$

とおくと，$\dfrac{dx}{dt} = \lambda e^{\lambda t}$, $\dfrac{d^2x}{dt^2} = \lambda^2 e^{\lambda t}$ より

$$\lambda^2 e^{\lambda t} - 3\lambda e^{\lambda t} + 2e^{\lambda t} = 0$$

$e^{\lambda t} > 0$ だから，λ についての次の2次方程式が得られる．

$$\lambda^2 - 3\lambda + 2 = 0 \tag{5.23}$$

これを解くと，$\lambda = 1, 2$ となるから

$$x = e^t, \quad x = e^{2t}$$

は解である．また，これらは線形独立だから，一般解は次のようになる．

$$x = C_1 e^t + C_2 e^{2t} \quad (C_1, C_2 \text{は任意定数})$$

> λ はギリシャ文字で
> ラムダ (lambda)
> と読む

2次方程式 (5.23) は，微分方程式 (5.22) の $\dfrac{d^2x}{dt^2}, \dfrac{dx}{dt}$ をそれぞれ λ^2, λ で置き換えたものである．(5.21) についても同様にして，2次方程式

$$\lambda^2 + a\lambda + b = 0 \tag{5.24}$$

ができる．これを微分方程式 (5.21) の**特性方程式**という．

特性方程式 (5.24) が相異なる2実数解 λ_1, λ_2 をもつときは，例 5.4 と同様にして，一般解

$$x = C_1 e^{\lambda_1 t} + C_2 e^{\lambda_2 t}$$

が得られる．

例 5.5 $\dfrac{d^2x}{dt^2} - 2\dfrac{dx}{dt} + x = 0$ (5.25)

特性方程式は $\lambda^2 - 2\lambda + 1 = 0$ で，2重解 $\lambda = 1$ をもつ．この場合は，(5.25) の解は $x = e^t$ しか求められないが，例題 5.3 により，一般解は次のようになる．

$$x = (C_1 t + C_2) e^t \quad (C_1, C_2 \text{ は任意定数})$$

特性方程式が2重解 λ_0 をもつときは，例 5.5 と同様に，一般解は

$$x = (C_1 t + C_2) e^{\lambda_0 t}$$

である．

例 5.6 $\dfrac{d^2x}{dt^2} - 2\dfrac{dx}{dt} + 5x = 0$ (5.26)

特性方程式 $\lambda^2 - 2\lambda + 5 = 0$ を解くと

$$\lambda = 1 \pm \sqrt{1-5} = 1 \pm 2i$$

これから，$x = e^{(1+2i)t}$, $x = e^{(1-2i)t}$ が (5.26) の解であることがわかる．
ここで，4.4 節の (4.22) より

$$e^{(1+2i)t} = e^{t+2ti} = e^t(\cos 2t + i \sin 2t)$$
$$e^{(1-2i)t} = e^{t-2ti} = e^t(\cos 2t - i \sin 2t)$$

が成り立つから

$$e^t \cos 2t = \frac{1}{2}\{e^{(1+2i)t} + e^{(1-2i)t}\}, \quad e^t \sin 2t = \frac{1}{2i}\{e^{(1+2i)t} - e^{(1-2i)t}\}$$

したがって，$x = e^t \cos 2t$, $e^t \sin 2t$ も解である．これらは線形独立だから，(5.26) の一般解は次のようになる．

$$x = C_1 e^t \cos 2t + C_2 e^t \sin 2t = e^t(C_1 \cos 2t + C_2 \sin 2t)$$

特性方程式が相異なる 2 虚数解 $p \pm qi$ をもつときは，例 5.6 と同様に，一般解は

$$x = e^{pt}(C_1 \cos qt + C_2 \sin qt) \qquad (C_1, C_2 は任意定数)$$

である．

以上をまとめると，次の公式が得られる．

公式 5.1

微分方程式 $\dfrac{d^2x}{dt^2} + a\dfrac{dx}{dt} + bx = 0$ の一般解は次のようになる．ただし，C_1, C_2 は任意定数とする．

(I) 特性方程式が相異なる 2 実数解 λ_1, λ_2 をもつとき
$$x = C_1 e^{\lambda_1 t} + C_2 e^{\lambda_2 t}$$

(II) 特性方程式が 2 重解 λ_0 をもつとき
$$x = (C_1 t + C_2)e^{\lambda_0 t}$$

(III) 特性方程式が相異なる 2 虚数解 $p \pm qi$ をもつとき
$$x = e^{pt}(C_1 \cos qt + C_2 \sin qt)$$

[例題 5.4] $\dfrac{d^2x}{dt^2} + 2a\dfrac{dx}{dt} + 4x = 0$ の一般解を求めよ．ただし，a は正の定数とする．

[解] 特性方程式 $\lambda^2 + 2a\lambda + 4 = 0$ の判別式を D とおくと $D/4 = a^2 - 4$

$D > 0$ すなわち $a > 2$ のとき
　特性方程式は相異なる 2 実数解 $-a \pm \sqrt{a^2-4}$ をもつから，一般解は

$$x = C_1 e^{(-a+\sqrt{a^2-4})t} + C_2 e^{(-a-\sqrt{a^2-4})t}$$

$D = 0$ すなわち $a = 2$ のとき

特性方程式は 2 重解 -2 をもつから，一般解は
$$x = (C_1 t + C_2)e^{-2t}$$

$D < 0$ すなわち $0 < a < 2$ のとき

特性方程式は相異なる 2 虚数解 $-a \pm i\sqrt{4-a^2}$ をもつから，一般解は
$$x = e^{-at}(C_1 \cos \sqrt{4-a^2}\, t + C_2 \sin \sqrt{4-a^2}\, t) \qquad \square$$

注意 それぞれの場合について，初期条件 $x(0) = 3$, $\dfrac{dx}{dt}(0) = 0$ を満たす解曲線は下図のようになる．

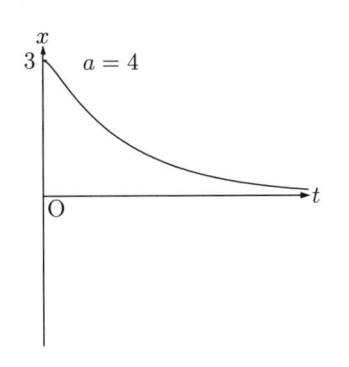

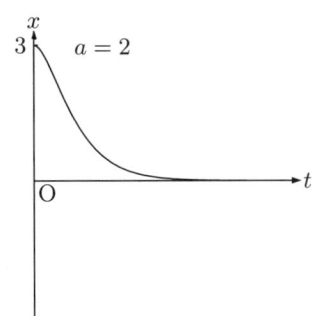

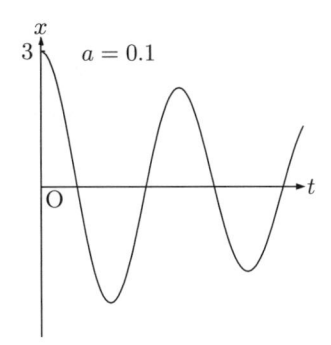

問 5.11 次の微分方程式の一般解を求めよ．

(1) $\dfrac{d^2x}{dt^2} - 5\dfrac{dx}{dt} + 6x = 0$ (2) $\dfrac{d^2x}{dt^2} - 2\dfrac{dx}{dt} - x = 0$ (3) $\dfrac{d^2x}{dt^2} - 3x = 0$

(4) $\dfrac{d^2x}{dt^2} + 6\dfrac{dx}{dt} + 9x = 0$ (5) $\dfrac{d^2x}{dt^2} - 2\dfrac{dx}{dt} + 2x = 0$ (6) $\dfrac{d^2x}{dt^2} + 9x = 0$

問 5.12 $\dfrac{d^2x}{dt^2} - 4\dfrac{dx}{dt} + 4x = 0$, $x(0) = 0$, $\dfrac{dx}{dt}(0) = 2$ を満たす解を求めよ．

5.7 定数係数非斉次 2 階線形

斉次でない 2 階線形微分方程式
$$\frac{d^2x}{dt^2} + a\frac{dx}{dt} + bx = f(t) \tag{5.27}$$

の一般解は，対応する斉次微分方程式
$$\frac{d^2x}{dt^2} + a\frac{dx}{dt} + bx = 0 \tag{5.28}$$

の一般解を用いて，次の定理により求められる．

定理 5.3 斉次線形微分方程式 (5.28) の線形独立な解を x_1, x_2, (5.27) の 1 つの解を x_s とすると，(5.27) の任意の解は，次のように表される．
$$x = x_s + C_1 x_1 + C_2 x_2 \qquad (C_1, C_2 \text{ は任意定数})$$

[証明] (5.27) の任意の解 x と 1 つの解 x_s について

$$\frac{d^2x}{dt^2} + a\frac{dx}{dt} + bx = f(t), \quad \frac{d^2x_s}{dt^2} + a\frac{dx_s}{dt} + bx_s = f(t)$$

これから

$$\frac{d^2}{dt^2}(x - x_s) + a\frac{d}{dt}(x - x_s) + b(x - x_s) = 0$$

したがって, $x - x_s$ は斉次微分方程式 (5.28) の解となるから, 定理 5.2 より

$$x - x_s = C_1 x_1 + C_2 x_2 \quad (C_1, C_2 \text{ は任意定数})$$

これから, 定理が得られる. □

例 5.7 $\quad \dfrac{d^2x}{dt^2} - 3\dfrac{dx}{dt} + 2x = 6e^{-t}$

前節の例 5.4 より, 斉次の場合の一般解は

$$x = C_1 e^t + C_2 e^{2t}$$

また, $x = e^{-t}$ とおくと, $\dfrac{dx}{dt} = -e^{-t}, \dfrac{d^2x}{dt^2} = e^{-t}$ より

$$\frac{d^2x}{dt^2} - 3\frac{dx}{dt} + 2x = e^{-t} + 3e^{-t} + 2e^{-t} = 6e^{-t}$$

したがって, $x = e^{-t}$ は 1 つの解であり, 一般解は次のように表される.

$$x = e^{-t} + C_1 e^t + C_2 e^{2t} \quad (C_1, C_2 \text{ は任意定数})$$

(5.27) の 1 つの解を求める方法はいくつか知られている. ここでは, 方程式の右辺から解の形を予想する方法を, 例題により示すことにしよう.

[例題 5.5] 次の微分方程式の一般解を求めよ.

$$\frac{d^2x}{dt^2} - 6\frac{dx}{dt} + 8x = 4t + 3 \tag{5.29}$$

[解] 対応する斉次微分方程式について, 特性方程式を解くと

$$\lambda^2 - 6\lambda + 8 = (\lambda - 2)(\lambda - 4) = 0 \quad \therefore \quad \lambda = 2, 4$$

したがって, 斉次の場合の一般解は $\quad x = C_1 e^{2t} + C_2 e^{4t}$

次に, (5.29) の 1 つの解を求める. 右辺の形から, 1 次関数

$$x = at + b$$

の解をもつことが予想される. これを (5.29) に代入すると

$$0 - 6a + 8(at + b) = 4t + 3 \quad \text{すなわち} \quad 8at + (-6a + 8b) = 4t + 3$$

連立方程式 $\begin{cases} 8a = 4 \\ -6a + 8b = 3 \end{cases}$ を解いて $\quad a = \dfrac{1}{2}, b = \dfrac{3}{4}$

これから, (5.29) の 1 つの解 $x = \dfrac{1}{2}t + \dfrac{3}{4}$ が得られる.
よって, (5.29) の一般解は

$$x = \frac{1}{2}t + \frac{3}{4} + C_1 e^{2t} + C_2 e^{4t}$$

□

5.7 定数係数非斉次2階線形

問 5.13 次の微分方程式について，1つの解を（　）内の関数と予想することにより，一般解を求めよ．

(1) $\dfrac{d^2x}{dt^2} + 8\dfrac{dx}{dt} + 16\,x = e^{-t}$ 　　$(x = ae^{-t})$

(2) $\dfrac{d^2x}{dt^2} + 2\dfrac{dx}{dt} - 2\,x = -2t^2$ 　　$(x = at^2 + bt + c)$

(3) $\dfrac{d^2x}{dt^2} - 2\dfrac{dx}{dt} + 5\,x = 5\sin t$ 　　$(x = a\cos t + b\sin t)$

［例題 5.6］ 次の微分方程式の一般解を求めよ．
$$\dfrac{d^2x}{dt^2} + x = \cos t \tag{5.30}$$

［解］ 対応する斉次微分方程式について，特性方程式を解くと
$$\lambda^2 + 1 = (\lambda - i)(\lambda + i) = 0 \quad \therefore \quad \lambda = \pm i$$
したがって，斉次の場合の一般解は
$$x = C_1 \cos t + C_2 \sin t \tag{5.31}$$
次に，(5.30) の1つの解を求める．右辺の形からは，$x = a\cos t + b\sin t$ という解が予想されるが，これは，(5.31) と同じだから，(5.30) の解にはならない．
そこで，定数変化法により，a, b を関数と考え
$$x = u\cos t + v\sin t$$
とおき
$$\dfrac{d^2x}{dt^2} = \dfrac{d^2u}{dt^2}\cos t - 2\dfrac{du}{dt}\sin t - u\cos t + \dfrac{d^2v}{dt^2}\sin t + 2\dfrac{dv}{dt}\cos t - v\sin t$$
を (5.30) に代入すると
$$\left(\dfrac{d^2u}{dt^2} + 2\dfrac{dv}{dt}\right)\cos t + \left(\dfrac{d^2v}{dt^2} - 2\dfrac{du}{dt}\right)\sin t = \cos t$$
これから
$$\dfrac{d^2u}{dt^2} + 2\dfrac{dv}{dt} = 1, \quad \dfrac{d^2v}{dt^2} - 2\dfrac{du}{dt} = 0 \tag{5.32}$$
を満たす u, v を見つければよいことがわかる．
$\dfrac{dv}{dt} = w$ とおくと，第2式より $\dfrac{du}{dt} = \dfrac{1}{2}\dfrac{dw}{dt}$
第1式に代入して $\dfrac{1}{2}\dfrac{d^2w}{dt} + 2w = 1$
明らかに，$w = \dfrac{1}{2}$（定数関数）は上の方程式を満たす．このとき
$$\dfrac{dv}{dt} = \dfrac{1}{2}, \quad \dfrac{du}{dt} = 0$$
となるから，$v = \dfrac{1}{2}t, u = 0$ が (5.32) を満たすことがわかる．
したがって，$x = \dfrac{1}{2}t\sin t$ は (5.30) の1つの解である．
以上より，(5.30) の一般解は
$$x = \dfrac{1}{2}t\sin t + C_1\cos t + C_2\sin t \qquad \square$$

注意　図は $f(t) = \cos 2t$, $\cos t$ の場合の解のグラフである.

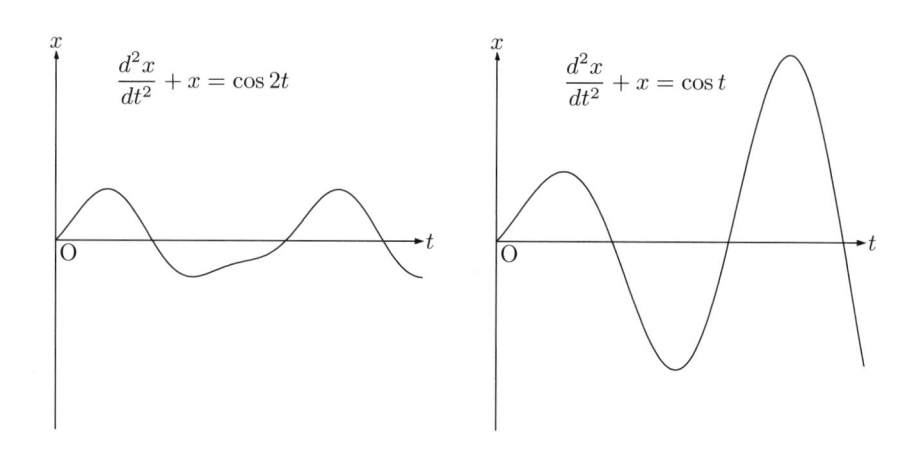

問 5.14　次の微分方程式について，1 つの解を（　）内の関数と予想することにより，一般解を求めよ．

(1) $\dfrac{d^2x}{dt^2} + \dfrac{dx}{dt} - 2x = e^t$ 　$(x = a\,t\,e^t)$

(2) $\dfrac{d^2x}{dt^2} - 2\dfrac{dx}{dt} + x = e^t$ 　$(x = a\,t^2 e^t)$

5.8　連立微分方程式

関数 $x(t), y(t)$ についての 1 階**連立微分方程式**を，1 つの関数の 2 階微分方程式になおして解く方法がある．これを次の例題で示そう．

[例題 5.7]　連立微分方程式 $\begin{cases} \dfrac{dx}{dt} = 2x + y \\ \dfrac{dy}{dt} = x + 2y \end{cases}$ の一般解を求めよ．

[解]　第 1 式より　$y = \dfrac{dx}{dt} - 2x$

両辺を微分して　$\dfrac{dy}{dt} = \dfrac{d^2x}{dt^2} - 2\dfrac{dx}{dt}$

第 2 式に代入して整理すると，x についての 2 階線形斉次微分方程式

$$\dfrac{d^2x}{dt} - 4\dfrac{dx}{dt} + 3x = 0$$

が得られる．これを解いて

$$x = C_1\,e^t + C_2\,e^{3t}$$

$$y = \dfrac{dx}{dt} - 2x = -C_1\,e^t + C_2\,e^{3t}$$

ただし，C_1, C_2 は任意定数である． ■

問 5.15 次の連立微分方程式の一般解を求めよ．

(1) $\begin{cases} \dfrac{dx}{dt} = x + y \\ \dfrac{dy}{dt} = 6x + 2y \end{cases}$ (2) $\begin{cases} \dfrac{dx}{dt} = 3x + y \\ \dfrac{dy}{dt} = -x + y \end{cases}$

5.9 微分方程式の応用

5.9.1 n 次反応

ある物質 A が反応して物質 B が生成されるとき，A の濃度は時間とともに減少する．すなわち，時刻 t における A の濃度を C とすると

$$\frac{dC}{dt} < 0$$

である．$\dfrac{dC}{dt}$ を**反応速度**という．

整数 n について，反応速度がそのときの濃度の n 乗に比例するとき，すなわち，次の微分方程式を満たすとき，**n 次反応**といい，n を**反応次数**という．

$$\frac{dC}{dt} = -kC^n \qquad (k \text{ は正の定数}) \tag{5.33}$$

(5.33) は変数分離形であり，5.2 節の方法により解くことができる．

［例題 5.8］ 1 次反応について，「$t = 0$ のとき $C = C_0$」を満たす解を求めよ．

［解］ $\dfrac{dC}{dt} = -kC$ より

$\dfrac{1}{C}\dfrac{dC}{dt} = -k$

$\displaystyle\int \dfrac{1}{C}\, dC = -\int k\, dt$

$\log C = -kt + c \quad (c \text{ は任意定数})$

$t = 0$ のとき，$C = C_0$ だから

$\log C_0 = c \quad \therefore \quad c = \log C_0$

したがって

$\log C = -kt + \log C_0 \tag{5.34}$

(5.34) より，C は次のように表される．

$C = C_0 e^{-kt}$ □

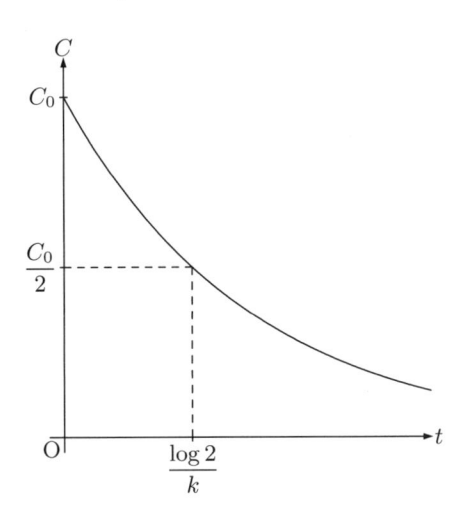

濃度が初期値 C_0 の半分になるまでの時間 T を**半減期**という．1 次反応のときは，(5.34) より

$$\log \frac{C_0}{2} = -kT + \log C_0$$

$$\log C_0 - \log 2 = -kT + \log C_0$$

これから，半減期 T は次のようになる．
$$T = \frac{\log 2}{k}$$
1次反応の半減期は初期値によらず一定である．

問 5.16 2次反応について，「$t = 0$ のとき $C = C_0$」を満たす解を求めよ．

5.9.2 湖沼の汚染

湖 A と河川 B, C があり，河川 B からは一定濃度 h の汚染物質を含んだ水が流入している．ただし，濃度は単位体積あたりの物質の質量とする．流入した水は十分短い時間で湖水と均一に混じり合い，また，河川 B からの流入量と河川 C からの流出量は等しいとし，その単位時間あたりの体積を v とおく．

このとき，微小な時間 Δt について，時刻 t から時刻 $t + \Delta t$ の間に河川 B から流入する汚染物質の量 F_{in} は

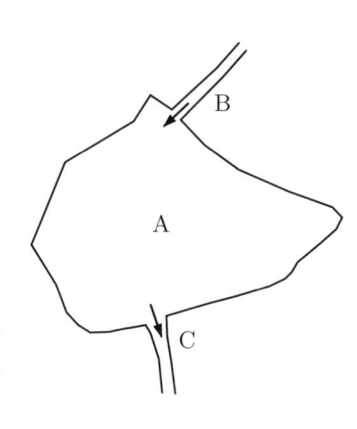

$$F_{\text{in}} = h v \Delta t \tag{5.35}$$

である．また，時刻 t における湖 A の汚染物質の濃度を $x = x(t)$ とすると，同じ時間内に河川 C から流出する量 F_{out} は

$$F_{\text{out}} = x v \Delta t \tag{5.36}$$

湖 A に蓄えられている水の量を V とおくと，(5.35), (5.36) より，濃度の増加 Δx は近似的に次のように表される．

$$\Delta x = \frac{F_{\text{in}} - F_{\text{out}}}{V} = \frac{(h-x)v\Delta t}{V} \tag{5.37}$$

これから，両辺を Δt で割り $\Delta t \to 0$ とすることにより，微分方程式

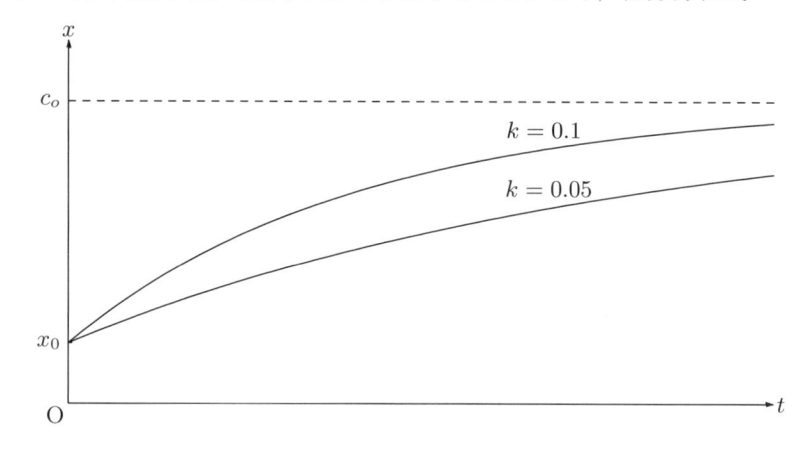

5.9 微分方程式の応用

$$\frac{dx}{dt} = (h-x)\frac{v}{V} \tag{5.38}$$

が得られる．

(5.38) において，$\dfrac{v}{V} = k$ とおき，変数分離形の解法を用いると

$$\int \frac{dx}{h-x} = k \int dt$$
$$-\log|h-x| = kt + C \quad (C \text{ は任意定数})$$
$$h - x = \pm e^{-C} e^{-kt}$$

$\pm e^{-C}$ をあらためて C とおくと，一般解は

$$x = h - C e^{-kt}$$

また，初期条件「$t=0$ のとき $x=x_0$」を満たす解は

$$x = h - (h - x_0) e^{-kt}$$

となる．

章末問題 5

— A —

5.1 次の微分方程式の一般解を求めよ．

(1) $\dfrac{dx}{dt} = 1 + x^2$　　(2) $\dfrac{dx}{dt} = \dfrac{2x+1}{t+1}$　　(3) $\dfrac{dx}{dt} + x = 2$

(4) $\dfrac{dx}{dt} = \dfrac{2x}{t} + \dfrac{t}{x}$　　(5) $\dfrac{dx}{dt} + x\tan t = \cos^2 t$　　(6) $(t^2+1)\dfrac{dx}{dt} + 2tx = e^{-t}$

5.2 微分方程式 $x = t\dfrac{dx}{dt} - \log\dfrac{dx}{dt}$ について，次を示せ．

(1) $x = Ct - \log C$　（C は任意定数）は一般解である．

(2) $x = \log t + 1$ は特異解である．

5.3 次の微分方程式について，（　）内の条件を満たす解を求めよ．

(1) $\dfrac{d^2 x}{dt^2} + \dfrac{dx}{dt} - 2x = 2$　　$\left(x(0) = 0,\ \dfrac{dx}{dt}(0) = 1\right)$

(2) $\dfrac{d^2 x}{dt^2} + 2\dfrac{dx}{dt} = e^t$　　$\left(x(0) = 0,\ \dfrac{dx}{dt}(0) = 0\right)$

(3) $4\dfrac{d^2 x}{dt^2} + x = \sin t$　　$(x(0) = 0,\ x(\pi) = 1)$

5.4 次の連立微分方程式の一般解を求めよ．

$$\begin{cases} \dfrac{dx}{dt} = y + e^{2t} \\ \dfrac{dy}{dt} = x \end{cases}$$

— B —

5.5 次の微分方程式について，以下の問いに答えよ．

$$\dfrac{dx}{dt} = kx(A - x) \quad (k,\ A\ \text{は正の定数})$$

(1) 一般解を求めよ．

(2) $x(0) = x_0$ を満たす解を求めよ．ただし，$0 < x_0 < A$ とする．

(3) (2) の解 $x = x(t)$ について，$\displaystyle\lim_{t \to \infty} x(t)$ を求めよ．

5.6 微分方程式 $\dfrac{dx}{dt} = \dfrac{x+t-2}{x-t-2}$ について，次の問いに答えよ．

(1) $y = x - 2$ とおくとき，y についての微分方程式をつくれ．

(2) x の一般解を求めよ．

5.7 微分方程式 $\dfrac{dx}{dt} + x = tx^2$ について，次の問いに答えよ．

(1) $y = \dfrac{1}{x}$ とおくとき，y についての微分方程式をつくれ．

(2) x の一般解を求めよ．

5.8 次の微分方程式の一般解を，（　）内の関数を 1 つの解と予想して求めよ．

(1) $\dfrac{d^2 x}{dt^2} + x = \sin t$　　$(x = t(a\cos t + b\sin t))$

(2) $\dfrac{d^2 x}{dt^2} - 4\dfrac{dx}{dt} + 3x = 2e^t + e^{2t}$　　$(x = ate^t + be^{2t})$

6

偏微分

6.1 2変数関数と偏導関数

6.1.1 2変数関数

3つの変数 x, y, z があって，2つの変数 x, y の値を決めると，それに対応して z の値が1つ決まるとき，z は x, y の**2変数関数**または単に**関数**であるといい，$z = f(x, y)$ のように表す．このとき，x, y を**独立変数**，z を**従属変数**という．一般に，独立変数が2個以上の関数を**多変数関数**という．

関数 $z = f(x, y)$ の $x = a$, $y = b$ における値を $f(a, b)$ と書く．

例 6.1 $f(x, y) = x^2 + 2y + 2$ のとき，$f(0, 0) = 2$, $f(2, 1) = 8$

関数 $z = f(x, y)$ において，独立変数 (x, y) のとり得る範囲を**定義域**，z の変域を**値域**という．定義域は一般に xy 平面上の領域になる．また，特に断らない限り，$f(x, y)$ が意味をもつできるだけ広い範囲にとることにする．定義域内で (x, y) が動くとき，点 $(x, y, f(x, y))$ は，空間内の1つの図形を描く．この図形を関数 $z = f(x, y)$ の**グラフ**という．特に，グラフが曲面のとき，**曲面 $z = f(x, y)$** ともいう．

例 6.2 $z = -\dfrac{1}{2}x + y + 2$

任意の x, y について z の値が定まるから，定義域は全平面，また値域は全実数である．次に，グラフ上に定点 $A(0, 0, 2)$ と任意の点 $P(x, y, z)$ をとると

$z = -\dfrac{1}{2}x + y + 2$ より $\dfrac{1}{2}x - y + (z-2) = 0$

$\overrightarrow{AP} = \overrightarrow{OP} - \overrightarrow{OA} = (x, y, z - 2)$ だから，

$\vec{n} = \left(\dfrac{1}{2}, -1, 1\right)$ とおくとき

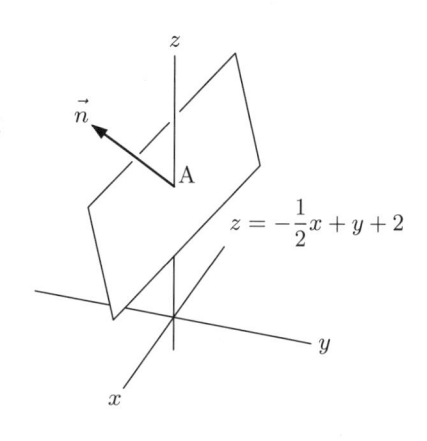

$$\vec{n} \cdot \overrightarrow{\mathrm{AP}} = \frac{1}{2}x - y + (z-2) = 0$$

したがって，$\overrightarrow{\mathrm{AP}}$ は $\vec{n}$ に垂直であり，点 P は点 A を通り $\vec{n}$ に垂直な平面 α の上にある．すなわち，関数 $z = -\frac{1}{2}x + y + 2$ のグラフは平面 α である．

注意 一般に，関数 $z = ax + by + c$ のグラフは，ベクトル $(-a, -b, 1)$ に垂直な平面である．

例 6.3 $z = 4 - x^2 - y^2 \quad (z \geqq 0)$

$4 - x^2 - y^2 \geqq 0$ より，定義域は $x^2 + y^2 \leqq 4$，すなわち，原点を中心とする半径 2 の円の周および内部である．次に，定義域内の点を P とおき，原点と点 $\mathrm{P}(x, y)$ との距離を r とおくと，$\sqrt{x^2 + y^2} = r$ すなわち $x^2 + y^2 = r^2$ となるから

$$\begin{aligned} z &= 4 - x^2 - y^2 \\ &= 4 - r^2 \end{aligned} \quad (6.1)$$

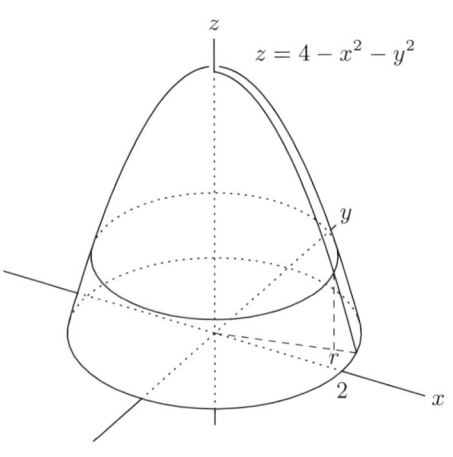

したがって，r が等しい点における z の値は等しい．また，(6.1) より，グラフを線分 OP と z 軸を含む平面で切ってできる曲線は，放物線である．特に，zx 平面の場合は，放物線 $z = 4 - x^2$ になる．

以上より，グラフは zx 平面上の放物線 $z = 4 - x^2$ を z 軸のまわりに回転してできる曲面 (**回転放物面**) のうち，$z \geqq 0$ の部分である．

注意 $f(x, y)$ が $r = \sqrt{x^2 + y^2}$ だけの式で表されるとき，関数 $z = f(x, y)$ のグラフは，ある曲線を z 軸のまわりに回転してできる曲面になる．

問 6.1 関数 $z = 2\sqrt{x^2 + y^2}$ のグラフはどんな曲面か．

点 (x, y) が点 (a, b) と異なる点をとりながら点 (a, b) に限りなく近づくとする．その近づき方はいろいろあるが，関数 $z = f(x, y)$ の値 z が近づき方によらず一定の値 α に近づくならば，α を (x, y) が (a, b) に近づくときの $f(x, y)$ の**極限値**といい

$$\lim_{(x,y) \to (a,b)} f(x, y) = \alpha$$

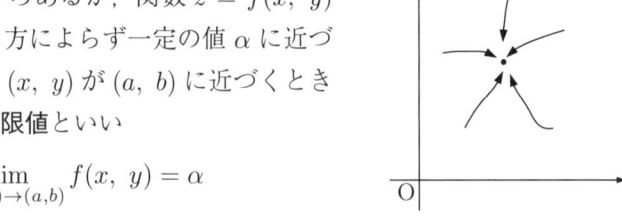

などと書く．

点 (a, b) および点 (a, b) の近くで定義されている関数 $f(x, y)$ について
$$\lim_{(x,y) \to (a,b)} f(x, y) = f(a, b)$$
が成り立つとき，$f(x, y)$ は点 (a, b) で**連続**であるという．連続でない点の近くでは，$z = f(x, y)$ のグラフは複雑な形状になることが多い．本書では，定義域内のすべての点で連続である場合を扱う．

6.1.2 偏導関数

関数 $z = f(x, y)$ において，y を定数とみなすと，z は x の関数と考えることができる．この関数を x で微分してできる導関数を $f(x, y)$ の x についての**偏導関数**といい，次のような記号で表す．

$$f_x(x, y), \quad f_x, \quad z_x, \quad \frac{\partial z}{\partial x}, \quad \frac{\partial f}{\partial x}, \quad \frac{\partial}{\partial x} f(x, y)$$

偏導関数 $f_x(x, y)$ の定義式は次のように表される．

$$f_x(x, y) = \lim_{\Delta x \to 0} \frac{f(x + \Delta x, y) - f(x, y)}{\Delta x} \tag{6.2}$$

偏導関数を求めることを**偏微分する**という．点 (a, b) で偏導関数の値が存在するとき，$f(x, y)$ は点 (a, b) において x について**偏微分可能**であるといい，その値 $f_x(a, b)$ を $f(x, y)$ の点 (a, b) における x についての**偏微分係数**という．

y についての偏導関数および偏微分係数も同様に定義される．

$$f_y(x, y), \quad f_y, \quad z_y, \quad \frac{\partial z}{\partial y}, \quad \frac{\partial f}{\partial y}, \quad \frac{\partial}{\partial y} f(x, y)$$

また，$f_y(x, y)$ の定義式は次のように表される．

$$f_y(x, y) = \lim_{\Delta y \to 0} \frac{f(x, y + \Delta y) - f(x, y)}{\Delta y} \tag{6.3}$$

$f(x, y)$ が x，y の両方について偏微分可能のとき，単に偏微分可能という．

[例題 6.1] 次の関数を偏微分せよ．また，点 $(1, 1)$ における偏微分係数を求めよ．

(1) $z = x^2 + 3xy + 5y^2$ (2) $z = \sqrt{4 - x^2 - 2y^2}$

[解] (1) x について偏微分するとき，第 2 項，第 3 項にある $3y$，$5y^2$ は定数とみなすことに注意すると

$$\frac{\partial z}{\partial x} = z_x = (x^2)_x + 3(x)_x y + (5y^2)_x = 2x + 3y$$
$$\frac{\partial z}{\partial y} = z_y = (x^2)_y + 3x(y)_y + (5y^2)_y = 3x + 10y$$

また，点 $(1, 1)$ における偏微分係数は $z_x(1, 1) = 5$，$z_y(1, 1) = 13$

(2) $4 - x^2 - 2y^2 = u$ とおいて，1 変数関数の合成関数の微分法を用いると

$$\frac{\partial z}{\partial x} = \frac{dz}{du}\frac{\partial u}{\partial x} = (u^{\frac{1}{2}})'(4-x^2-2y^2)_x = \frac{1}{2}u^{-\frac{1}{2}}(-2x) = -\frac{x}{\sqrt{4-x^2-2y^2}}$$

$$\frac{\partial z}{\partial y} = \frac{dz}{du}\frac{\partial u}{\partial y} = (u^{\frac{1}{2}})'(4-x^2-2y^2)_y = \frac{1}{2}u^{-\frac{1}{2}}(-4y) = -\frac{2y}{\sqrt{4-x^2-2y^2}}$$

また，点 $(1, 1)$ における偏微分係数は $z_x(1, 1) = -1$, $z_y(1, 1) = -2$ □

問 6.2 次の関数を偏微分せよ．

(1) $z = x^3 - 5x^2y + 4xy^2 - 3y^3$ (2) $z = e^{3x+2y}$

(3) $z = \log(x^2 + 2xy + 3y^2)$ (4) $z = y\sin(4x + y)$

(5) $z = (x + y^2)\sqrt{x^2 + y^2}$ (6) $z = \dfrac{x - 2y}{3x + y}$

問 6.3 関数 $z = \tan^{-1}\dfrac{x}{y}$ の点 $(1, 1)$ における偏微分係数を求めよ．

偏微分係数の図形的意味を考えよう．

曲面 $z = f(x, y)$ 上の点を $\mathrm{P}(a, b, f(a, b))$ とし，P を通り x 軸と z 軸の両方に平行な平面と，この曲面が交わってできる曲線を C_1 とおく．xy 平面上の点 $(a + \Delta x, b)$ に対応する曲面上の点を Q とおくと，$\Delta x \to 0$ のとき，Q は曲線 C_1 に沿って限りなく P に近づく．したがって，偏導関数の定義式 (6.2) より，$f_x(a, b)$ は曲線 C_1 の点 P における接線の傾きである．また，$\Delta x = 0$ における 1 次近似式より

$$f(a + \Delta x, b) = f(a, b) + f_x(a, b)\,\Delta x + \varepsilon_x, \qquad \lim_{\Delta x \to 0}\frac{\varepsilon_x}{\Delta x} = 0 \qquad (6.4)$$

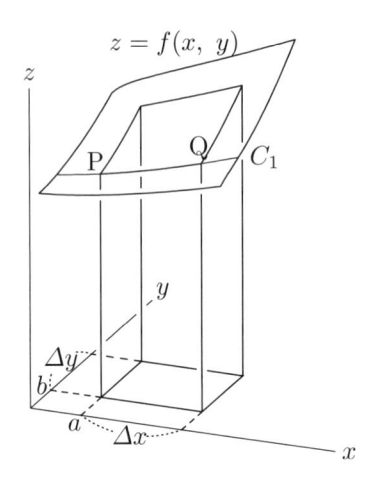

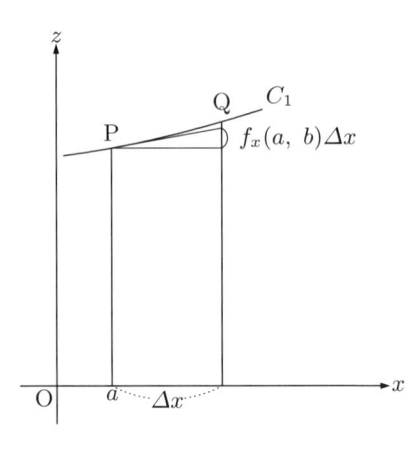

が成り立つ．

f_y についても同様であり

$$f(a, b + \Delta y) = f(a, b) + f_y(a, b)\,\Delta y + \varepsilon_y, \qquad \lim_{\Delta y \to 0}\frac{\varepsilon_y}{\Delta y} = 0 \qquad (6.5)$$

が成り立つ．

6.2 全微分と合成関数の微分

6.2.1 全微分

関数 $z = f(x, y)$ は点 (a, b) を含む領域で偏微分可能であるとし，Δx, Δy は微小とする．このとき，(6.5) より

$$f(a + \Delta x, b + \Delta y) = f(a + \Delta x, b) + f_y(a + \Delta x, b) \Delta y + \varepsilon_y \tag{6.6}$$

また，(6.4) より

$$f(a + \Delta x, b) = f(a, b) + f_x(a, b) \Delta x + \varepsilon_x$$

さらに

$$f_y(a + \Delta x, b) - f_y(a, b) = \varepsilon_{xy}$$

とおき，これらを (6.6) に代入すると

$$\begin{aligned}f(a + \Delta x, b + \Delta y) &= f(a, b) + f_x(a, b) \Delta x + \varepsilon_x + \{f_y(a, b) + \varepsilon_{xy}\} \Delta y + \varepsilon_y \\ &= f(a, b) + f_x(a, b) \Delta x + f_y(a, b) \Delta y + \varepsilon_x + \varepsilon_y + \varepsilon_{xy} \Delta y\end{aligned}$$

したがって，$\varepsilon_x + \varepsilon_y + \varepsilon_{xy} \Delta y$ をまとめて ε と書き

$$f(a + \Delta x, b + \Delta y) - f(a, b) = \Delta z$$

とおくと，次の等式が得られる．

$$\Delta z = f_x(a, b) \Delta x + f_y(a, b) \Delta y + \varepsilon \tag{6.7}$$

(6.7) において

$$\lim_{(\Delta x, \Delta y) \to (0,0)} \frac{\varepsilon}{\sqrt{(\Delta x)^2 + (\Delta y)^2}} = 0$$

が成り立つとき，$f(x, y)$ は点 (a, b) で**全微分可能**であるという．このとき，(6.7) の ε を除いた式を $f(x, y)$ の**全微分**といい dz で表す．微小の変化量 Δx, Δy も dx, dy で表し，a, b を x, y と書き換えると，全微分について次の等式が成り立つ．

$$\boldsymbol{dz = f_x(x, y) \, dx + f_y(x, y) \, dy} \tag{6.8}$$

例 6.4 $z = x^3 y^2$ の全微分は，$z_x = 3x^2 y^2$, $z_y = 2x^3 y$ より

$$dz = z_x \, dx + z_y \, dy = 3x^2 y^2 \, dx + 2x^3 y \, dy$$

問 6.4 次の関数の全微分を求めよ．

(1) $z = \sin(3x + y)$ 　　(2) $z = \sqrt{xy^3}$ 　$(x > 0, \, y > 0)$

(3) $z = \log \sqrt{x^2 + y^2}$ 　　(4) $z = \tan x \cos 2y$

全微分の図形的意味を考えよう.

図において, PQ_1 は, P を通り x 軸と z 軸に平行な平面と曲面との交線の接線, PR_1 は, P を通り y 軸と z 軸に平行な平面と曲面との交線の接線である. 前節で説明したように, それぞれの傾きは $f_x(a, b), f_y(a, b)$ だから

$$\overrightarrow{PQ_1} = (\Delta x,\ 0,\ f_x(a,\ b)\,\Delta x)$$
$$\overrightarrow{PR_1} = (0,\ \Delta y,\ f_y(a,\ b)\,\Delta y)$$

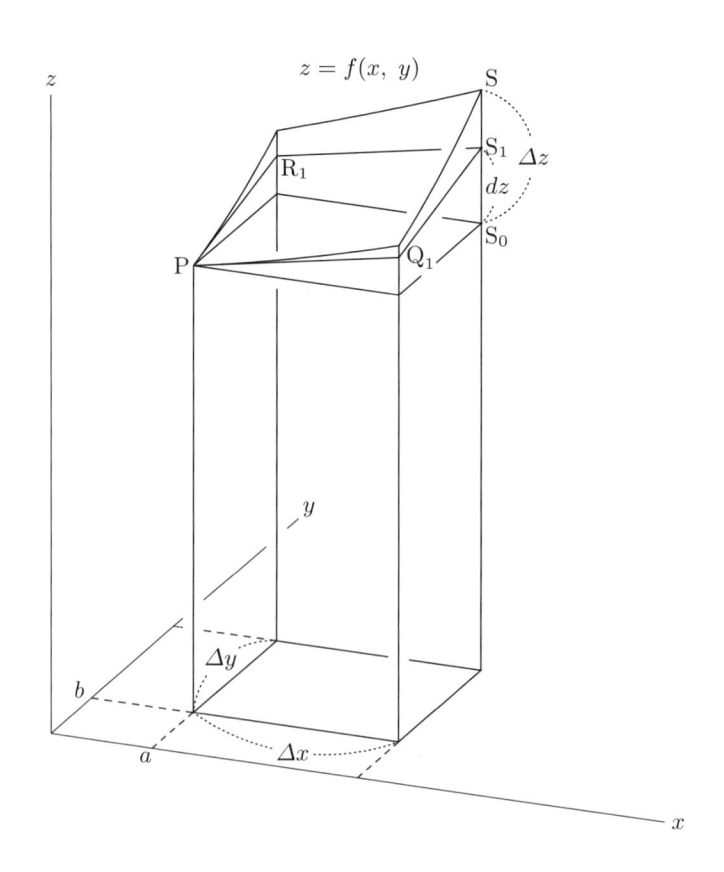

一方, 点 P, Q_1, R_1 を含む平面は, 点 P において曲面に接する平面, すなわち **接平面** である. この平面上にあって, x 座標, y 座標がそれぞれ $a+\Delta x$, $b+\Delta y$ である点を S_1 とおくと, $PQ_1S_1R_1$ は平行四辺形になるから

$$\overrightarrow{PS_1} = \overrightarrow{PQ_1} + \overrightarrow{PR_1} = (\Delta x,\ \Delta y,\ f_x(a,\ b)\,\Delta x + f_y(a,\ b)\,\Delta y)$$

したがって, P と S_1 の z の値の差が全微分 dz になる. (6.7) は, Δx, Δy が微小のとき, $\Delta z = S_0 S$ が $dz = S_0 S_1$ で近似されること, すなわち

$$\Delta z \fallingdotseq f_x(a,\ b)\Delta x + f_y(a,\ b)\Delta y$$

を意味している.

問 6.5 液体中の粒子の沈降時間 T は沈降距離 H, 粒子径 D により

$$T = \frac{kH}{D^2} \quad (k \text{ は定数})$$

で表される. H, D がそれぞれ $\Delta H, \Delta D$ だけ微小変化したときの T の変化量を ΔT とおくとき, 次の近似式が成り立つことを示せ.

$$\frac{\Delta T}{T} \fallingdotseq \frac{\Delta H}{H} - \frac{2\Delta D}{D}$$

6.2.2 合成関数の微分

関数 $z = f(x, y)$ は領域 D で全微分可能で, t の関数 $x = x(t), y = y(t)$ は微分可能とする. 点 $(x(t), y(t))$ が D 内にあるとき

$$z = f(x(t), y(t))$$

は t の関数となる. この関数の導関数を求めよう.

t が Δt だけ変化するとき, x, y, z がそれぞれ $\Delta x, \Delta y, \Delta z$ だけ変化するとすると, 全微分の等式より

$$\Delta z = f_x(x, y)\Delta x + f_y(x, y)\Delta y + \varepsilon$$

$$\text{ただし} \lim_{(\Delta x, \Delta y) \to (0,0)} \frac{\varepsilon}{\sqrt{(\Delta x)^2 + (\Delta y)^2}} = 0$$

両辺を Δt で割って

$$\frac{\Delta z}{\Delta t} = f_x(x, y)\frac{\Delta x}{\Delta t} + f_y(x, y)\frac{\Delta y}{\Delta t} + \frac{\varepsilon}{\Delta t}$$

$\Delta t \to 0$ のとき

$$\frac{\Delta x}{\Delta t} \to \frac{dx}{dt}, \quad \frac{\Delta y}{\Delta t} \to \frac{dy}{dt}$$

$$\left|\frac{\varepsilon}{\Delta t}\right| = \frac{|\varepsilon|}{\sqrt{(\Delta x)^2 + (\Delta y)^2}} \sqrt{\left(\frac{\Delta x}{\Delta t}\right)^2 + \left(\frac{\Delta y}{\Delta t}\right)^2} \to 0$$

したがって, 次の公式が成り立つ.

公式 6.1

$z = f(x, y)$ が全微分可能で, $x = x(t), y = y(t)$ が微分可能のとき

$$\frac{dz}{dt} = \frac{\partial z}{\partial x}\frac{dx}{dt} + \frac{\partial z}{\partial y}\frac{dy}{dt}$$

[例題 6.2] $z = f(x, y)$ は全微分可能で, $x = a + ht, y = b + kt$ のとき, $z' = \dfrac{dz}{dt}$ を z_x, z_y で表せ. ただし, a, b, h, k は定数とする.

[解] $x' = \dfrac{dx}{dt} = h, y' = \dfrac{dy}{dt} = k$ だから

$$z' = z_x x' + z_y y' = hz_x + kz_y \qquad \square$$

問 6.6 $z = f(x, y)$ は全微分可能で, $x = \cos 3t$, $y = \sin 2t$ のとき, z' を z_x, z_y および t の式で表せ.

u, v の関数 $x = x(u, v)$, $y = y(u, v)$ について, 点 $(x(u, v), y(u, v))$ が領域 D 内にあれば
$$z = f(x(u, v), y(u, v))$$
は u, v の関数になる. このとき, 公式 6.1 より次の公式が得られる.

公式 6.2 ────────
$z = f(x, y)$ は全微分可能で, $x = x(u, v)$, $y = y(u, v)$ は u, v について偏微分可能のとき
$$\frac{\partial z}{\partial u} = \frac{\partial z}{\partial x}\frac{\partial x}{\partial u} + \frac{\partial z}{\partial y}\frac{\partial y}{\partial u}$$
$$\frac{\partial z}{\partial v} = \frac{\partial z}{\partial x}\frac{\partial x}{\partial v} + \frac{\partial z}{\partial y}\frac{\partial y}{\partial v}$$

────────

[例題 6.3] $z = f(x, y)$ は全微分可能で
$$x = u\cos\alpha - v\sin\alpha, \quad y = u\sin\alpha + v\cos\alpha \quad (\alpha \text{ は定数})$$
のとき, 等式 $z_u{}^2 + z_v{}^2 = z_x{}^2 + z_y{}^2$ を示せ.

[解] $x_u = \cos\alpha$, $x_v = -\sin\alpha$, $y_u = \sin\alpha$, $y_v = \cos\alpha$ だから
$$z_u = z_x x_u + z_y y_u = z_x \cos\alpha + z_y \sin\alpha$$
$$z_v = z_x x_v + z_y y_v = -z_x \sin\alpha + z_y \cos\alpha$$

したがって
$$\begin{aligned}
z_u{}^2 + z_v{}^2 &= (z_x \cos\alpha + z_y \sin\alpha)^2 + (-z_x \sin\alpha + z_y \cos\alpha)^2 \\
&= z_x{}^2 \cos^2\alpha + 2z_x z_y \cos\alpha \sin\alpha + z_y{}^2 \sin^2\alpha \\
&\quad + z_x{}^2 \sin^2\alpha - 2z_x z_y \cos\alpha \sin\alpha + z_y{}^2 \cos^2\alpha \\
&= z_x{}^2 (\cos^2\alpha + \sin^2\alpha) + z_y{}^2 (\sin^2\alpha + \cos^2\alpha) \\
&= z_x{}^2 + z_y{}^2
\end{aligned}$$
□

問 6.7 $z = f(x, y)$ が全微分可能で, $x = 3u + 2v$, $y = uv$ のとき, z_u, z_v を z_x, z_y, u, v で表せ.

問 6.8 $z = f(x, y)$ が全微分可能で, $x = r\cos\theta$, $y = r\sin\theta$ のとき, 次の等式を示せ.
$$z_r{}^2 + \frac{1}{r^2} z_\theta{}^2 = z_x{}^2 + z_y{}^2$$

6.3 高次偏導関数

関数 $z = f(x, y)$ の偏導関数 $z_x = f_x(x, y)$, $z_y = f_y(x, y)$ が偏微分可能のとき

$$(f_x)_x = f_{xx} = \frac{\partial z_x}{\partial x} = \frac{\partial^2 z}{\partial x^2}$$

$$(f_x)_y = f_{xy} = \frac{\partial}{\partial y}\left(\frac{\partial z}{\partial x}\right) = \frac{\partial^2 z}{\partial y \partial x}$$

$$(f_y)_x = f_{yx} = \frac{\partial}{\partial x}\left(\frac{\partial z}{\partial y}\right) = \frac{\partial^2 z}{\partial x \partial y}$$

$$(f_y)_y = f_{yy} = \frac{\partial z_y}{\partial y} = \frac{\partial^2 z}{\partial y^2}$$

が求められる．これらを $f(x, y)$ の**第 2 次偏導関数**または **2 階偏導関数**という．また，このとき，$f(x, y)$ は **2 回偏微分可能**という．

例 6.5 $z = e^{3x+y^2}$ について．$z_x = 3e^{3x+y^2}$, $z_y = 2ye^{3x+y^2}$ より

$$z_{xx} = 9e^{3x+y^2}$$
$$z_{xy} = 3 \cdot 2ye^{3x+y^2} = 6ye^{3x+y^2}$$
$$z_{yx} = 2y \cdot 3e^{3x+y^2} = 6ye^{3x+y^2}$$
$$z_{yy} = 2e^{3x+y^2} + 4y^2e^{3x+y^2} = 2(1+2y^2)e^{3x+y^2}$$

例 6.5 では，$z_{xy} = z_{yx}$ である．z_{xy} と z_{yx} は偏微分の順序が違うから，等式が常に成り立つというわけではないが，これが成り立つための 1 つの条件として，次の定理が知られている．

> **定理 6.1** $z = f(x, y)$ について，z_{xy}, z_{yx} が存在して連続ならば，z_{xy} と z_{yx} は等しい．

以下，本書では，偏微分の順序がいつでも交換できる場合を扱う．

問 6.9 次の関数について，第 2 次偏導関数を求めよ．

(1) $z = x^4 + 4x^2y^2 - 3y^4$ (2) $z = \sin 3x \cos 2y$
(3) $z = \log(x^2 + y^2)$ (4) $z = \sqrt{x^2 + 2y^2}$

第 n 次偏導関数 $(n \geq 3)$ も同様に定義される．すべての第 n 次偏導関数が存在するとき，$f(x, y)$ は n **回偏微分可能**といい，特にそれらが連続であるとき，n **回連続偏微分可能**または C^n **級関数**であるという．

問 6.10 次の関数について，第 3 次偏導関数を求めよ．

(1) $z = x^4 + 4x^2y^2 - 3y^4$ (2) $z = \sin 3x \cos 2y$

問 6.11 $z = \log(2x + y)$ の第 n 次偏導関数を求めよ．

[例題 6.4] $z = f(x, y)$, $x = a + ht$, $y = b + kt$ のとき, $z'' = \dfrac{d^2z}{dt^2}$ を求めよ. ただし, a, b, h, k は定数とする.

[解] 例題 6.2 より $z' = hz_x + kz_y$ だから

$$\begin{aligned}z'' &= \frac{dz'}{dt} = h\frac{dz_x}{dt} + k\frac{dz_y}{dt} \\ &= h\left(\frac{\partial z_x}{\partial x}\frac{dx}{dt} + \frac{\partial z_x}{\partial y}\frac{dy}{dt}\right) + k\left(\frac{\partial z_y}{\partial x}\frac{dx}{dt} + \frac{\partial z_y}{\partial y}\frac{dy}{dt}\right) \\ &= h(hz_{xx} + kz_{xy}) + k(hz_{yx} + kz_{yy}) \\ &= h^2 z_{xx} + 2hk z_{xy} + k^2 z_{yy}\end{aligned}$$

よって $z'' = h^2 z_{xx} + 2hk z_{xy} + k^2 z_{yy}$ □

問 6.12 例題 6.4 の関数について, 次の等式を示せ.

$$z^{(3)} = h^3 z_{xxx} + 3h^2 k z_{xxy} + 3hk^2 z_{xyy} + k^3 z_{yyy}$$

[例題 6.5] $z = f(x, y)$, $x = r\cos\theta$, $y = r\sin\theta$ のとき, 次の等式を示せ.

$$z_{rr} = z_{xx} \cos^2\theta + 2z_{xy}\cos\theta \sin\theta + z_{yy}\sin^2\theta$$

[解] $x_r = \cos\theta$, $y_r = \sin\theta$, $z_r = z_x x_r + z_y y_r = z_x \cos\theta + z_y \sin\theta$ だから

$$\begin{aligned}z_{rr} &= (z_r)_r = (z_x \cos\theta)_r + (z_y \sin\theta)_r \\ &= (z_x)_r \cos\theta + (z_y)_r \sin\theta \\ &= \{(z_x)_x x_r + (z_x)_y y_r\}\cos\theta + \{(z_y)_x x_r + (z_y)_y y_r\}\sin\theta \\ &= (z_{xx}\cos\theta + z_{xy}\sin\theta)\cos\theta + (z_{yx}\cos\theta + z_{yy}\sin\theta)\sin\theta \\ &= z_{xx}\cos^2\theta + 2z_{xy}\cos\theta\sin\theta + z_{yy}\sin^2\theta\end{aligned}$$

よって, 等式が成り立つ. □

問 6.13 例題 6.5 の関数について, 次の等式を示せ.

(1) $z_{\theta\theta} = r^2(z_{xx}\sin^2\theta - 2z_{xy}\sin\theta\cos\theta + z_{yy}\cos^2\theta) - r(z_x\cos\theta + z_y\sin\theta)$

(2) $z_{rr} + \dfrac{1}{r^2} z_{\theta\theta} + \dfrac{1}{r} z_r = z_{xx} + z_{yy}$

関数 $f(x, y)$ は, 領域 D で定理 6.1 の仮定を満たすとする. D 内に 1 点 $A(a, b)$ をとり, A を通り, x 軸となす角が α である直線の上にある点を $P(x, y)$ とする. このとき

$$\cos\alpha = h, \quad \sin\alpha = k$$

とおくと, $h^2 + k^2 = 1$ であり, 点 P の座標は 1 つの変数 t により

$$x = a + ht, \quad y = b + kt$$

と表すことができる.

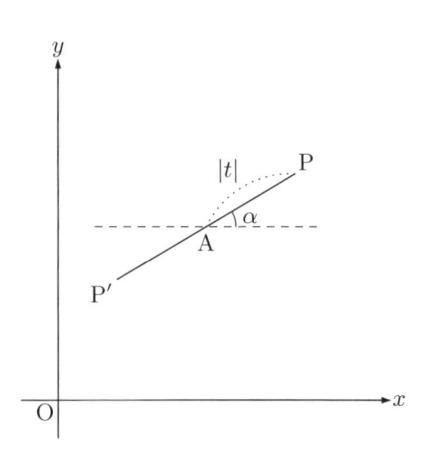

6.3 高次偏導関数

a, b, h, k は定数と考えると, t の関数
$$z = F(t) = f(a+ht, b+kt)$$
について, 例題 6.2 と例題 6.4 より
$$z' = F'(t) = hf_x(a+ht, b+kt) + kf_y(a+ht, b+kt)$$
$$\begin{aligned}z'' &= F''(t) \\ &= h^2 f_{xx}(a+ht, b+kt) + 2hk f_{xy}(a+ht, b+kt) + k^2 f_{yy}(a+ht, b+kt)\end{aligned}$$
が成り立つ.

一方, 4 章の 2 次近似式の公式より
$$F(t) = F(0) + F'(0)t + \frac{F''(0)}{2}t^2 + \varepsilon_2 \quad \text{ただし} \quad \lim_{t \to 0}\frac{\varepsilon_2}{t^2} = 0$$
だから, 次の等式が得られる.
$$\begin{aligned}f(a+ht, b+kt) &= f(a, b) + \{hf_x(a, b) + kf_y(a, b)\}t \\ &+ \frac{1}{2}\{h^2 f_{xx}(a, b) + 2hk f_{xy}(a, b) + k^2 f_{yy}(a, b)\}t^2 + \varepsilon_2 \quad (6.9)\end{aligned}$$
ここで
$$\lim_{t \to 0}\frac{\varepsilon_2}{t^2} = 0 \quad (6.10)$$
は h, k によらず成り立つことが知られている.

また, (6.9) で, $x = a+ht$, $y = b+kt$ を代入すると
$$ht = x-a, \quad kt = y-b$$
より
$$\begin{aligned}f(x, y) &= f(a, b) + \{f_x(a, b)(x-a) + f_y(a, b)(y-b)\} \\ &+ \frac{1}{2}\{f_{xx}(a, b)(x-a)^2 + 2f_{xy}(a, b)(x-a)(y-b) \\ &+ f_{yy}(a, b)(y-b)^2\} + \varepsilon_2 \quad (6.11)\end{aligned}$$
が得られる. 右辺から ε_2 を除いてできる x, y の 2 次式を $f(x, y)$ の点 (a, b) における **2 次近似式**という.

例 6.6 $z = e^{x-2y}$ の原点 $(0, 0)$ における 2 次近似式

$$z_x = e^{x-2y}, \; z_y = -2e^{x-2y}, \; z_{xx} = e^{x-2y}, \; z_{xy} = -2e^{x-2y}, \; z_{yy} = 4e^{x-2y}$$

$x = 0$, $y = 0$ のとき, $z_x = 1$, $z_y = -2$, $z_{xx} = 1$, $z_{xy} = -2$, $z_{yy} = 4$
したがって, 2 次近似式は $\quad 1 + (x-2y) + \frac{1}{2}(x^2 - 4xy + 4y^2)$

問 6.14 次の関数について, ( ) 内の点における 2 次近似式を求めよ.

(1) $z = \cos(3x+2y)$ (点 $(0, 0)$) (2) $z = x\tan y$ $\left(\text{点}\left(1, \frac{\pi}{4}\right)\right)$

6.4 極大・極小

関数 $f(x, y)$ と点 $A(a, b)$ について，$f(x, y)$ が A の近くでは A において最大，すなわち，A の近くにあって，A ではない任意の点 (x, y) に対して

$$f(a, b) > f(x, y) \tag{6.12}$$

が成り立つとき，$f(x, y)$ は A において**極大**であるといい，値 $f(a, b)$ を**極大値**という．また，$f(x, y)$ が A の近くでは A において最小，すなわち，A の近くにあって，A ではない任意の点 (x, y) に対して

$$f(a, b) < f(x, y) \tag{6.13}$$

が成り立つとき，$f(x, y)$ は A において**極小**であるといい，値 $f(a, b)$ を**極小値**という．極大値と極小値を合わせて**極値**という．

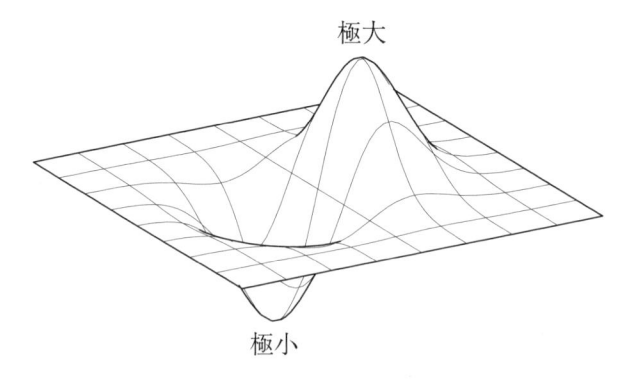

本節では，2 回偏微分可能で，偏導関数が連続である関数 $f(x, y)$ について，極値を調べる方法を説明する．

6.4.1 極値の必要条件

関数 $f(x, y)$ が点 (a, b) で極大値をとるとき，(6.12) より，Δx が小さければ

$$f(a, b) > f(a + \Delta x, b)$$

となるから，$\Delta x > 0$ のとき，次の不等式が成り立つ．

$$\frac{f(a + \Delta x, b) - f(a, b)}{\Delta x} < 0$$

$\Delta x \to +0$ のとき，上式の左辺は $f_x(a, b)$ に近づくから

$$f_x(a, b) \leqq 0$$

である．一方，$\Delta x < 0$ のときは，不等号の向きが逆になるから

$$f_x(a, b) \geqq 0$$

となり，これらから $f_x(a, b) = 0$ であることがわかる．

同様に，$f_y(a, b) = 0$ が成り立つ．極小値をとる場合も同様であり，極値をとるための必要条件として，次の公式が得られる．

6.4 極大・極小

公式 6.3

関数 $f(x, y)$ が点 (a, b) で極値をとるならば
$$f_x(a, b) = 0, \quad f_y(a, b) = 0$$

注意 このことから，曲面 $z = f(x, y)$ の点 $(a, b, f(a, b))$ における接平面は xy 平面に平行であることがわかる．

[例題 6.6] $z = y e^{-x^2-y^2}$ について，極値をとり得る点を求めよ．

[解] $z_x = -2xy e^{-x^2-y^2}$, $z_y = e^{-x^2-y^2} - 2y^2 e^{-x^2-y^2} = (1 - 2y^2) e^{-x^2-y^2}$
$e^{-x^2-y^2} \neq 0$ に注意すると，$z_x = 0, z_y = 0$ より
$$-2xy = 0, \quad 1 - 2y^2 = 0$$
第 2 式より $y = \pm \dfrac{1}{\sqrt{2}}$. したがって，第 1 式より $x = 0$
よって，極値をとり得る点は $\left(0, \dfrac{1}{\sqrt{2}}\right), \left(0, -\dfrac{1}{\sqrt{2}}\right)$ □

問 6.15 次の関数について，極値をとり得る点を求めよ．

(1) $z = x^2 + xy + y^2 - 5x - 4y$ (2) $z = (2x + y^2) e^x$
(3) $z = x^4 + 2xy^2 - 4x + 2$ (4) $z = 3xy - x^3 - y^3$

6.4.2 極値の判定

関数 $f(x, y)$ について，点 (a, b) が公式 6.3 の等式を満たしていても，必ずしも極値をとるわけではない．

たとえば
$$z = x^2 - y^2$$
について，$z_x = 2x, z_y = -2y$ だから，原点 $(0, 0)$ は $z_x = 0, z_y = 0$ を満たし，極値をとり得る点になるが，極値をとらない．このことは

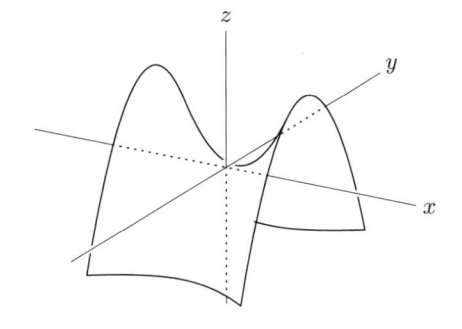

x 軸上の点 $(x, 0)$ における値は $z = x^2 > 0 \quad (x \neq 0)$
y 軸上の点 $(0, y)$ における値は $z = -y^2 < 0 \quad (y \neq 0)$

であることからわかる．

関数 $f(x, y)$ の極値をとり得る点 (a, b) で，実際に極値をとるかを調べよう．
点 (a, b) の近くの点を $(a + ht, b + kt)$（ただし，$h^2 + k^2 = 1$）と表し，$f_x(a, b) = 0, f_y(a, b) = 0$ に注意して，前節の (6.9), (6.10) を用いると

$$f(a+ht, b+kt) - f(a, b)$$
$$= \frac{1}{2}\{h^2 f_{xx}(a, b) + 2hk f_{xy}(a, b) + k^2 f_{yy}(a, b)\}t^2 + \varepsilon_2 \qquad (6.14)$$

ただし，h, k によらず，次が成り立つ．
$$\lim_{t \to 0} \frac{\varepsilon_2}{t^2} = 0 \qquad (6.15)$$

(6.14) で，$f_{xx}(a, b) = A$, $f_{xy}(a, b) = B$, $f_{yy}(a, b) = C$ とおき，さらに
$$Q = Ah^2 + 2Bhk + Ck^2$$
とおくと
$$f(a+ht, b+kt) - f(a, b) = \frac{1}{2}Qt^2 + \varepsilon_2 = \left(\frac{1}{2}Q + \frac{\varepsilon_2}{t^2}\right)t^2 \qquad (6.16)$$

したがって，(6.14), (6.15) より，(6.16) の左辺の符号は Q の符号で定まることがわかる．そのため，AQ および CQ を
$$AQ = A^2 h^2 + 2ABhk + ACk^2 = (Ah + Bk)^2 + (AC - B^2)k^2 \qquad (6.17)$$
$$CQ = ACh^2 + 2BChk + C^2 k^2 = (AC - B^2)h^2 + (Bh + Ck)^2 \qquad (6.18)$$

と変形する．

(I) $AC - B^2 > 0$ の場合

$AC > 0$ である．$A > 0$ とすると，(6.17) において
$$(Ah + Bk)^2 \geqq 0, \quad (AC - B^2)k^2 \geqq 0$$

であり，これらは同時に 0 になることはないから，h, k によらず
$$AQ > 0 \quad \text{すなわち} \quad Q > 0$$
よって
$$f(a+ht, b+kt) - f(a, b) > 0$$
すなわち
$$f(a+ht, b+kt) > f(a, b)$$

となるから，点 (a, b) で極小となる．また，$A < 0$ のときは極大になる．

(II) $AC - B^2 < 0$ の場合

$A \neq 0$ とすると，(6.17) において
$$k = 0 \text{ のとき } AQ > 0, \quad h = -\frac{B}{A}k \text{ のとき } AQ < 0$$

となるから，$f(a+ht, b+kt) - f(a, b)$ の符号は一定に定まらず，点 (a, b) で極値をとらない．また，$C \neq 0$ の場合も同様である．

$A = 0, C = 0$ のときは，$Q = 2Bhk$ となるから，やはり極値をとらないことがわかる．

以上より，次の公式が得られる．

公式 6.4

関数 $f(x, y)$ について，点 (a, b) で $f_x(a, b) = 0$, $f_y(a, b) = 0$ とし
$$D = f_{xx}(a, b) f_{yy}(a, b) - \{f_{xy}(a, b)\}^2$$
とおくと

(I) $D > 0$ の場合

　(i) $f_{xx}(a, b) > 0$ ならば，$f(x, y)$ は (a, b) で極小値をとる.

　(ii) $f_{xx}(a, b) < 0$ ならば，$f(x, y)$ は (a, b) で極大値をとる.

(II) $D < 0$ の場合，$f(x, y)$ は (a, b) で極値をとらない.

注意 $D = 0$ の場合，上の方法では極値の判定はできない．たとえば，$A > 0$ とすると，(6.17) より
$$Q = \frac{1}{A}(Ah + Bk)^2 \geqq 0$$
であるが，$Q = 0$ となる場合があるため，(6.16) において，ε_2 の項が無視できなくなるからである．

[例題 6.7] $z = y e^{-x^2 - y^2}$ について，極値をとり得る点で実際に極値をとるかを調べよ．

[解] 例題 6.6 より
$$z_x = -2xy e^{-x^2 - y^2}, \quad z_y = (1 - 2y^2) e^{-x^2 - y^2}$$
極値をとり得る点は $\left(0, \dfrac{1}{\sqrt{2}}\right)$, $\left(0, -\dfrac{1}{\sqrt{2}}\right)$ である．

第 2 次偏導関数を求めると
$$z_{xx} = 2y(2x^2 - 1) e^{-x^2 - y^2}$$
$$z_{xy} = 2x(2y^2 - 1) e^{-x^2 - y^2}$$
$$z_{yy} = 2y(2y^2 - 3) e^{-x^2 - y^2}$$

(i) $\left(0, \dfrac{1}{\sqrt{2}}\right)$ のとき
$$z_{xx} = -\sqrt{2} e^{-\frac{1}{2}} < 0, \quad z_{xy} = 0, \quad z_{yy} = -2\sqrt{2} e^{-\frac{1}{2}}$$
$$D = \sqrt{2} e^{-\frac{1}{2}} 2\sqrt{2} e^{-\frac{1}{2}} - 0^2 = 4 e^{-1} > 0$$

したがって，極大であり，極大値 $\dfrac{1}{\sqrt{2e}}$ をとる．

(ii) $\left(0, -\dfrac{1}{\sqrt{2}}\right)$ のとき
$$z_{xx} = \sqrt{2} e^{-\frac{1}{2}} > 0, \quad z_{xy} = 0, \quad z_{yy} = 2\sqrt{2} e^{-\frac{1}{2}}$$
$$D = \sqrt{2} e^{-\frac{1}{2}} 2\sqrt{2} e^{-\frac{1}{2}} - 0^2 = 4 e^{-1} > 0$$

したがって，極小であり，極小値 $-\dfrac{1}{\sqrt{2e}}$ をとる． □

問 6.16 問 6.15 の関数について，極値をとり得る点で極値をとるかを調べよ．

[例題 6.8] $z = 2x^3 - 3x^2y + 2y^3 - 3y^2$ について，$(0, 0)$ が極値をとり得る点であることを示し，極値をとるかを調べよ．

[解] $z_x = 6x^2 - 6xy$, $z_y = -3x^2 + 6y^2 - 6y$ より，$x = 0, y = 0$ のとき，$z_x = 0, z_y = 0$ となるから，$(0, 0)$ は極値をとり得る点である．
次に，第 2 次偏導関数を求めると

$$z_{xx} = 12x - 6y, \quad z_{xy} = -6x, \quad z_{yy} = 12y - 6$$

$(0, 0)$ のとき $D = 0$ となり，公式 6.4 では判定できない．
そこで，試みに x 軸上の点を $(t, 0)$ とおくと

$$z = 2t^3 - 3t^2 \cdot 0 + 2 \cdot 0^3 - 3 \cdot 0^2 = 2t^3$$

これから

$$t > 0 \text{ のとき } z > 0$$
$$t = 0 \text{ のとき } z = 0$$
$$t < 0 \text{ のとき } z < 0$$

したがって，$(0, 0)$ で極値をとらない． □

問 6.17 次の関数について，$(0, 0)$ が極値をとり得る点であることを示し，（ ）内の方法により極値をとるかを調べよ．

(1) $z = x^4 + x^2 - 2xy + y^2$ （$A^2 + B^2$ の形に変形する）
(2) $z = x^4 - 2x^3y + y^4 + x^2y$ （直線 $y = x$ 上の点での値を調べる）

6.5 条件つき極値問題

6.5.1 陰関数

関数 $f(x, y)$ は偏微分可能で，偏導関数は連続とし，点 $A(a, b)$ において

$$f(a, b) = 0, \quad f_y(a, b) \neq 0$$

とする．簡単のため，$f_y(a, b) > 0$ とすると，A の近くの任意の点で $f_y > 0$，また，点 A を通り y 軸に平行な直線を下から上に動くにつれて，z の値は単調に増加するから，A の近くで

$$f(a, b_1) < 0, \quad f(a, b_2) > 0$$

となる 2 点 $(a, b_1), (a, b_2)$ がある．さらに，x が a に十分近いとき

$$f(x, b_1) < 0, \quad f(x, b_2) > 0$$

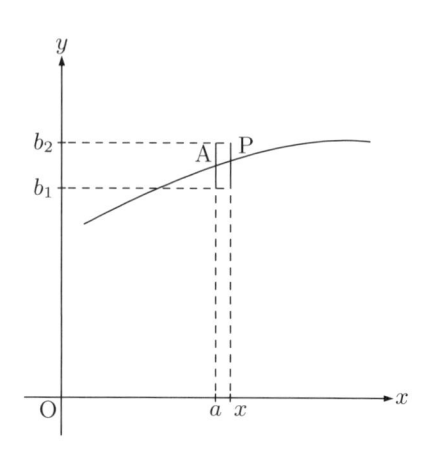

6.5 条件つき極値問題

が成り立つから，2点 (x, b_1), (x, b_2) を結ぶ線分上で

$$f(x, y) = 0 \tag{6.19}$$

を満たす点 $P(x, y)$ がただ1つ存在することがわかる．x に対して，このときの y を対応させると，x の関数ができる．

同様に，点 A において，$f_x(a, b) \neq 0$ のときは，A の近くで x が y の関数になる．これらをまとめて (6.19) の定める**陰関数**という．

例 6.7 $f(x, y) = x^2 + y^2 - 1$ について，$f_x = 2x$, $f_y = 2y$ だから

$$f(0, 1) = 0, \quad f_y(0, 1) = 2 \neq 0$$

したがって，点 $(0, 1)$ の近くで，$x^2 + y^2 - 1 = 0$ より y は x の関数として定まる．この関数は，具体的には $y = \sqrt{1 - x^2}$ と表される．また

$$f(1, 0) = 0, \quad f_x(1, 0) = 2 \neq 0$$

より，点 $(1, 0)$ の近くでは，x は y の関数になる．この関数は，具体的には $x = \sqrt{1 - y^2}$ と表される．

$f(x, y) = 0$ によって定まる陰関数の導関数を求めよう．この関数が媒介変数 t を用いて

$$x = x(t), \quad y = y(t)$$

と表されるとすると，次の等式が成り立つ．

$$f(x(t), y(t)) = 0$$

t で微分して

$$\frac{\partial f}{\partial x}\frac{dx}{dt} + \frac{\partial f}{\partial y}\frac{dy}{dt} = 0$$

$f_y = \dfrac{\partial f}{\partial y} \neq 0$ のとき，y は x の関数で

$$\frac{dy}{dx} = \frac{\dfrac{dy}{dt}}{\dfrac{dx}{dt}} = -\frac{\dfrac{\partial f}{\partial x}}{\dfrac{\partial f}{\partial y}} = -\frac{f_x}{f_y} \tag{6.20}$$

同様に，$f_x = \dfrac{\partial f}{\partial x} \neq 0$ のとき

$$\frac{dx}{dy} = -\frac{f_y}{f_x} \tag{6.21}$$

が成り立つ．

[例題 6.9] $x^2+xy+y^2=3$ で定まる陰関数が x の関数のとき，$\dfrac{dy}{dx}$ を求めよ．

[解] $f(x, y) = x^2+xy+y^2-3$ とおくと
$$f_x = 2x+y, \quad f_y = x+2y$$
$f_y = 0$ となる場合を求めると
$$x = -2y$$
これを $f(x, y) = 0$ に代入して
$$4y^2 - 2y^2 + y^2 = 3$$
$$\therefore \quad y = \pm 1, \; x = \mp 2$$
よって，$(x, y) \neq (2, -1), (-2, 1)$ のとき，y は x の関数になり
$$y' = -\frac{f_x}{f_y} = -\frac{2x+y}{x+2y} \qquad \Box$$

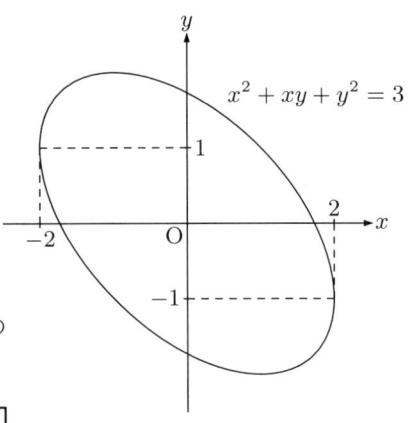

問 6.18 次式で定まる陰関数が x の関数のとき，$\dfrac{dy}{dx}$ を求めよ．

(1) $e^x + e^y = 1$ \qquad (2) $x^3 - 3x^2y + y^3 = 3$

6.5.2 条件つき極値問題

点 (x, y) が
$$x^2+xy+y^2 = 3 \qquad (6.22)$$
で表される曲線を動くとき
$$z = xy+3 \qquad (6.23)$$
の極値をとり得る点を求める問題を考えよう．

$\varphi(x, y) = x^2+xy+y^2-3$ とおき，$\varphi(x, y) = 0$，すなわち (6.22) によって定まる関数が，媒介変数 t を用いて $x = x(t), y = y(t)$ と表されるとき
$$\varphi_x x' + \varphi_y y' = 0$$
また，$z = f(x, y) = xy+3$ とおくと，極値をとる点では
$$z' = f_x x' + f_y y' = 0$$
が成り立ち，これら 2 式より，次の等式が得られる．
$$(\varphi_x f_y - \varphi_y f_x)x' = 0, \quad (\varphi_y f_x - \varphi_x f_y)y' = 0$$

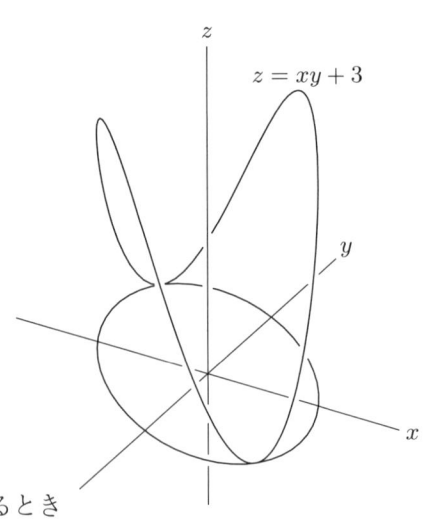

6.5 条件つき極値問題

したがって，x', y' のいずれかが 0 でなければ

$$\varphi_x f_y - \varphi_y f_x = 0 \tag{6.24}$$

が成り立つ．これが，極値をとるための必要条件である．

(6.22), (6.23) の場合に (6.24) を適用すると

$$(2x+y)\cdot x - (x+2y)\cdot y = 0 \quad \text{すなわち} \quad y^2 = x^2$$

（ⅰ）$y = x$ のとき

(6.22) に代入すると，$3x^2 = 3$ となるから

$$(x, y) = (1, 1), (-1, -1)$$

（ⅱ）$y = -x$ のとき

(6.22) に代入すると，$x^2 = 3$ となるから

$$(x, y) = (\sqrt{3}, -\sqrt{3}), (-\sqrt{3}, \sqrt{3})$$

が得られる．これらが極値をとり得る点である．

$\varphi_x \neq 0$, $\varphi_y \neq 0$ のとき，それぞれ $\lambda = \dfrac{f_x}{\varphi_x}$, $\lambda = \dfrac{f_y}{\varphi_y}$ とおく．このとき，(6.24) の条件は次の公式で表すことができる．

λ はギリシャ文字でラムダ (lambda) と読む

公式 6.5（ラグランジュの未定乗数法）──────────

条件 $\varphi(x, y) = 0$ のもとで，関数 $z = f(x, y)$ が点 (a, b) で極値をとるとき

$$\begin{cases} f_x(a, b) - \lambda \varphi_x(a, b) = 0 \\ f_y(a, b) - \lambda \varphi_y(a, b) = 0 \end{cases}$$

となる定数 λ が存在する．ただし，$\varphi_x(a, b) \neq 0$, $\varphi_y(a, b) \neq 0$ とする．

ラグランジュ，Lagrange (1736-1813)

────────────────────────────

問 6.19 $x^2 + y^2 = 1$ のもとで，$z = x + y$ の極値をとり得る点を求めよ．

Column

　スペインの建築家アントニオ・ガウディ (1852-1926) がバルセロナの地に建造した多くの作品には様々な曲面が使われている. それらは余りに斬新で, いかにも天才建築家が「芸術的感性の赴くままに曲げてみた」ように見えるのだが, 事実は正反対で, これら曲面の多くが数学的な曲面である. ガウディの代表作で, 未だ完成をみないサグラダ・ファミリア (聖家族贖罪聖堂) を例にとって, そのことを確かめてみよう.

　壁と柱の接合部分などには 6.4.2 項の図の曲面が至る所に使われている. その標準形は

$$\frac{x^2}{a^2} - \frac{y^2}{b^2} = 2z \tag{6.25}$$

であり, 双曲的放物面という. ガウディがこの曲面を利用したのは, 構造力学的に最も力がかかる接合部分に滑らかな流れをつくるためであった.

　この曲面は, 上に凸の放物線 $z = \dfrac{x^2}{2a^2}$ が, その頂点を下に凸の放物線 $z = -\dfrac{y^2}{2b^2}$ 上において滑ることによって得られるが, 実はもっと面白い性質をもっている. (6.25) を

$$\frac{x}{a} + \frac{y}{b} = 2\mu, \quad \frac{x}{a} - \frac{y}{b} = \frac{z}{\mu} \quad (\mu \text{ は 0 でない定数}) \tag{6.26}$$

と分解してみると, この連立方程式が定める直線は (6.25) 上にあるから, μ をパラメータと考えれば, (6.25) は直線 (6.26) が動いてできることがわかる. このように, 1 つのパラメータに依存する直線の軌跡として構成される曲面を線織面という. たとえば, 正四面体の 2 つの面を選び, ねじれの位置にある辺に両端を置いた線分が, 隣り合う頂点間を移動するときに空間を掃いてできる曲面としても実現できる. 図はそのようにして描いたものである.

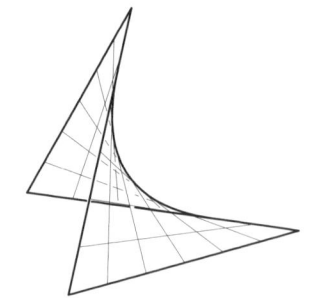

　そのため, ガウディはこの曲面をキリスト教の三位一体の象徴とみなしたということである. ここには, ユダヤ教秘儀であるカバラの本質である数象徴の影響がみられる.

　また, 採光部には, やはり線織面の 1 つである一葉双曲面

6.5 条件つき極値問題

$$\frac{x^2}{a^2}+\frac{y^2}{b^2}-\frac{z^2}{c^2}=1$$

が使われている．これは雅楽の鼓の形といえばすぐわかるだろう．

このようにして，グニャグニャした曲線だらけのように見える教会が，実は直線で構成されていることがわかるのである．ガウディは，中世以来の「幾何学的宇宙の普遍的秩序」を探求した人物であり，その点で天文学者ケプラー (1571–1630) や作曲家バッハ (1685–1750) と通じるところが多いように感じられる．

また，この教会の全体的な設計図は，2.5 節で紹介した双曲線関数

$$f(x) = a\cosh\frac{x}{a} \qquad (a \text{ は } 0 \text{ でない定数})$$

に基づいている．この曲線は両端を持って垂らしたネックレスが描く曲線で，懸垂線である．ガリレオはこれを放物線と勘違いしたが，似ていても全く性質の違う曲線である．ガウディは建物の自重を効率よく支えるために，この曲線を上下逆さまにして使ったのである．懸垂線の方程式 $y = f(x)$ は，「$P(x, f(x))$ での微分係数 $f'(x)$ が P より下にある懸垂線の部分の長さに比例する」という微分方程式を解くことで得られる．

ところで，懸垂線を x 軸のまわりに一回転してできる回転面である懸垂面は，回転面としては唯一の極小曲面になっている．極小曲面とは至る所で平均曲率 $H = 0$ となる曲面のことであるが，要するに同位相の下で表面積が最小になる曲面のことである．針金で作った 2 つの輪を平行に持ち，その間に石鹸膜を張ると，表面張力が表面積が最小になるように働くため，極小曲面の実例を容易につくることができる．

空間内に与えられた閉曲線を境界にもつ極小曲面を求める問題をプラトー問題というが，J. ダグラス (1897–1965) はその完全解決によって，数学界のノーベル賞といわれるフィールズ賞の第 1 回受賞者となった．

章末問題 6

— A —

6.1 次の関数について，偏導関数と第2次偏導関数を求めよ．

(1) $z = e^{2x}\sin 3y$
(2) $z = e^{xy}$
(3) $z = \tan^{-1}\dfrac{x}{y}$
(4) $z = \sin^{-1}(xy - 1)$

6.2 次の関数について，極値を求めよ．

(1) $z = 2x^2 - 8xy + 17y^2 - 8x - 2y$
(2) $z = -2x^2 + 2xy - 3y^2 + 2x + 4y + 1$
(3) $z = x^3 + 2xy^2 - 12x$
(4) $z = (2x^2 + y^2)e^{-x^2-y^2}$

6.3 $z = \dfrac{y}{x^2 + y^2}$ について，$z_{xx} + z_{yy} = 0$ であることを次の2つの方法で示せ．

(1) x, y についての第2次偏導関数を求める．
(2) $x = r\cos\theta,\ y = r\sin\theta$ とおいて，問 6.13 の等式を用いる．

6.4 $x = u\cos\alpha - v\sin\alpha,\ y = u\sin\alpha + v\cos\alpha$ （α は定数）とするとき，$z = f(x, y)$ に関して次式が成り立つことを示せ．

$$z_{xx} + z_{yy} = z_{uu} + z_{vv}$$

6.5 $z = f\left(\dfrac{x}{y}\right)$ とおくとき，$x\dfrac{\partial z}{\partial x} + y\dfrac{\partial z}{\partial y} = 0$ が成り立つことを示せ．

6.6 3変数関数 $w = f(x, y, z)$ の偏微分も2変数関数と同様に定義される．次の関数について，偏導関数 w_x, w_y, w_z を求めよ．

(1) $w = x^2 + y^2 - 3z^2 - xy + yz + 3zx$
(2) $w = x\cos(2y + z)$

— B —

6.7 関数 $f(x, y)$ について，点 (a, b) の近くの任意の点 $(a + \Delta x, b + \Delta y)$ における値が次のように表されるとする．ただし，A, B は定数とする．

$$f(a + \Delta x,\ b + \Delta y) = f(a, b) + A\Delta x + B\Delta y + \varepsilon,\quad \lim_{(\Delta x, \Delta y)\to(0,0)}\dfrac{\varepsilon}{\sqrt{(\Delta x)^2 + (\Delta y)^2}} = 0$$

このとき，$f(x, y)$ は点 (a, b) で偏微分可能で，$f_x(a, b) = A,\ f_y(a, b) = B$ であることを示せ．

6.8 $f(x, y) = 0$ の定める陰関数 $y = y(x)$ について，次の問いに答えよ．ただし，$f_y \neq 0$ とする．

(1) $y'' = -\dfrac{f_{xx}f_y{}^2 - 2f_{xy}f_xf_y + f_{yy}f_x{}^2}{f_y{}^3}$ であることを示せ．
(2) $x^2 - 2xy + 3y^2 - 1 = 0$ のとき，y'' を求めよ．
(3) (2) の定める陰関数 $y = y(x)$ の極値を求めよ．

6.9 3変数関数 $w = f(x, y, z)$ が点 (a, b, c) で極値をとるとき，2変数関数の場合と同様に，次の等式が成り立つ．

$$f_x(a, b, c) = 0,\quad f_y(a, b, c) = 0,\quad f_z(a, b, c) = 0$$

$w = x^2 - 2y^2 + 2z^2 + 2xy + 8yz - 2zx + 8y$ について，極値をとり得る点を求めよ．

7

重 積 分

7.1　2重積分の定義

2変数関数 $f(x, y)$ の領域 D における **2重積分**
$$\iint_D f(x, y)\,dxdy$$
を，立体の体積としての意味を考えながら定義しよう．ただし，D は
$$a \leqq x \leqq b, \quad c \leqq y \leqq d$$
で表される長方形の領域とし，D において $f(x, y) \geqq 0$ とする．また，曲面 $z = f(x, y)$，領域 D，および D の各辺を含み z 軸に平行な平面で囲まれてできる立体を V とする．

1変数関数の定積分のときと同様に，2つの辺を小区間
$$a = x_0 < x_1 < x_2 < \cdots < x_m = b$$
$$c = y_0 < y_1 < y_2 < \cdots < y_n = d$$
に分け，D を小さな長方形 $\{D_{ij}\}$ に分割する．
$$D_{ij} : x_{i-1} \leqq x \leqq x_i, \ y_{j-1} \leqq y \leqq y_j \quad (i = 1, 2, \cdots, m, \ j = 1, 2, \cdots, n)$$
各 D_{ij} と曲面とで挟まれる柱状の小立体の体積 V_{ij} は，D_{ij} を底面とし曲面までの高さをもつ直方体の体積で近似される．すなわち，D_{ij} 内の1点を (ξ_{ij}, η_{ij}) とし，$\Delta x_i = x_i - x_{i-1}, \Delta y_j = y_j - y_{j-1}$ とおくとき
$$V_{ij} \fallingdotseq f(\xi_{ij}, \eta_{ij})\,\Delta x_i \Delta y_j \tag{7.1}$$
すべての i, j について，(7.1) の右辺の和をとり

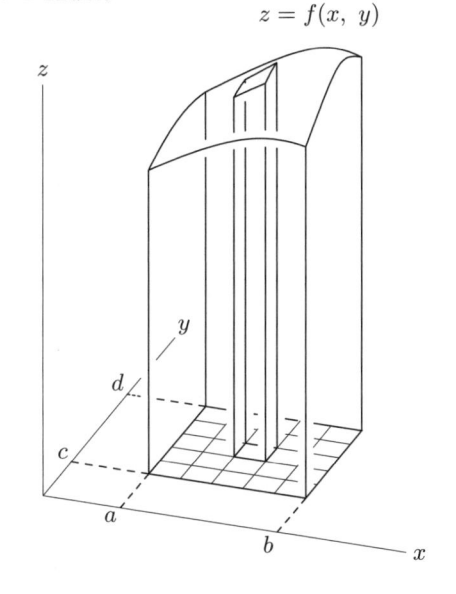

$$\sum_{i,\,j} f(\xi_{ij},\,\eta_{ij})\,\Delta x_i \Delta y_j \tag{7.2}$$

と表す．これは立体 V の体積の近似式である．さらに，$\Delta x_i \to 0$，$\Delta y_j \to 0$ となるように，分割 $\{D_{ij}\}$ を限りなく細かくするとき，(7.2) が，分割の方法と点 $(\xi_{ij},\,\eta_{ij})$ の取り方によらず，一定の値に近づくならば，$f(x,\,y)$ は D において，**2 重積分可能**といい，その値を

$$\iint_D f(x,\,y)\,dxdy = \lim_{\substack{\Delta x_i \to 0 \\ \Delta y_j \to 0}} \sum_{i,\,j} f(\xi_{ij},\,\eta_{ij})\,\Delta x_i \Delta y_j \tag{7.3}$$

と表す．これが $f(x,\,y)$ の D における 2 重積分の定義であり，D を**積分領域**という．

領域 D で必ずしも正でない関数 $f(x,\,y)$ の 2 重積分も，(7.3) で定義される．

例 7.1 $f(x,\,y) = 1$ (定数関数) のとき

$$\sum_{i,\,j} f(\xi_{ij},\,\eta_{ij})\,\Delta x_i \Delta y_j = \sum_{i,\,j} \Delta x_i \Delta y_j$$

ここで，$\Delta x_i \Delta y_j$ は小領域 D_{ij} の面積だから，それらの和は D の面積の値に等しい．したがって

$$\iint_D 1\,dxdy = \iint_D dxdy = (b-a)(d-c)$$

注意 2 重積分の値が (7.3) で求められるのは，例 7.1 のように，ごく簡単な場合に限られる．(7.3) は，右辺で定まる量を 2 重積分で表すときによく用いられる．

D が長方形の領域でない場合は，D を含む長方形領域 D' をとり，D 以外の点 $(x,\,y)$ に対して

$$f(x,\,y) = 0$$

とおくと，(7.3) より

$$\iint_{D'} f(x,\,y)\,dxdy$$

が定義される．この 2 重積分の値は D' の取り方によらない．これを $f(x,\,y)$ の領域 D における 2 重積分と定める．

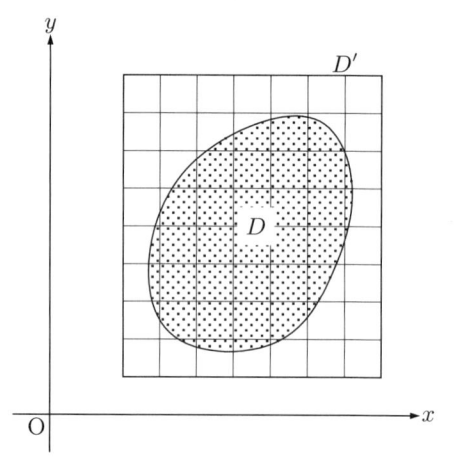

(7.3) を用いると，2 重積分のいくつかの性質が証明される．

まず，関数 $f(x,\,y)$, $g(x,\,y)$, 定数 a, b について

$$\{a f(\xi_{ij},\eta_{ij}) + b\,g(\xi_{ij},\eta_{ij})\}\,\Delta x_i \Delta y_j$$
$$= a f(\xi_{ij},\eta_{ij})\,\Delta x_i \Delta y_j + b\,g(\xi_{ij},\eta_{ij})\,\Delta x_i \Delta y_j$$

となるから

7.1 2重積分の定義

$$\iint_D \{a f(x,\ y) + b g(x,\ y)\}\, dxdy$$
$$= a \iint_D f(x,\ y)\, dxdy + b \iint_D g(x,\ y)\, dxdy \quad (7.4)$$

また，領域 D を 2 つの領域 D_1, D_2 に分けるとき

$$f_1(x,\ y) = \begin{cases} f(x,\ y) & (D_1\ \text{内の点}) \\ 0 & (\text{それ以外}) \end{cases}$$

$$f_2(x,\ y) = \begin{cases} f(x,\ y) & (D_2\ \text{内の点}) \\ 0 & (\text{それ以外}) \end{cases}$$

とおくと

$$f(x,\ y) = f_1(x,\ y) + f_2(x,\ y)$$

かつ，$k = 1,\ 2$ について

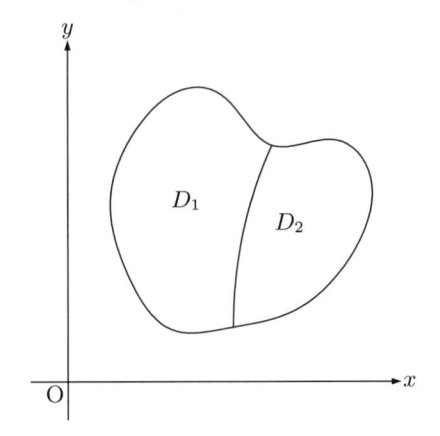

$$\iint_D f_k(x,\ y)\, dxdy = \iint_{D_k} f_k(x,\ y)\, dxdy = \iint_{D_k} f(x,\ y)\, dxdy$$

したがって，(7.4) より

$$\iint_D f(x,\ y)\, dxdy = \iint_{D_1} f(x,\ y)\, dxdy + \iint_{D_2} f(x,\ y)\, dxdy \quad (7.5)$$

が成り立つ．

さらに，次の性質が証明される．

公式 7.1

(1) D 内で $f(x,\ y) \geqq g(x,\ y)$ ならば

$$\iint_D f(x,\ y)\, dxdy \geqq \iint_D g(x,\ y)\, dxdy$$

(2) $\left| \iint_D f(x,\ y)\, dxdy \right| \leqq \iint_D |f(x,\ y)|\, dxdy$

[証明] (7.3) より

$$f(x,\ y) \geqq 0\ \text{のとき} \quad \iint_D f(x,\ y)\, dxdy \geqq 0$$

となることを用いる．

(1) $f(x,\ y) - g(x,\ y) \geqq 0$ より，不等式が成り立つ．
(2) $-|f(x,\ y)| \leqq f(x,\ y) \leqq |f(x,\ y)|$ より

$$-\iint_D |f(x,\ y)|\, dxdy \leqq \iint_D f(x,\ y)\, dxdy \leqq \iint_D |f(x,\ y)|\, dxdy$$

したがって，不等式が成り立つ． □

7.2 2重積分の計算

7.2.1 長方形領域における2重積分の計算

関数 $f(x, y)$ が連続のとき，2重積分の値は1変数関数の定積分により計算される．その方法を立体の体積を用いて説明しよう．ただし，領域 D は

$$a \leqq x \leqq b, \quad c \leqq y \leqq d$$

で表される長方形の領域とし，$f(x, y) \geqq 0$ とする．

2重積分の定義のときと同様に，領域 D と曲面 $z = f(x, y)$ とが挟む立体を V とすると，2重積分 $\iint_D f(x, y)\,dxdy$ は立体 V の体積である．

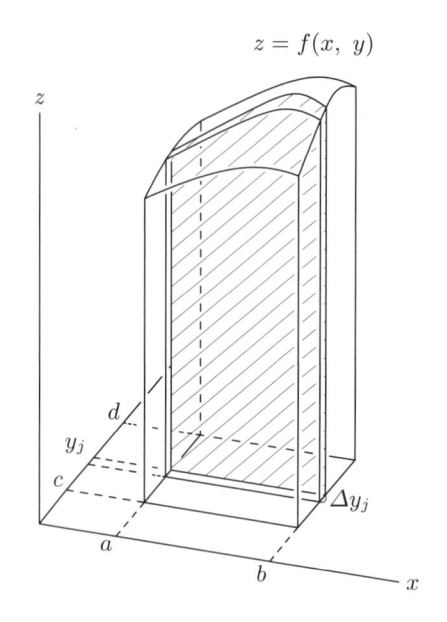

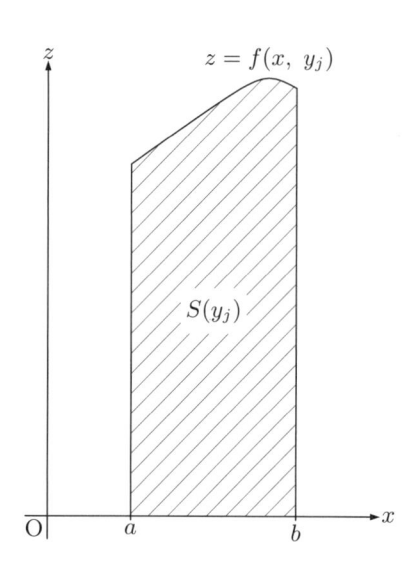

区間 $c \leqq y \leqq d$ を小区間

$$c = y_0 < y_1 < \cdots < y_{j-1} < y_j < \cdots < y_n = d$$

に分け，xy 平面上の小領域

$$a \leqq x \leqq b, \quad y_{j-1} \leqq y \leqq y_j$$

と曲面 $z = f(x, y)$ とで挟まれる板状の立体の体積を V_j とおく．点 $(0, y, 0)$ を通り xz 平面に平行な平面で切ったときの**断面積**を $S(y)$ と書くことにすると，V_j の体積は次のように近似される．

$$V_j \fallingdotseq S(y_j)\,\Delta y_j \quad (\text{ただし，} \Delta y_j = y_j - y_{j-1}) \tag{7.6}$$

V の体積はすべての j について (7.6) の右辺の和をとり，$\Delta y_j \to 0$ とすることで求められるから

7.2 2重積分の計算

$$V = \lim_{\Delta y_j \to 0} \sum_j S(y_j)\, \Delta y_j$$

したがって，定積分の定義より

$$V = \int_c^d S(y)\, dy$$

が成り立つ．ここで，$S(y)$ は x だけを変数と考えたときの関数 $z = f(x, y)$ の a から b までの定積分で求められるから

$$S(y) = \int_a^b f(x, y)\, dx$$

以上より，次の等式が得られる．

$$\iint_D f(x, y)\, dxdy = \int_c^d \left\{ \int_a^b f(x, y)\, dx \right\} dy \tag{7.7}$$

右辺の積分を**累次積分**という．

同様に，区間 $a \leqq x \leqq b$ を小区間に分け，点 $(x, 0, 0)$ を通り yz 平面に平行な平面で立体 V を切ったときの断面積が

$$S(x) = \int_c^d f(x, y)\, dy$$

であることに注意すると，次の等式が成り立つことがわかる．

$$\iint_D f(x, y)\, dxdy$$
$$= \int_a^b \left\{ \int_c^d f(x, y)\, dy \right\} dx \quad (7.8)$$

一般に，必ずしも正でない関数 $f(x, y)$ の2重積分についても以下の公式が成り立つ．

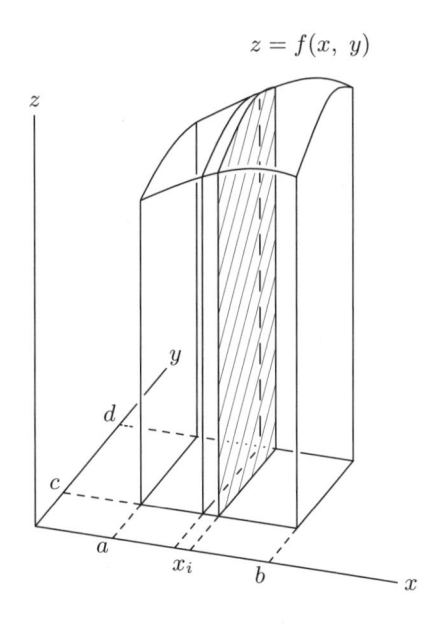

公式 7.2

D が $a \leqq x \leqq b$, $c \leqq y \leqq d$ で表される領域のとき

$$\iint_D f(x, y)\, dxdy = \int_c^d \left\{ \int_a^b f(x, y)\, dx \right\} dy$$
$$= \int_a^b \left\{ \int_c^d f(x, y)\, dy \right\} dx$$

注意 公式 7.2 において，2つの累次積分は積分変数 x, y の順序が入れ替わり，かつ等式が成り立っている．このことを**積分順序の変更**という．

[例題 7.1] D が $1 \leqq x \leqq 2$, $0 \leqq y \leqq 3$ で表される領域のとき，次の値を求めよ．
$$\iint_D (x + xy - y^2)\,dxdy$$

[解] 求める 2 重積分の値を I とおくと
$$\begin{aligned}
I &= \int_0^3 \left\{ \int_1^2 (x + xy - y^2)\,dx \right\} dy \\
&= \int_0^3 \left[\frac{1}{2}x^2 + \frac{1}{2}x^2 y - xy^2 \right]_1^2 dy \\
&= \int_0^3 \left(\frac{3}{2} + \frac{3}{2}y - y^2 \right) dy \\
&= \left[\frac{3}{2}y + \frac{3}{4}y^2 - \frac{1}{3}y^3 \right]_0^3 = \frac{9}{4} \quad \square
\end{aligned}$$

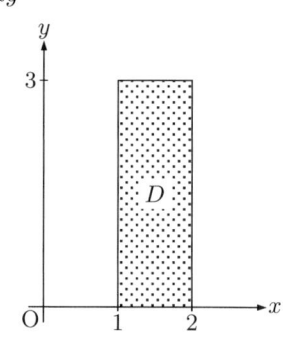

注意 積分順序を変更して計算すると
$$I = \int_1^2 \left\{ \int_0^3 (x + xy - y^2)\,dy \right\} dx = \int_1^2 \left[xy + \frac{1}{2}xy^2 - \frac{1}{3}y^3 \right]_0^3 dx$$
$$= \int_1^2 \left(\frac{15}{2}x - 9 \right) dx = \left[\frac{15}{4}x^2 - 9x \right]_1^2 = \frac{9}{4}$$

問 7.1 次の関数について，( ) 内の領域における 2 重積分の値を求めよ．
(1) $z = y^2 - x^2$ $(D : 0 \leqq x \leqq 1,\ 1 \leqq y \leqq 2)$
(2) $z = \cos(2x + y)$ $\left(D : 0 \leqq x \leqq \dfrac{\pi}{2},\ 0 \leqq y \leqq \dfrac{\pi}{2} \right)$
(3) $z = 2x\,e^{x^2 + y}$ $(D : 0 \leqq x \leqq 1,\ 0 \leqq y \leqq 2)$

7.2.2　一般の領域における 2 重積分の計算

区間 $[a, b]$ で $\varphi(x) \leqq \psi(x)$ のとき，次の不等式で表される領域を D とする．
$$a \leqq x \leqq b, \quad \varphi(x) \leqq y \leqq \psi(x)$$
D は，図のように直線 $x = a$, $x = b$ および曲線 $y = \varphi(x)$, $y = \psi(x)$ とで囲まれる領域である．

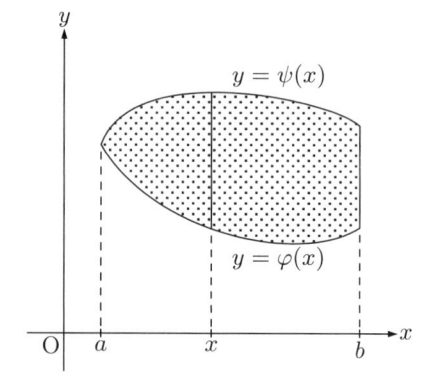

D を含む長方形領域
$$D' : a \leqq x \leqq b,\ c \leqq y \leqq d$$
をとり，D 以外の点に対して
$$f(x,\ y) = 0$$
と定めると，公式 7.2 より
$$\iint_D f(x,\ y)\,dxdy = \int_a^b \left\{ \int_c^d f(x,\ y)\,dy \right\} dx$$

7.2　2重積分の計算

$y < \varphi(x),\ y > \psi(x)$ のとき
$$f(x,\ y) = 0$$

だから
$$\int_c^d f(x,\ y)\,dy = \int_{\varphi(x)}^{\psi(x)} f(x,\ y)\,dy$$

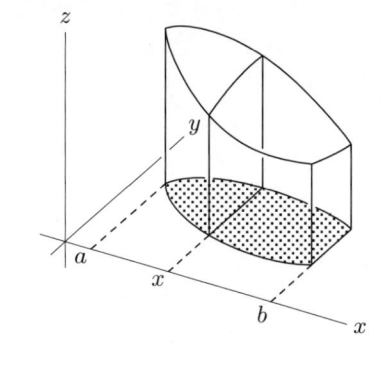

したがって，次の等式が成り立つ．
$$\iint_D f(x,\ y)\,dxdy = \int_a^b \left\{ \int_{\varphi(x)}^{\psi(x)} f(x,\ y)\,dy \right\} dx$$

例 7.2　D が不等式 $0 \leqq x \leqq 2,\ 0 \leqq y \leqq \sqrt{x}$ で表されるとき

$$\begin{aligned}\iint_D x^2 y\,dxdy &= \int_0^2 \left\{ \int_0^{\sqrt{x}} x^2 y\,dy \right\} dx \\ &= \int_0^2 \left[\frac{1}{2} x^2 y^2 \right]_0^{\sqrt{x}} dx \\ &= \int_0^2 \frac{1}{2} x^3\,dx = 2\end{aligned}$$

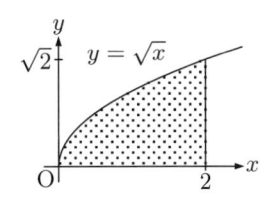

同様に，D が直線 $y = c,\ y = d$ および曲線 $x = \varphi(y),\ x = \psi(y)$ とで囲まれるとき，すなわち不等式
$$c \leqq y \leqq d, \quad \varphi(y) \leqq x \leqq \psi(y)$$

で表される領域のときは，次の等式が成り立つ．
$$\iint_D f(x,\ y)\,dxdy = \int_c^d \left\{ \int_{\varphi(y)}^{\psi(y)} f(x,\ y)\,dx \right\} dy$$

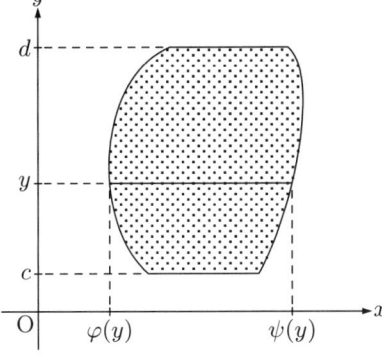

例 7.3 D が不等式 $0 \leqq y \leqq \pi$, $0 \leqq x \leqq 2\sin y$ で表されるとき

$$\iint_D \sin y \, dxdy = \int_0^\pi \left\{\int_0^{2\sin y} \sin y \, dx\right\} dy$$
$$= \int_0^\pi \left[x \sin y\right]_0^{2\sin y} dy$$
$$= \int_0^\pi 2\sin^2 y \, dy$$
$$= \int_0^\pi (1 - \cos 2y) \, dy = \pi$$

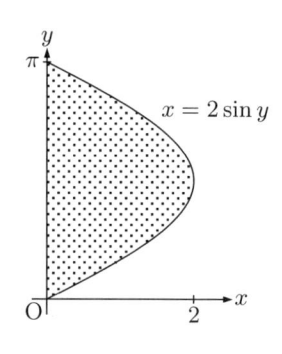

問 7.2 次の 2 重積分の値を求めよ．

(1) $\displaystyle\iint_D \frac{y}{x} \, dxdy \quad (D : 1 \leqq x \leqq 2,\ x^2 \leqq y \leqq 2x)$

(2) $\displaystyle\iint_D \cos(x+y) \, dxdy \quad (D : 0 \leqq y \leqq \pi,\ 2y - \pi \leqq x \leqq y)$

(3) $\displaystyle\iint_D xy \, dxdy \quad (D : 0 \leqq y \leqq 1,\ 0 \leqq x \leqq \sqrt{1-y})$

[例題 7.2] $A(-1, -1)$, $B(1, 1)$, $C(0, 2)$ とし，三角形 ABC の周および内部を D とするとき，関数 $z = e^{-2x+y}$ の D における 2 重積分の値を求めよ．

[解] 直線 AB, BC, CA の方程式はそれぞれ

$$y = x, \quad y = -x + 2, \quad y = 3x + 2$$

また，D は次の 2 つの領域 D_1, D_2 に分けられる．

$D_1 : -1 \leqq x \leqq 0,\ x \leqq y \leqq 3x + 2$
$D_2 : 0 \leqq x \leqq 1,\ x \leqq y \leqq -x + 2$

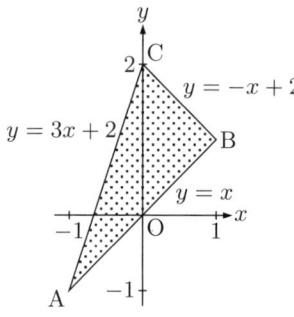

したがって

$$\iint_D e^{-2x+y} \, dxdy = \iint_{D_1} e^{-2x+y} \, dxdy + \iint_{D_2} e^{-2x+y} \, dxdy$$
$$= \int_{-1}^0 \left\{\int_x^{3x+2} e^{-2x+y} \, dy\right\} dx + \int_0^1 \left\{\int_x^{-x+2} e^{-2x+y} \, dy\right\} dx$$

第 1 項は

$$\int_{-1}^0 \left[e^{-2x+y}\right]_x^{3x+2} dx = \int_{-1}^0 (e^{x+2} - e^{-x}) \, dx$$
$$= \left[e^{x+2} + e^{-x}\right]_{-1}^0 = e^2 - 2e + 1$$

同様にして，第 2 項は $\dfrac{1}{3}e^2 + \dfrac{2}{3}e^{-1} - 1$

よって，求める値は

$$e^2 - 2e + 1 + \frac{1}{3}e^2 + \frac{2}{3}e^{-1} - 1 = \frac{2}{3}(2e^2 - 3e + e^{-1}) \qquad \square$$

7.3 極座標と2重積分

問 7.3 次の2重積分の値を求めよ.

(1) $\iint_D \sqrt{1-x^2}\,dxdy \quad (D: x^2+y^2 \leqq 1,\ y \geqq 0)$

(2) $\iint_D (2x^2+y)\,dxdy$
    (D は図の正方形の周および内部)

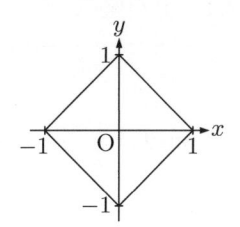

[例題 7.3] 累次積分 $I = \int_{-1}^{2}\left\{\int_{0}^{x+1} f(x,y)\,dy\right\}dx$ の積分順序を変更せよ.

[解] I は不等式 $-1 \leqq x \leqq 2$, $0 \leqq y \leqq x+1$ で表される領域 D における $f(x,y)$ の2重積分の値に等しい. 一方

$$y = x+1 \text{ より } x = y-1$$

だから, D は不等式

$$0 \leqq y \leqq 3, \quad y-1 \leqq x \leqq 2$$

でも表される.

$$\therefore\ I = \int_0^3\left\{\int_{y-1}^{2} f(x,y)\,dx\right\}dy \quad \square$$

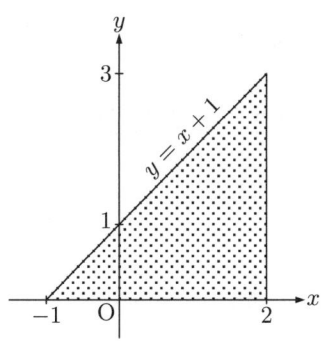

問 7.4 次の累次積分の積分順序を変更せよ.

(1) $\int_0^1\left\{\int_{x^2}^{x} f(x,y)\,dy\right\}dx$ (2) $\int_0^1\left\{\int_{y-1}^{\sqrt{1-y^2}} f(x,y)\,dx\right\}dy$

7.3 極座標と2重積分

7.3.1 極座標

座標平面上の点 P の位置は, 原点 O からの距離 r と, x 軸の正の方向と OP のなす角 θ によっても定まる. この (r, θ) を**極座標**といい, r を**動径**, θ を**偏角**という. 極座標に対して, 通常の座標 (x, y) を**直交座標**という. 原点 O については, $r = 0$ であるが, 偏角 θ は考えないことにする. 原点 O 以外の点については, 偏角 θ の値は1つではないが, 通常はその1つをとればよい.

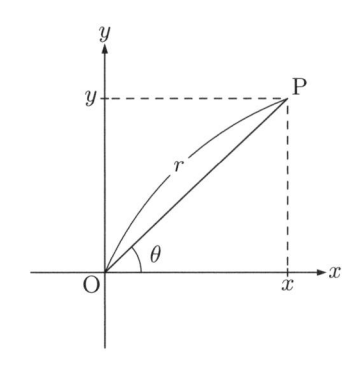

例 7.4 直交座標で $(\sqrt{3},\ 1)$ と表される点 P は

$$r = \sqrt{(\sqrt{3})^2 + 1} = 2,$$
$$\sin\theta = \frac{1}{2}, \quad \cos\theta = \frac{\sqrt{3}}{2}$$

より，極座標では $\left(2,\ \dfrac{\pi}{6}\right)$ と表される．
また，$x^2 + y^2 \leqq 4,\ y \geqq 0$ で表される領域は

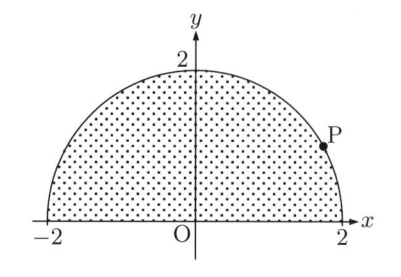

$$0 \leqq r \leqq 2, \quad 0 \leqq \theta \leqq \pi$$

で表される．

7.3.2 極座標変換による 2 重積分

直交座標 $x,\ y$ は，極座標 $r,\ \theta$ により次のように表される．

$$x = r\cos\theta, \quad y = r\sin\theta \tag{7.9}$$

$x,\ y$ についての関数や式を，(7.9) により，$r,\ \theta$ についての関数や式になおすことを**極座標変換**という．極座標変換により，2 重積分

$$\iint_D f(x,\ y)\,dxdy$$

がどのように表されるかを，立体の体積を考えることにより求めよう．

領域 D は，極座標で

$$a \leqq r \leqq b, \quad \alpha \leqq \theta \leqq \beta$$

と表されるとし，区間 $[a,\ b]$，$[\alpha,\ \beta]$ を小区間

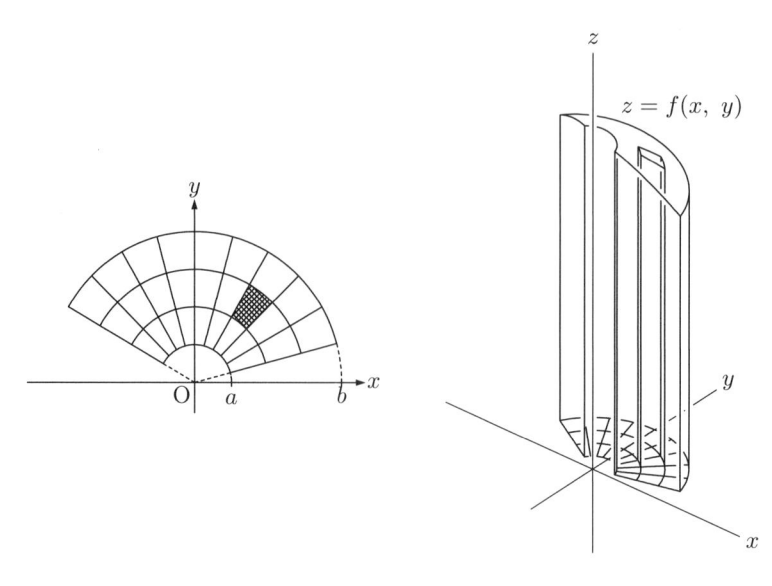

7.3 極座標と2重積分

$$a = r_0 < r_1 < r_2 < \cdots < r_m = b$$
$$\alpha = \theta_0 < \theta_1 < \theta_2 < \cdots < \theta_n = \beta$$

に分け，D を小領域 $\{D_{ij}\}$ に分割する．

$$D_{ij}: r_{i-1} \leqq r \leqq r_i,\ \theta_{j-1} \leqq \theta \leqq \theta_j \quad (i = 1, 2, \cdots, m,\ j = 1, 2, \cdots, n)$$

各 D_{ij} と曲面とで挟まれる柱状の小立体の体積 V_{ij} は，D_{ij} を底面とし曲面までの高さをもつ柱状立体の体積で近似される．すなわち，D_{ij} の面積を D_{ij} で表し，D_{ij} 内の1点における高さ $z = f(x, y)$ を z_{ij} とおくと

$$V_{ij} \fallingdotseq z_{ij} D_{ij} \qquad (7.10)$$

ここで，$\Delta r_i = r_i - r_{i-1}$，$\Delta \theta_j = \theta_j - \theta_{j-1}$ とおくと，1章の (1.3) より

$$\begin{aligned}
D_{ij} &= \frac{1}{2}(r_{i-1} + \Delta r_i)^2 \Delta \theta_j - \frac{1}{2} r_{i-1}^2 \Delta \theta_j \\
&= \frac{1}{2}\{2 r_{i-1} \Delta r_i + (\Delta r_i)^2\} \Delta \theta_j \\
&= \left(r_{i-1} + \frac{1}{2} \Delta r_i\right) \Delta r_i \Delta \theta_j
\end{aligned}$$

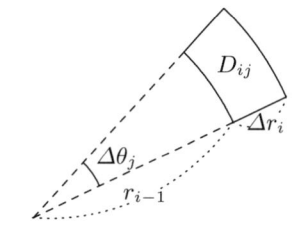

Δr_i が十分小さいとき，$r_{i-1} + \frac{1}{2} \Delta r_i \fallingdotseq r_{i-1}$ だから

$$V_{ij} \fallingdotseq z_{ij}\, r_{i-1} \Delta r_i \Delta \theta_j$$

2重積分の値は，これらの和をとり，分割を限りなく細かくしたときの極限値として得られるから

$$\iint_D f(x, y)\, dxdy = \lim_{\substack{\Delta r_i \to 0 \\ \Delta \theta_j \to 0}} \sum_{i,j} z_{ij}\, r_{i-1} \Delta r_i \Delta \theta_j$$

(7.3) より，右辺は，r, θ を変数とするときの関数 $f(r\cos\theta,\ r\sin\theta) r$ の D における2重積分の値である．

以上より，次の公式が成り立つことがわかる．

公式 7.3

(x, y) を (r, θ) に極座標変換して，領域 D を r, θ の不等式で表すとき

$$\iint_D f(x, y)\, dxdy = \iint_D f(r\cos\theta,\ r\sin\theta)\, r\, drd\theta$$

注意 形式的には，$dxdy$ は次のように変換される．

$$\boldsymbol{dxdy = r\, drd\theta}$$

[例題 7.4] 不等式 $1 \leqq x^2+y^2 \leqq 4$ で表される領域を D とするとき，2 重積分
$$\iint_D \frac{x^2}{x^2+y^2}\,dxdy$$
の値を求めよ．

[解] $x=r\cos\theta,\ y=r\sin\theta$ とおくと $\quad dxdy = r\,drd\theta$

D は図の領域であり，r,θ について次の不等式で表される．
$$1 \leqq r \leqq 2, \quad 0 \leqq \theta \leqq 2\pi \tag{7.11}$$

また，$x^2+y^2=r^2$ だから
$$\iint_D \frac{x^2}{x^2+y^2}\,dxdy$$
$$=\iint_D \frac{r^2\cos^2\theta}{r^2}\cdot r\,drd\theta$$
$$=\int_0^{2\pi}\left\{\int_1^2 r\cos^2\theta\,dr\right\}d\theta$$
$$=\int_0^{2\pi}\left[\frac{1}{2}r^2\cos^2\theta\right]_1^2 d\theta$$
$$=\int_0^{2\pi}\frac{3}{2}\cos^2\theta\,d\theta$$
$$=\frac{3}{4}\int_0^{2\pi}(1+\cos 2\theta)\,d\theta = \frac{3}{2}\pi \quad \square$$

注意 D を (7.11) のように表すと，x 軸の正の部分にある点は $\theta = 0, 2\pi$ の 2 通りで表されるが，2 重積分の計算には影響しない．

問 7.5 次の 2 重積分の値を求めよ．

(1) $\iint_D (x+y)\,dxdy \quad (D: x^2+y^2 \leqq 1,\ y \geqq 0)$

(2) $\iint_D xy\,dxdy \quad (D: x^2+y^2 \leqq 4,\ x \geqq 0,\ y \geqq 0)$

(3) $\iint_D (x^2+y^2)\,dxdy \quad (D: x^2+y^2 \leqq 1)$

[例題 7.5] 円錐面 $z = \dfrac{h}{a}(a-\sqrt{x^2+y^2})$ と xy 平面で囲まれた立体の体積 V を求めよ．ただし，a, h は正の定数とする．

[解] 曲面と xy 平面との交線は，$z=0$ より
$$\sqrt{x^2+y^2}=a \quad すなわち \quad x^2+y^2=a^2$$

したがって，$x^2+y^2 \leqq a^2$ で表される領域を D とおくとき，V は
$$V = \iint_D \frac{h}{a}(a-\sqrt{x^2+y^2})\,dxdy$$

で計算される．

7.3 極座標と2重積分

$x = r\cos\theta,\ y = r\sin\theta$ とおくと

$dxdy = r\,drd\theta \quad (D : 0 \leqq r \leqq a,\ 0 \leqq \theta \leqq 2\pi)$

よって

$$\begin{aligned}
V &= \frac{h}{a}\iint_D (a-r)r\,drd\theta \\
&= \frac{h}{a}\int_0^{2\pi}\left\{\int_0^a (ar-r^2)\,dr\right\}d\theta \\
&= \frac{h}{a}\int_0^{2\pi}\left[\frac{ar^2}{2}-\frac{r^3}{3}\right]_0^a d\theta \\
&= \frac{a^2 h}{6}\int_0^{2\pi} d\theta = \frac{1}{3}\pi a^2 h \qquad \square
\end{aligned}$$

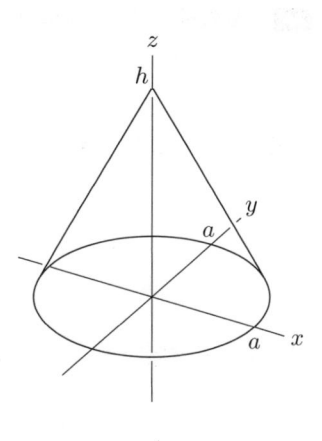

問 7.6 次の立体の体積を求めよ．
(1) 曲面 $z = 2 - (x^2 + y^2)$ と xy 平面で囲まれる立体
(2) xy 平面上の円 $x^2 + y^2 = 1$ を z 軸の正の方向に平行移動してできる円柱と平面 $z = y$ および xy 平面で囲まれる立体

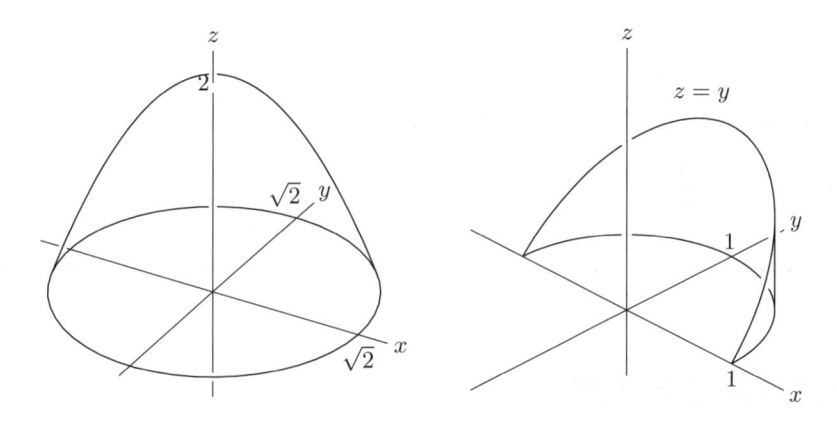

7.3.3 積分変数の変換

一般に，変数 $x,\ y$ が，変数 $u,\ v$ によって

$$x = \varphi(u,\ v), \qquad y = \psi(u,\ v) \tag{7.12}$$

で表されているとき，$x,\ y$ についての関数や式を (7.12) により $u,\ v$ についての関数や式になおすことを**変数変換**という．また

$$J = \frac{\partial x}{\partial u}\frac{\partial y}{\partial v} - \frac{\partial x}{\partial v}\frac{\partial y}{\partial u} \tag{7.13}$$

を $u,\ v$ に関する**ヤコビアン**という．

注意 数の組 a, b, c, d について $ad - bc$ を行列式といい

$$\begin{vmatrix} a & b \\ c & d \end{vmatrix}$$

と表す．この記法によれば，(7.13) は次のように表される．

$$J = \begin{vmatrix} \dfrac{\partial x}{\partial u} & \dfrac{\partial x}{\partial v} \\ \dfrac{\partial y}{\partial u} & \dfrac{\partial y}{\partial v} \end{vmatrix} = \begin{vmatrix} \varphi_u & \varphi_v \\ \psi_u & \psi_v \end{vmatrix}$$

例 7.5 極座標変換 $x = r\cos\theta, y = r\sin\theta$ について

$$\begin{aligned} J &= \begin{vmatrix} x_r & x_\theta \\ y_r & y_\theta \end{vmatrix} = x_r y_\theta - x_\theta y_r \\ &= \cos\theta(r\cos\theta) - (-r\sin\theta)\sin\theta \\ &= r(\cos^2\theta + \sin^2\theta) = r \end{aligned}$$

極座標の場合と同様に，2 重積分について，次の公式が成り立つことが知られている．

公式 7.4

(x, y) を (u, v) に変数変換して，領域 D を u, v の不等式で表すとき

$$\iint_D f(x, y)\,dxdy = \iint_D f(\varphi(u, v), \psi(u, v))|J|\,dudv$$

($|J|$ はヤコビアンの絶対値)

7.4　2 重積分の広義積分と応用

7.4.1　2 重積分の広義積分

領域 D の内部に関数 $f(x, y)$ の定義域外の点がある場合や D が無限に広がっている場合でも，$f(x, y)$ の D における 2 重積分が定義されることもある．これを**広義積分**という．

広義積分を一般的に定義することは難しい．本節では具体例を例題として示すことにする．

[例題 7.6] 不等式 $0 \leqq x \leqq 1, 0 \leqq y \leqq x$ で表される領域を D とするとき，次の広義積分を求めよ．

$$\iint_D \frac{1}{x\sqrt{x+y}}\,dxdy$$

[解] $(x, y) = (0, 0)$ のとき，関数の値が定義されないことに注意する．
$0 < \varepsilon < 1$ とし，$\varepsilon \leqq x \leqq 1$, $0 \leqq y \leqq x$ で表される領域を D_ε とすると

$$\iint_{D_\varepsilon} \frac{1}{x\sqrt{x+y}} dxdy = \int_\varepsilon^1 \left\{ \int_0^x \frac{1}{x\sqrt{x+y}} dy \right\} dx$$
$$= \int_\varepsilon^1 \frac{1}{x} \left[2\sqrt{x+y} \right]_0^x dx$$
$$= \int_\varepsilon^1 \frac{2}{x} (\sqrt{2x} - \sqrt{x}) dx$$
$$= \int_\varepsilon^1 \frac{2(\sqrt{2}-1)}{\sqrt{x}} dx$$
$$= 2(\sqrt{2}-1) \left[2\sqrt{x} \right]_\varepsilon^1$$
$$= 4(\sqrt{2}-1)(1-\sqrt{\varepsilon})$$

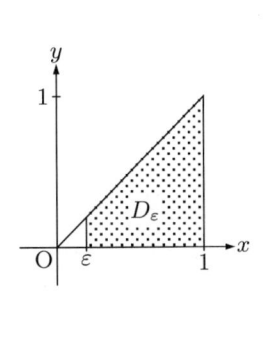

$\varepsilon \to +0$ のとき，D_ε は D に限りなく近づくから

$$\iint_D \frac{1}{x\sqrt{x+y}} dxdy = \lim_{\varepsilon \to +0} \iint_{D_\varepsilon} \frac{1}{x\sqrt{x+y}} dxdy \qquad (7.14)$$
$$= \lim_{\varepsilon \to +0} 4(\sqrt{2}-1)(1-\sqrt{\varepsilon}) = 4(\sqrt{2}-1) \qquad \square$$

注意 (7.14) は D における広義積分を定義する式である．

[例題 7.7] 不等式 $x \geqq 0$, $y \geqq 0$ で表される領域を D とするとき，次の広義積分を求めよ．

$$\iint_D e^{-x^2-y^2} dxdy$$

[解] 不等式 $x^2 + y^2 \leqq R^2$, $x \geqq 0$, $y \geqq 0$ で表される領域を D_R とおく．まず，D_R における 2 重積分

$$I_R = \iint_{D_R} e^{-x^2-y^2} dxdy$$

を計算する．ただし，$R > 0$ とする．

$$x = r\cos\theta, \quad y = r\sin\theta$$

とおくと，$dxdy = r\, drd\theta$．また，D_R は

$$0 \leqq r \leqq R, \quad 0 \leqq \theta \leqq \frac{\pi}{2}$$

と表されるから

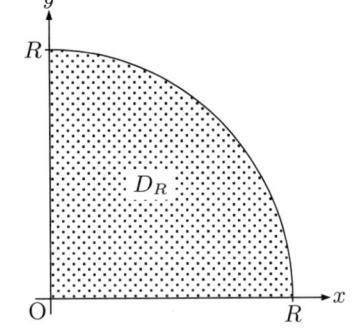

$$I_R = \int_0^{\frac{\pi}{2}} \left\{ \int_0^R e^{-r^2} r\, dr \right\} d\theta$$
$$= \int_0^{\frac{\pi}{2}} \left[-\frac{1}{2} e^{-r^2} \right]_0^R d\theta = \frac{1}{2} \int_0^{\frac{\pi}{2}} \left(1 - e^{-R^2} \right) d\theta = \frac{\pi}{4} \left(1 - e^{-R^2} \right)$$

$R \to \infty$ のとき，D_R は D に限りなく近づくから

$$\iint_D e^{-x^2-y^2} dxdy = \lim_{R \to \infty} I_R = \frac{\pi}{4} \qquad \square$$

問 **7.7** 次の広義積分を求めよ．

(1) $\iint_D \dfrac{1}{x^2 y^2}\, dxdy \qquad (D : x \geqq 1,\ 1 \leqq y \leqq 2)$

(2) $\iint_D \dfrac{1}{\sqrt{x^2+y^2}}\, dxdy \qquad (D : x^2 + y^2 \leqq 4)$

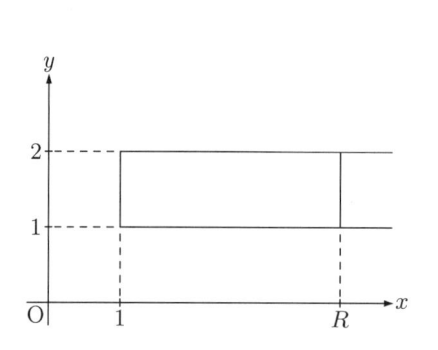

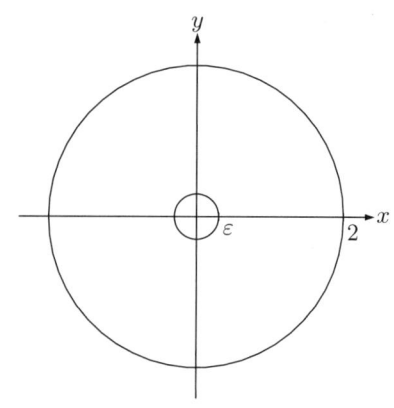

7.4.2 広義積分の応用

2重積分の広義積分を用いて，統計学などでよく用いられる次の積分公式が得られる．

公式 7.5
$$\int_0^\infty e^{-x^2}\, dx = \frac{\sqrt{\pi}}{2} \tag{7.15}$$

[証明] 例題 7.7 より，$x \geqq 0,\ y \geqq 0$ で表される領域を D とするとき
$$\iint_D e^{-x^2-y^2}\, dxdy = \frac{\pi}{4} \tag{7.16}$$

一方，この広義積分を極座標変換せずに求めるために
$$D_R : 0 \leqq x \leqq R,\ 0 \leqq y \leqq R$$

とし，$\displaystyle\int_0^R e^{-x^2}\, dx = \int_0^R e^{-y^2}\, dy = I_R$ とおくと

$$\begin{aligned}
\iint_{D_R} e^{-x^2-y^2}\, dxdy &= \int_0^R \left\{ \int_0^R e^{-x^2} e^{-y^2}\, dy \right\} dx \\
&= \int_0^R e^{-x^2} \left\{ \int_0^R e^{-y^2}\, dy \right\} dx \\
&= I_R \int_0^R e^{-x^2}\, dx \\
&= (I_R)^2
\end{aligned}$$

$R \to \infty$ とすると，D_R は D に限りなく近づくから

7.4 2重積分の広義積分と応用

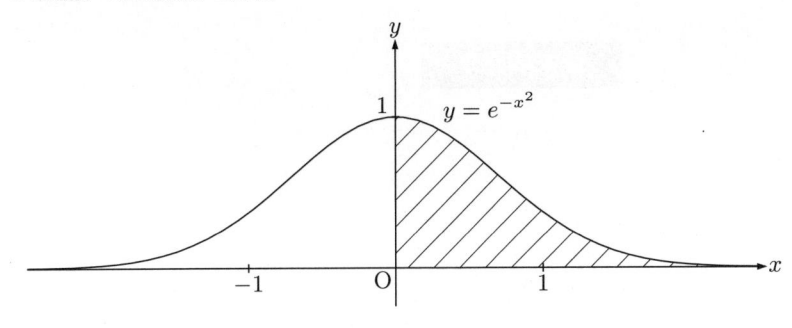

$$\iint_D e^{-x^2-y^2}\,dxdy = \lim_{R\to\infty}\iint_{D_R} e^{-x^2-y^2}\,dxdy$$
$$= \lim_{R\to\infty}(I_R)^2$$
$$= \left(\int_0^\infty e^{-x^2}\,dx\right)^2$$

したがって, (7.16) より

$$\left(\int_0^\infty e^{-x^2}\,dx\right)^2 = \frac{\pi}{4}$$

が成り立ち, $\int_0^\infty e^{-x^2}\,dx > 0$ より (7.15) が得られる. □

例 7.6 $y = e^{-x^2}$ のグラフは y 軸に関して対称だから

$$\int_{-\infty}^\infty e^{-x^2}\,dx = \sqrt{\pi}$$

また

$$\int_{-\infty}^\infty e^{-\frac{x^2}{2}}\,dx = \int_{-\infty}^\infty e^{-t^2}\sqrt{2}\,dt = \sqrt{2\pi}$$
$$\left[\frac{x}{\sqrt{2}} = t \text{ とおくと} \quad \frac{1}{\sqrt{2}}dx = dt\right]$$

問 7.8 次の広義積分を求めよ.

(1) $\displaystyle\int_0^\infty e^{-4x^2}\,dx$ \qquad (2) $\displaystyle\int_{-\infty}^\infty e^{-(x-1)^2}\,dx$

章末問題 7

— A —

7.1 次の2重積分の値を求めよ．

(1) $\iint_D (x^2 - 2y)\,dxdy$ $(D: 1 \leqq x \leqq 2,\ 0 \leqq y \leqq x^2 - 1)$

(2) $\iint_D \dfrac{y}{\sqrt{x^2+3}}\,dxdy$ $(D: 1 \leqq x \leqq \sqrt{6},\ 0 \leqq y \leqq \sqrt{x})$

(3) $\iint_D y^2 e^{xy}\,dxdy$ $(D: 0 \leqq y \leqq 1,\ 0 \leqq x \leqq y)$

7.2 ( )内の曲線で囲まれる領域 D における2重積分の値を求めよ．

(1) $\iint_D xy\,dxdy$ $(y = 2x,\ y = x^2)$

(2) $\iint_D (x^2 + y)\,dxdy$ $(y = x^2 - 1,\ y = -x^2 + 1)$

(3) $\iint_D y\sqrt{x}\,dxdy$ $\left(y = \dfrac{1}{x},\ y = x,\ y = 0,\ x = 2\right)$

7.3 積分順序を変更することにより，次の累次積分の値を求めよ．

(1) $\displaystyle\int_0^1 \left\{\int_x^1 \sqrt{1-y^2}\,dy\right\}dx$ 　　(2) $\displaystyle\int_0^{\frac{\pi}{2}} \left\{\int_0^x \sin x \sin^3 y\,dy\right\}dx$

(3) $\displaystyle\int_0^1 \left\{\int_{x^2}^1 x \sin \pi y^2\,dy\right\}dx$ 　　(4) $\displaystyle\int_0^1 \left\{\int_0^{\sqrt{1-y^2}} \sqrt{1-x^2}\,dx\right\}dy$

7.4 次の2重積分を極座標変換により求めよ．

(1) $\iint_D \dfrac{y}{1+x^2+y^2}\,dxdy$ $(D: x^2+y^2 \leqq 3,\ y \geqq 0)$

(2) $\iint_D \tan^{-1}\dfrac{y}{x}\,dxdy$ $(D: 1 \leq x^2+y^2 \leq 2,\ y \geq x,\ x \geq 0)$

(3) $\iint_D \sqrt{4-x^2-y^2}\,dxdy$ $(D: x^2+y^2 \leq 4,\ x \geq 0)$

7.5 不等式 $x^2+y^2 \leqq 1$ で表される領域 D について，次の広義積分を求めよ．

(1) $\iint_D \dfrac{x^2}{\sqrt{x^2+y^2}}\,dxdy$ 　　(2) $\iint_D \log(x^2+y^2)\,dxdy$

7.6 定数 $\mu,\ \sigma\ (\sigma > 0)$ について，$f(x) = \dfrac{1}{\sqrt{2\pi}\sigma} e^{-\frac{(x-\mu)^2}{2\sigma^2}}$ とおくとき，次の等式を示せ．

(1) $\displaystyle\int_{-\infty}^{\infty} f(x)\,dx = 1$ 　　(2) $\displaystyle\int_{-\infty}^{\infty} xf(x)\,dx = \mu$

章末問題 7

— B —

7.7 次の問いに答えよ．

(1) 円 $C : (x-1)^2 + y^2 = 1$ を極座標で表すと，$r = 2\cos\theta$ であることを示せ．

(2) 円 C で囲まれた領域を D とするとき，D を r, θ の不等式で表せ．

(3) 2 重積分 $\iint_D \sqrt{x^2 + y^2}\, dxdy$ を求めよ．

7.8 (　) 内の変数変換について，ヤコビアンを計算し，2 重積分の値を求めよ．

(1) $\iint_D xy\, dxdy$　　$(x = u+v,\ y = u-2v)$　　$D : 0 \leqq u \leqq 1,\ -1 \leqq v \leqq 1$

(2) $\iint_D (x^2 + y^2)\, dxdy$　　$(x = 3u\cos v,\ y = 2u\sin v)$　　$D : 0 \leqq u \leqq 1,\ 0 \leqq v \leqq 2\pi$

7.9 変数 x, y, z の関数 $f(x, y, z)$ と空間内の領域 V について，V における 3 重積分

$$\iiint_V f(x,\ y,\ z)\, dxdydz$$

は 2 重積分と同様に定義される．また

$$V : a_1 \leqq x \leqq a_2,\ b_1 \leqq y \leqq b_2,\ c_1 \leqq z \leqq c_2$$

における 3 重積分は，次の累次積分で計算される．

$$\iiint_V f(x,\ y,\ z)\, dxdydz = \int_{c_1}^{c_2} \left\{ \int_{b_1}^{b_2} \left\{ \int_{a_1}^{a_2} f(x,\ y,\ z)\, dx \right\} dy \right\} dz$$

この公式を用いて，次の 3 重積分の値を求めよ．

$$\iiint_V (2x + y - z)\, dxdydz \quad (V : 0 \leqq x \leqq 2,\ 0 \leqq y \leqq 1,\ 1 \leqq z \leqq 2)$$

7.10 空間内の領域 V 内の点 (x, y, z) について，$c_1 \leqq z \leqq c_2$ であり，各 z に対して，点 (x, y) の動く領域が D_z で表されるとき，関数 $f(x, y, z)$ の V における 3 重積分は次の累次積分で計算される．

$$\iiint_V f(x,\ y,\ z)\, dxdydz = \int_{c_1}^{c_2} \left\{ \iint_{D_z} f(x,\ y,\ z)\, dxdy \right\} dz$$

この公式を用いて，次の 3 重積分の値を求めよ．

$$\iiint_V xyz\, dxdydz \quad (V : 0 \leqq z \leqq 1,\ x \geqq 0,\ y \geqq 0,\ 0 \leqq x + y \leqq 1 - z)$$

付録

無限級数

4.5 節で学んだマクローリン展開は，関数を整級数，すなわち無限に続く多項式として表す手法である．ここでは，無限級数と整級数の基本的な事柄について，証明を省略して簡単に解説し，いくつかの計算例を紹介する．

A.1 級数

無限数列 $\{a_n\}$ のすべての項を和の記号でつないで得られる式を**級数**といい

$$\sum_{n=1}^{\infty} a_n = a_1 + a_2 + a_3 + \cdots$$

と表す．混乱の恐れがないときは $\sum_{n=1}^{\infty} a_n$ を省略して単に $\sum a_n$ と表す．

数列 $\{a_n\}$ の初項から第 n 項までの和

$$S_n = \sum_{k=1}^{n} a_k = a_1 + a_2 + a_3 + \cdots + a_n$$

を**部分和**という．級数 $\sum a_n$ は部分和のなす数列 $\{S_n\}$ の極限とみなすことができる．$\lim_{n \to \infty} S_n$ が収束して極限値 S をもつとき，級数 $\sum a_n$ は**収束する**といい，$S = \sum a_n$ で表す．収束しない級数は**発散する**という．

例 A.1 等比級数 $\sum ar^{n-1} = a + ar + ar^2 + ar^3 + \cdots$

$$S_n = a + ar + ar^2 + \cdots + ar^{n-1}$$
$$rS_n = \phantom{a+{}} ar + ar^2 + \cdots + ar^{n-1} + ar^n$$

上式から下式を引いて $(1-r)S_n = a(1-r^n)$

これから $\quad S_n = \dfrac{a(1-r^n)}{1-r}$

よって，この級数は $|r| < 1$ のとき収束して，$\sum ar^{n-1} = \dfrac{a}{1-r}$ である．
また，$|r| \geqq 1$ のときは発散する．

級数について，次のいくつかの性質が知られている．

定理 A.1 級数 $\sum a_n$, $\sum b_n$ が収束するならば，$\sum(a_n \pm b_n)$, $\sum ca_n$ も収束し，次が成り立つ．
$$\sum(a_n \pm b_n) = \sum a_n \pm \sum b_n, \quad \sum ca_n = c\sum a_n$$

定理 A.2 すべての n について $0 \leqq a_n \leqq b_n$ とする．このとき $\sum b_n$ が収束するならば，$\sum a_n$ も収束する．

定理 A.3 $\sum a_n$ が収束するならば $\lim_{n\to\infty} a_n = 0$

定理 A.3 は，等式
$$a_n = S_n - S_{n-1} \quad (n \geqq 2)$$
の両辺の極限をとることにより証明される．また，定理 A.3 の対偶をとることにより，$\lim_{n\to\infty} a_n = 0$ でなければ $\sum a_n$ は発散することがわかる．逆に，$\lim_{n\to\infty} a_n = 0$ であっても $\sum a_n$ は収束するとは限らない．

例 A.2 $\lim_{n\to\infty} \dfrac{1}{n} = 0$ であるが，級数
$$\sum \frac{1}{n} = 1 + \frac{1}{2} + \frac{1}{3} + \cdots + \frac{1}{n} + \cdots$$
は発散する．実際
$$\sum \frac{1}{n} = 1 + \frac{1}{2} + \frac{1}{3} + \frac{1}{4} + \frac{1}{5} + \frac{1}{6} + \frac{1}{7} + \frac{1}{8} + \frac{1}{9} + \cdots$$
$$= 1 + \frac{1}{2} + \left(\frac{1}{3} + \frac{1}{4}\right) + \left(\frac{1}{5} + \frac{1}{6} + \frac{1}{7} + \frac{1}{8}\right) + \left(\frac{1}{9} + \cdots\right.$$
$$> 1 + \frac{1}{2} + \left(\frac{1}{4} + \frac{1}{4}\right) + \left(\frac{1}{8} + \frac{1}{8} + \frac{1}{8} + \frac{1}{8}\right) + \left(\frac{1}{16} + \cdots\right.$$
$$= 1 + \frac{1}{2} + \frac{1}{2} + \frac{1}{2} + \cdots$$

$1 + \dfrac{1}{2} + \dfrac{1}{2} + \dfrac{1}{2} + \cdots$ は発散するから，定理 A.2 より $\sum \dfrac{1}{n}$ も発散する．

$\sum |a_n|$ が収束するとき，$\sum a_n$ は**絶対収束**するという．
絶対収束について，次の性質が知られている．

定理 A.4 $\sum a_n$ が絶対収束するならば，$\sum a_n$ は収束する．

A.2 整級数

次のような形の級数を**整級数**または**べき級数**という.

$$\sum_{n=0}^{\infty} a_n x^n = a_0 + a_1 x + a_2 x^2 + \cdots$$

整級数は, x の値により収束するか発散するかが定まる.

いま $x = \alpha (\neq 0)$ において整級数 $\sum a_n x^n$ が収束するとき, $|x| < |\alpha|$ を満たす x において収束するかを調べる.

定理 A.3 より $\lim_{n \to \infty} a_n \alpha^n = 0$ だから, すべての n について $|a_n \alpha^n| \leqq K$ を満たすような十分大きな数 K が存在する. このとき

$$|a_n x^n| = \left| a_n \alpha^n \left(\frac{x}{\alpha} \right)^n \right| = |a_n \alpha^n| \left| \frac{x}{\alpha} \right|^n \leqq K \left| \frac{x}{\alpha} \right|^n$$

であり, $|x| < |\alpha|$ より $\left| \frac{x}{\alpha} \right| < 1$ となるから, 等比級数 $\sum K \left| \frac{x}{\alpha} \right|^n$ は収束する.

よって, 定理 A.2 より $\sum |a_n x^n|$ も収束することがわかる.

> **定理 A.5** 整級数 $\sum a_n x^n$ が $x = \alpha$ で収束するならば, $|x| < |\alpha|$ を満たすすべての x で絶対収束する.

この定理を満たす α で, できるだけ大きな数を考えると, その上限として次を満たす R $(0 \leqq R \leqq \infty)$ が存在することがわかる.

$\sum a_n x^n$ は $|x| < R$ ならば絶対収束し, $|x| > R$ ならば発散する.

このような R を整級数 $\sum a_n x^n$ の**収束半径**という. ただし, 収束半径が ∞ とは, すべての実数 x に対して絶対収束するときのことである.

例 A.3 $\sum x^n = 1 + x + x^2 + \cdots$ は, $|x| < 1$ で絶対収束し, $|x| > 1$ で発散するから, 収束半径は 1 である. 特に, $|x| < 1$ のとき, 次の等式が成り立つ.

$$\sum_{n=0}^{\infty} x^n = 1 + x + x^2 + \cdots = \frac{1}{1-x}$$

注意 この等式は収束半径内でのみ成り立つ. たとえば, $x = 2$ を代入すると

$$1 + 2 + 2^2 + 2^3 + \cdots = \frac{1}{1-2} = -1$$

という式になるが, 左辺は発散するから, 正しくない等式である.

マクローリン展開は, 関数を整級数として表したものとみなすことができる. 次の3式はすべての実数について成り立つから, 右辺の整級数は収束半径 ∞ の整級数である.

$$e^x = \sum_{n=0}^{\infty} \frac{1}{n!} x^n = 1 + x + \frac{1}{2!} x^2 + \frac{1}{3!} x^3 + \cdots$$

$$\sin x = \sum_{n=0}^{\infty} (-1)^n \frac{1}{(2n+1)!} x^{2n+1} = x - \frac{1}{3!} x^3 + \frac{1}{5!} x^5 - \cdots$$

$$\cos x = \sum_{n=0}^{\infty}(-1)^n \frac{1}{(2n)!}x^{2n} = 1 - \frac{1}{2!}x^2 + \frac{1}{4!}x^4 - \cdots$$

次の 2 式の右辺の収束半径は 1 である.
$$\log(1+x) = \sum_{n=1}^{\infty}(-1)^{n-1}\frac{1}{n}x^n = x - \frac{1}{2}x^2 + \frac{1}{3}x^3 - \cdots$$
$$\tan^{-1} x = \sum_{n=0}^{\infty}(-1)^n \frac{1}{2n+1}x^{2n+1} = x - \frac{1}{3}x^3 + \frac{1}{5}x^5 - \cdots$$

整級数は,多項式と同様に,各項ごとに微分や積分をすることができる.

定理 A.6 収束半径 R の整級数 $f(x) = \sum_{n=0}^{\infty} a_n x^n$ は $|x| < R$ で微分可能で,次が成り立つ.
$$f'(x) = \sum_{n=1}^{\infty} n a_n x^{n-1}, \qquad \int_0^x f(t)\,dt = \sum_{n=0}^{\infty}\frac{a_n}{n+1}x^{n+1}$$
また,得られた整級数の収束半径は R に一致する.

例 A.4 $\sum_{n=0}^{\infty} x^n = 1 + x + x^2 + \cdots = \dfrac{1}{1-x}$

両辺を微分すると
$$\sum_{n=1}^{\infty} n x^{n-1} = 1 + 2x + 3x^2 + \cdots = \frac{1}{(1-x)^2}$$

なお,整級数の積は低次の項から計算することにより多項式の積と同様に求めることができて,次式が成り立つ.
$$(1 + x + x^2 + \cdots)(1 + x + x^2 + \cdots) = 1 + 2x + 3x^2 + \cdots$$

すなわち,$\sum_{n=1}^{\infty} n x^{n-1} = \left(\sum_{n=0}^{\infty} x^n\right)^2$ であり,$\left(\dfrac{1}{1-x}\right)' = \dfrac{1}{(1-x)^2}$ に対応している.

例 A.5 $\dfrac{1}{1-x} = \sum_{n=0}^{\infty} x^n = 1 + x + x^2 + \cdots$

両辺を積分すると
$$-\log(1-x) = \sum_{n=0}^{\infty}\frac{1}{n+1}x^{n+1}$$
$$= \sum_{n=1}^{\infty}\frac{1}{n}x^n = x + \frac{1}{2}x^2 + \frac{1}{3}x^3 + \cdots$$

この等式において,x を $-x$ に置き換えて -1 倍すると
$$\log(1+x) = -\sum_{n=1}^{\infty}\frac{1}{n}(-x)^n$$
$$= \sum_{n=1}^{\infty}\frac{(-1)^{n-1}}{n}x^n = x - \frac{1}{2}x^2 + \frac{1}{3}x^3 - \cdots$$

これは $\log(1+x)$ のマクローリン展開を与えている.

A.2 整級数

例 A.6 整級数 $\sum x^n$ の x を $-x^2$ で置き換えると

$$\frac{1}{1+x^2} = \frac{1}{1-(-x^2)} = \sum_{n=0}^{\infty}(-x^2)^n = \sum_{n=0}^{\infty}(-1)^n x^{2n} \tag{A.1}$$

この式を積分すると $\tan^{-1} x = \displaystyle\int_0^x \frac{dt}{1+t^2}$ であることから

$$\tan^{-1} x = \sum_{n=0}^{\infty}\frac{(-1)^n}{2n+1}x^{2n+1} = x - \frac{1}{3}x^3 + \frac{1}{5}x^5 - \frac{1}{7}x^7 + \cdots \tag{A.2}$$

これは $\tan^{-1} x$ のマクローリン展開である．

整級数 $\sum x^n$ の収束半径は 1 だから，(A.1) の整級数は，$|-x^2| < 1$ で絶対収束し，$|-x^2| > 1$ で発散する．すなわち，$|x| < 1$ で絶対収束し，$|x| > 1$ で発散することがわかる．したがって，(A.1) の整級数の収束半径は 1 である．定理 A.6 を適用すると，(A.2) の整級数の収束半径も 1 であることが導かれる．

絶対値が収束半径に一致する点では，整級数は収束することも発散することもあるが，(A.2) は $x = \pm 1$ でも収束し，等式が成り立つことが知られている．特に，$x = 1$ を代入すると次式が導かれる．

$$\frac{\pi}{4} = 1 - \frac{1}{3} + \frac{1}{5} - \frac{1}{7} + \frac{1}{9} - \cdots$$

これは**ライプニッツの級数**とよばれ，円周率の値を求めるための公式の 1 つとして知られている．

演習問題解答

1 章

問 1.1 (1) 定義域は実数全体，値域 $y \geqq -3$ (2) 定義域 $x \geqq 0$，値域 $y \geqq 2$
(3) 定義域 $x \neq 0$，値域 $y \neq 0$，漸近線 $x = 0$, $y = 0$

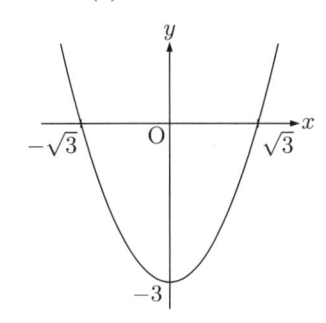

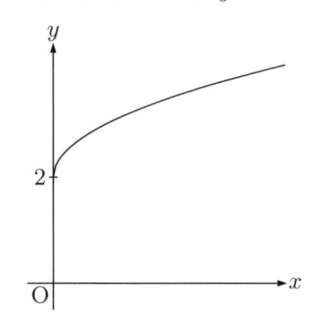

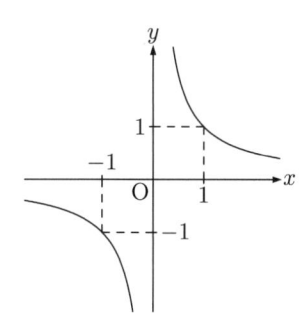

問 1.2 (1) $\dfrac{\pi}{3}$ (2) $\dfrac{2\pi}{3}$ (3) $\dfrac{\pi}{4}$ (4) $\dfrac{7\pi}{6}$ (5) $-\pi$ (6) $\dfrac{3\pi}{2}$

問 1.3 (1) 1 (2) -1 (3) 0 (4) $\dfrac{\sqrt{3}}{2}$ (5) 0 (6) $\sqrt{3}$

問 1.4 (1) $\cos(\pi - \theta) = \cos(\pi + (-\theta)) = -\cos(-\theta) = -\cos\theta$ (2) (1) と同様にせよ．

問 1.5 $\dfrac{1}{8}(3 - 4\cos 2\theta + \cos 4\theta)$

問 1.6 (1) $\dfrac{1}{9}$ (2) $\dfrac{1}{\sqrt[3]{3}}$ (3) 2 (4) $\dfrac{\sqrt{2}}{4}$

問 1.7

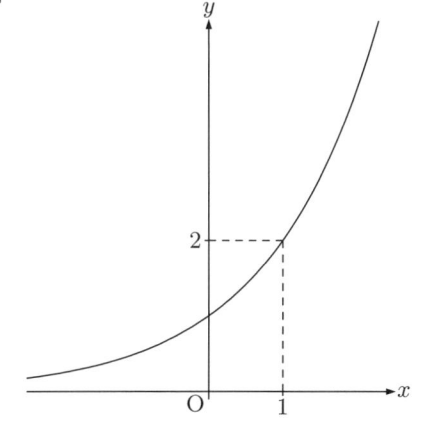

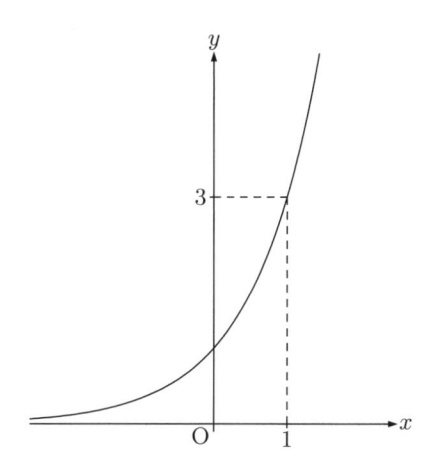

問 **1.8** 対数の定義を用いよ.

問 **1.9** (1) 3　　(2) -1　　(3) 0　　(4) -2

問 **1.10** (1) $y = 8x$　　(2) $y = \dfrac{10}{x^2}$

問 **1.11** (1) x^2　　(2) $\dfrac{\log_{10} 3}{\log_{10} 2}$

問 **1.12** $\log_{10} y = ax + b$ とおき a, b を求めよ. $y = 0.63^x$

問 **1.13** (1) $y = \sqrt{x-1}$　　(2) $y = 1 - \dfrac{1}{x}$ 　($x > 0$)

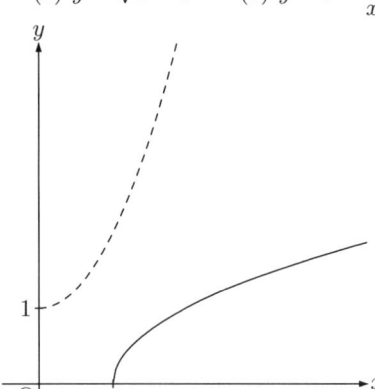

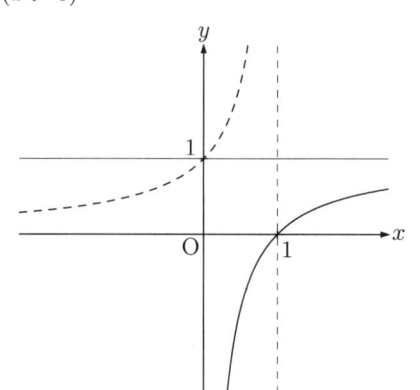

問 **1.14** (1) 2　　(2) $\dfrac{1}{4}$　　(3) 16

問 **1.15** (1) $-\dfrac{3}{2}$　　(2) 1

章末問題 1

1.1 (1) $x = \dfrac{\pi}{3}, \dfrac{2\pi}{3}$　　(2) $x = \dfrac{3\pi}{4}, \dfrac{5\pi}{4}$　　(3) $x = -\dfrac{7\pi}{2}, -\dfrac{3\pi}{2}, \dfrac{\pi}{2}, \dfrac{5\pi}{2}$　　(4) $x = -\dfrac{5\pi}{4}, -\dfrac{\pi}{4}, \dfrac{3\pi}{4}, \dfrac{7\pi}{4}$

1.2 (1) $\cos^3 \theta = \cos^2 \theta \cos \theta = \dfrac{1}{2}(1 + \cos 2\theta)\cos \theta$ を展開して, 積を和になおせ.　　(2) (1) と同様にせよ.

1.3 (1) $x = 4$　　(2) $x = \dfrac{1}{16}$　　(3) $-2 < x < 3$ に注意せよ. $x = \dfrac{1}{2}$　　(4) $x > \dfrac{3}{2}$ に注意せよ. $x = 3$

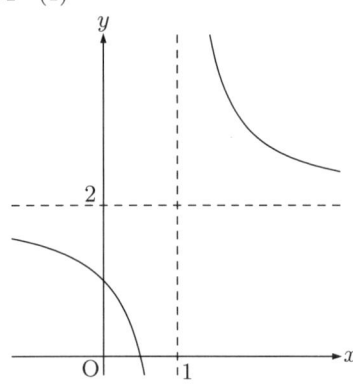

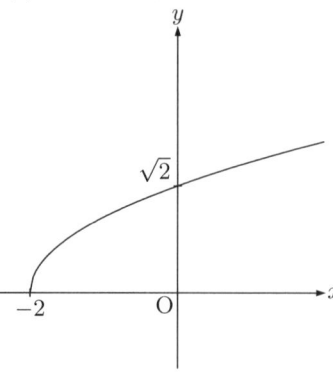

1.4 (1)　　(2)　　(3) $\dfrac{2^x}{2} = 2^{x-1}$

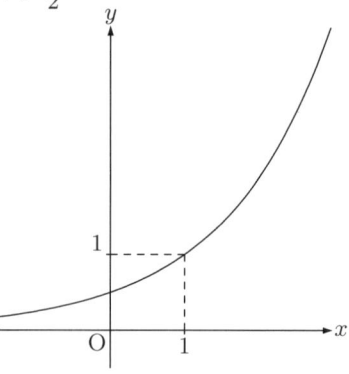

1.5 (1) 周期 2π　　(2) 周期 π　　(3) 周期 6π　　(4) 周期 2π　　(5) 周期 π

(1)

(2)

(3)

(4)

(5) $\sin\left(2\left(x+\dfrac{\pi}{6}\right)\right)$ と変形して考えよ．

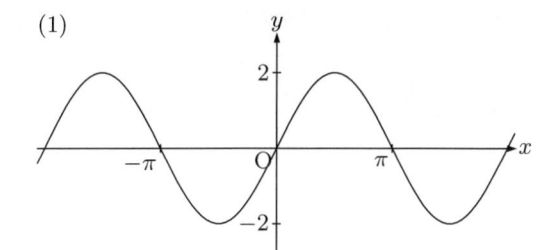

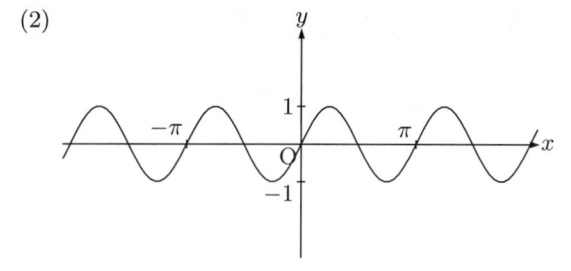

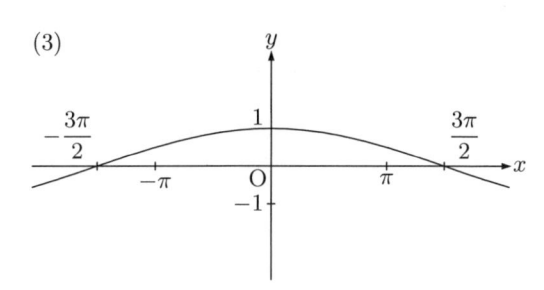

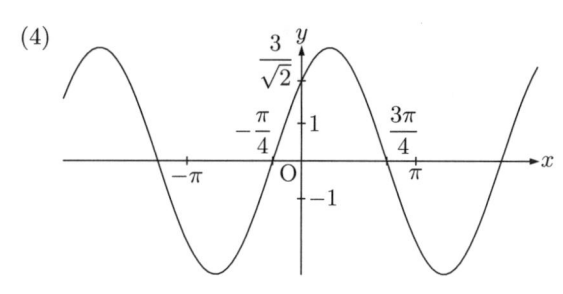

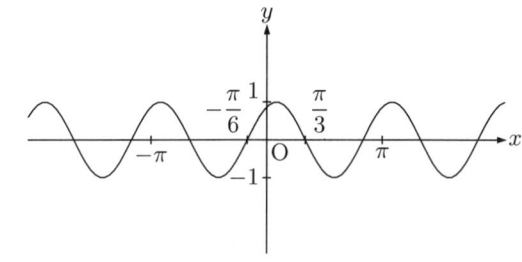

1.6 (1) $\dfrac{3}{4}$　　(2) 1　　(3) -1　　(4) 1　　(5) 1　　(6) $\dfrac{1}{2}$　　(7) 3　　(8) $-\dfrac{1}{2}$　　(9) 1　　(10) 1

1.7 (1) $\sin\dfrac{5\pi}{12} = \sin\left(\dfrac{\pi}{4}+\dfrac{\pi}{6}\right)$ として加法定理を用いよ．$\dfrac{\sqrt{6}+\sqrt{2}}{4}$　　(2) $\dfrac{\sqrt{6}-\sqrt{2}}{4}$

(3) $\sin^2\dfrac{\pi}{8} = \dfrac{1}{2}\left(1-\cos\dfrac{\pi}{4}\right) = \dfrac{1}{2}\left(1-\dfrac{\sqrt{2}}{2}\right) = \dfrac{2-\sqrt{2}}{4}$,　$\sin\dfrac{\pi}{8} > 0$ より $\sin\dfrac{\pi}{8} = \dfrac{\sqrt{2-\sqrt{2}}}{2}$

(4) $\cos\dfrac{\pi}{8} = \dfrac{\sqrt{2+\sqrt{2}}}{2}$

1.8 (1) $-4\sin 5x \sin 3x \sin x = 2(\cos 8x - \cos 2x)\sin x$ を展開せよ．

(2) $4\cos 6x \cos 4x \cos 2x = 2(\cos 10x + \cos 2x)\cos 2x$ を展開せよ

1.9 $2^x = t$ とおき，$t^2 - 2yt - 1 = 0$ を解け．$y = \log_2\left(x + \sqrt{x^2+1}\right)$

2 章

問 2.1 $\displaystyle\lim_{b\to a}\dfrac{b^4-a^4}{b-a}$ を計算せよ．

問 2.2　(1) $y' = 4x^3 - 6x^2 + 6x$　　(2) $y' = 10x^9 - 16x^7 + 24x^5$　　(3) $y' = \dfrac{2x}{3} + \dfrac{2}{5}$　　(4) $y' = x^2 + 4x$

問 2.3 $\dfrac{\dfrac{1}{\xi}-\dfrac{1}{x}}{\xi-x}=\dfrac{x-\xi}{(\xi-x)\xi x}$ を用いよ．$y'=-\dfrac{1}{x^2}$

問 2.4 (1) $y'=\dfrac{2}{3\sqrt[3]{x}}$ (2) $y'=\dfrac{5}{2}x\sqrt{x}$ (3) $y'=\dfrac{1}{3\sqrt[3]{x^2}}-\dfrac{1}{3x\sqrt[3]{x}}$

問 2.5 (1) $y'=6x^2+6x+2$ (2) $-\dfrac{2x+1}{(x^2+x+1)^2}$ (3) $\dfrac{1-x}{2\sqrt{x}\,(x+1)^2}$

問 2.6 $(fgh)'=(fg)'h+(fg)h'$ とし，積の微分公式を繰り返し用いよ．

問 2.7 (1) $y'=6(2x+3)^2$ (2) $y'=\dfrac{x}{\sqrt{x^2+1}}$ (3) $y'=-\dfrac{12}{(3x+1)^5}$

問 2.8 (1) $y'=(x+2)^2(x-1)(5x+1)$ (2) $y'=\dfrac{3x+2}{2\sqrt{x+1}}$ (3) $y'=\dfrac{7}{2\sqrt{(2x-1)(x+3)^3}}$

問 2.9 (1) 1 (2) 5 (3) $\dfrac{1}{2}$

問 2.10 $\cos(x+\Delta x)=\cos x\cos\Delta x-\sin x\sin\Delta x$ を用いよ．

問 2.11 (1) $y'=\dfrac{3}{\cos^2(3x+2)}$ (2) $y'=2\cos 2x\cos 3x-3\sin 2x\sin 3x$
(3) $y'=2\sin x\cos x\,(=\sin 2x)$

問 2.12 $\tan x=\dfrac{\sin x}{\cos x}$，$\cot x=\dfrac{\cos x}{\sin x}$，$\sec x=\dfrac{1}{\cos x}$，$\operatorname{cosec} x=\dfrac{1}{\sin x}$ とし，商の微分公式を用いよ．

問 2.13 (1) 0 (2) $\dfrac{\pi}{4}$ (3) $-\dfrac{\pi}{3}$

問 2.14 (1) 0 (2) $\dfrac{\pi}{3}$ (3) $-\dfrac{\pi}{4}$ (4) $\dfrac{\pi}{3}$

問 2.15 $-\sin y\dfrac{dy}{dx}=1$ から，$\sin^{-1}x$ の場合と同様に計算せよ．

問 2.16 (1) $y'=\dfrac{1}{\sqrt{-x^2+3x-2}}$ (2) $y'=-\dfrac{1}{x\sqrt{x^2-1}}$ (3) $y'=\dfrac{x}{(2+x^2)\sqrt{1+x^2}}$
(4) $y'=\dfrac{\cos x}{1+\sin^2 x}$ (5) $y'=-1$

問 2.17 (1) $y'=3e^{3x+1}$ (2) $y'=2xe^{x^2}$ (3) $y'=3e^{3x}-4e^{2x}+e^x$
(4) $y'=\dfrac{e^x}{2\sqrt{e^x+1}}$ (5) $y'=-\dfrac{2}{e^{2x+3}}$ (6) $y'=\dfrac{2e^x}{(e^x+3)^2}$

問 2.18 (1) $y'=3^x\log 3$ (2) $y'=3\log 10\cdot 10^{3x+1}$ (3) $y'=\dfrac{\log 2}{2}(2^x-2^{-x})$

問 2.19 (2), (3) 双曲線関数の定義式を右辺に代入せよ．(4) $(e^x)'=e^x$, $(e^{-x})'=-e^{-x}$ を用いよ．

問 2.20 (1) $y'=\dfrac{2}{2x-5}$ (2) $y'=\dfrac{e^x}{e^x+1}$ (3) $y'=\cot x$ (4) $y'=-\dfrac{1}{x}$
(5) $y'=\dfrac{2(x+2)}{(x+3)(x+1)}$ (6) $y'=-\dfrac{1}{(x+2)(x+1)}$

演習問題解答

問 **2.21** (1) $y' = -\tan x$　　(2) $y' = \dfrac{4x^3}{x^4 - 1}$

問 **2.22** (1) $y' = x^x(\log x + 1)$　　(2) $y' = x^{\sin x - 1}(x \cos x \log x + \sin x)$

(3) $y' = \dfrac{1}{2}\sqrt{\dfrac{x+2}{(x-1)(x+3)}}\left(\dfrac{1}{x+2} - \dfrac{1}{x-1} - \dfrac{1}{x+3}\right)$

$\left(= -\dfrac{x^2 + 4x + 7}{2(x-1)(x+3)\sqrt{(x+2)(x-1)(x+3)}}\right)$

問 **2.23** $\log y = \log x^p = p \log x$ の両辺を x で微分せよ．

問 **2.24** (1) $\dfrac{dy}{dx} = -\dfrac{b}{a}\cot t$　　(2) $\dfrac{dy}{dx} = \dfrac{\sin t}{1 - \cos t}$

問 **2.25** (1) $y'' = -9\sin(3x + 1)$　　(2) $y'' = 2(2x^2 - 1)e^{-x^2}$　　(3) $y'' = \dfrac{2(1 - x^2)}{(x^2 + 1)^2}$

問 **2.26** (1) $n = 1$ のとき，$f'(x) = (-1)(x+1)^{-2}$ で成り立つ．$n = k$ のとき成り立つと仮定する．
$$f^{(k)}(x) = (-1)^k k!(x+1)^{-k-1}$$
両辺を微分すると
$$f^{k+1}(x) = (-1)^k k!(-k-1)(x+1)^{-k-2} = (-1)^{k+1}(k+1)!(x+1)^{-(k+1)-1}$$
よって，$n = k + 1$ のときも成り立つ．以上より，すべての自然数 n に対して成り立つ．

(2) $\cos\left(x + \dfrac{k\pi}{2}\right) = \sin\left(x + \dfrac{k\pi}{2} + \dfrac{\pi}{2}\right)$ を用いて，(1) と同様に証明せよ．

問 **2.27** (1) $\dfrac{d^2y}{dx^2} = \dfrac{3}{4t}$　　(2) $\dfrac{d^2y}{dx^2} = -\dfrac{4}{(e^t - e^{-t})^3}\left(= -\dfrac{1}{2\sinh^3 t}\right)$

問 **2.28** $f(a) = f(b)$ と仮定して，ロルの定理より矛盾を導け．

問 **2.29** $\cos x > 0$ に注意すると，$y' = \dfrac{\cos x}{\sqrt{1 - \sin^2 x}} - 1 = \dfrac{\cos x}{\cos x} - 1 = 0$

したがって，y は定数関数である．たとえば，$x = \dfrac{\pi}{4}$ のときの値を求めよ．

問 **2.30** 前問と同様にせよ．

問 **2.31** (1) $\dfrac{3}{5}$　　(2) $\dfrac{1}{2}$　　(3) 1

問 **2.32** (1) $\dfrac{1}{2}$　　(2) $-\dfrac{1}{6}$　　(3) -2

問 **2.33** (1) 0　　(2) 0　　(3) 2

問 **2.34** (1) $x = -1$ のとき極大値 $\dfrac{5}{e}$，$x = 2$ のとき極小値 $-e^2$　　(2) $x = 2$ のとき極小値 -16

問 **2.35** (1) $x = 1$ のとき極大値 $\dfrac{1}{e}$　　(2) $x = e$ のとき極大値 $\dfrac{1}{e}$　　(3) $x = \dfrac{1}{4}$ のとき極小値 $-\dfrac{1}{4}$

(4) $x = \dfrac{\pi}{6}$ のとき極大値 $\sqrt{3} + \dfrac{\pi}{6}$，$x = \dfrac{5\pi}{6}$ のとき極小値 $-\sqrt{3} + \dfrac{5\pi}{6}$

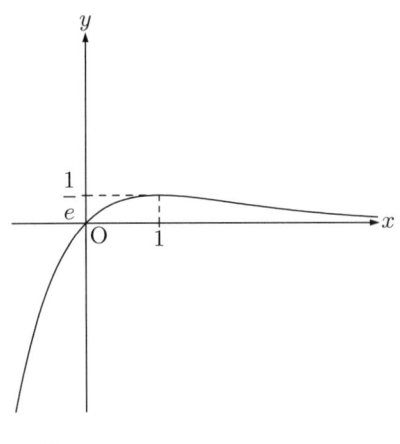

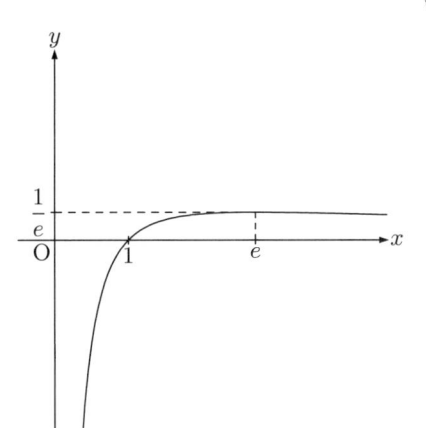

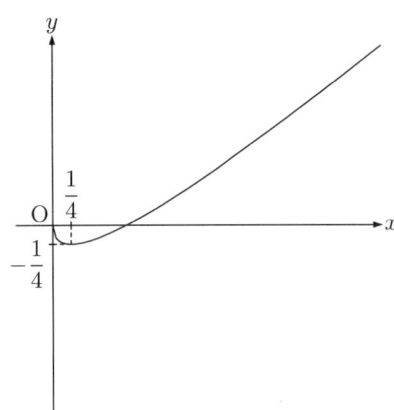

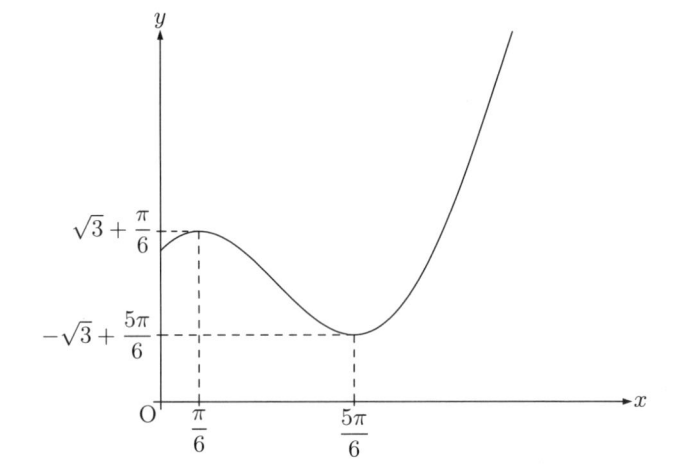

問 2.36　(1) $x = 0$ のとき極大値 1, 変曲点は $\left(\pm 1, \dfrac{1}{\sqrt{e}}\right)$

(2) $x = \dfrac{2}{\sqrt{e}}$ のとき極小値 $-\dfrac{2}{e}$, 変曲点は $\left(\dfrac{2}{e\sqrt{e}}, -\dfrac{6}{e^3}\right)$

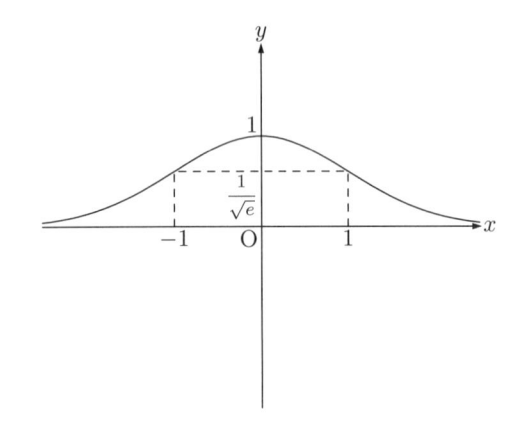

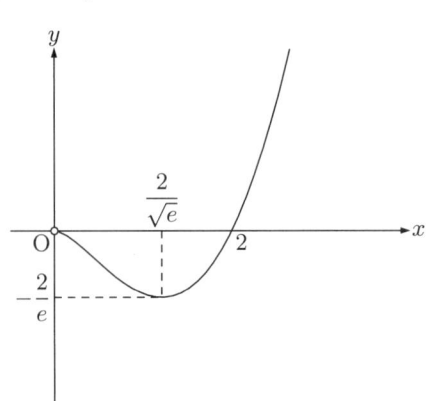

問 2.37　速度 $A\omega \cos \omega t$, 加速度 $-A\omega^2 \sin \omega t = -\omega^2 x$

問 2.38　速度 $-ky_0 e^{-kt} = -ky$, 加速度 $k^2 y_0 e^{-kt} = k^2 y$

章末問題 2

2.1 (1) $3a$ (2) $2a$ (3) $2ab$

2.2 (1) $y' = \dfrac{2\sqrt{x}+1}{4\sqrt{x}\sqrt{x+\sqrt{x}}}$ (2) $y' = \dfrac{1}{\sqrt{(x-1)(x+1)^3}}$ (3) $y' = \dfrac{4x+1}{3\sqrt[3]{(x+1)^2}}$

(4) $y' = \cos^2 x(\cos^2 x - 3\sin^2 x)$ (5) $y' = \dfrac{1}{2\cos^2 x\sqrt{\tan x}}$ (6) $y' = 2x\sin\pi x + \pi x^2 \cos\pi x$

(7) $y' = e^{-x}(-3\sin 2x + \cos 2x)$ (8) $y' = -\dfrac{2e^x}{(e^x-1)^2}$ (9) $y' = \dfrac{1+\cos x + \sin x}{(1+\sin x)(1+\cos x)}$

2.3 (1) $\log\left|\dfrac{x-a}{x+a}\right| = \log|x-a| - \log|x+a|$ と変形せよ.

(2) $\left(\log|x+\sqrt{x^2+a}|\right)' = \dfrac{1+\dfrac{x}{\sqrt{x^2+a}}}{x+\sqrt{x^2+a}} = \dfrac{1}{\sqrt{x^2+a}}$

2.4 (1) $\left(\sin^{-1}\dfrac{x}{a}\right)' = \dfrac{1}{\sqrt{1-\dfrac{x^2}{a^2}}}\dfrac{1}{a} = \dfrac{1}{\sqrt{a^2-x^2}}$ (2) (1) と同様にせよ.

2.5 (1) $y' = 0$ (2) (1) より, y は定数関数である. $x = 0$ を代入せよ.

2.6 (1) $(fg)' = f'g + fg'$ より, $(fg)'' = (f''g + f'g') + (f'g' + fg'') = f''g + 2f'g' + fg''$
(2) (1) と同様にせよ.

2.7 (1) $-\dfrac{1}{\pi}$ (2) 2 (3) 0

2.8 (1) $x = 1$ のとき極大値 $\dfrac{1}{2}$

(2) $x = 1$ のとき極小値 3

(3) $x = \dfrac{\pi}{2}, \dfrac{3\pi}{2}$ のとき極大値 1, $x = \pi$ のとき極小値 0

(4) $x = \dfrac{\pi}{4}$ のとき極大値 $\dfrac{1}{\sqrt{2}e^{\frac{\pi}{4}}}$, $x = \dfrac{5\pi}{4}$ のとき極小値 $-\dfrac{1}{\sqrt{2}e^{\frac{5\pi}{4}}}$

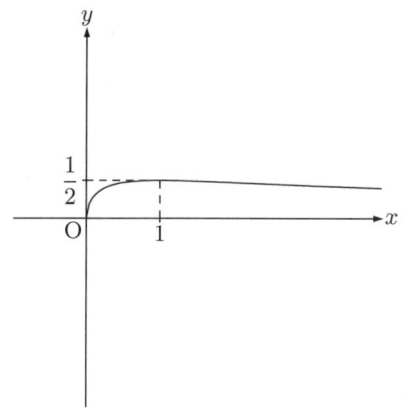

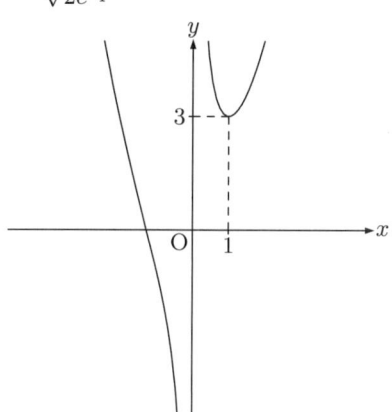

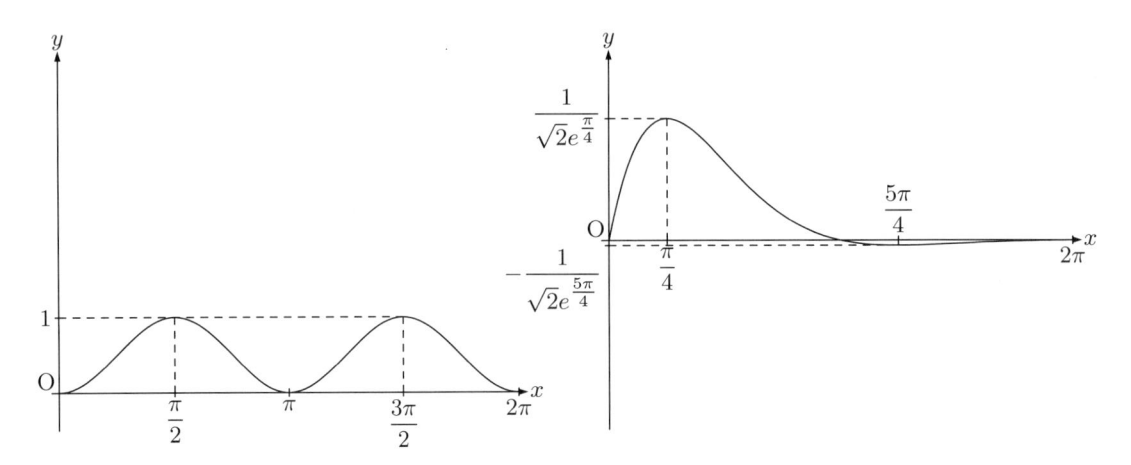

2.9 (1) $\left(\pm\dfrac{\sqrt{3}}{3}, \dfrac{3}{4}\right)$ (2) $\left(e\sqrt{e}, \dfrac{3}{2e\sqrt{e}}\right)$ (3) $\left(0, \dfrac{1}{2}\right)$ (4) 存在しない

2.10 (1) $\dfrac{2\sqrt{2}}{3}$ (2) $\dfrac{4}{3}$ (3) $\dfrac{1}{\sqrt{6}}$

2.11 $f'(1) = \lim\limits_{x \to 0}\dfrac{\log(1+x) - \log 1}{x} = \lim\limits_{x \to 0}\log(1+x)^{\frac{1}{x}}$ と $f'(1) = 1$ を用いよ.

2.12 前問の公式を用いよ. (1) e^2 (2) $\sqrt{e}$ (3) e

2.13 $\lim\limits_{\Delta x \to 0}\dfrac{\Delta y}{\Delta x} = \lim\limits_{\Delta t \to 0}\dfrac{a(1-\cos\Delta t)}{a(\Delta t - \sin\Delta t)} = \lim\limits_{\Delta t \to 0}\dfrac{\sin\Delta t}{1-\cos\Delta t} = \lim\limits_{\Delta t \to 0}\dfrac{\cos\Delta t}{\sin\Delta t}$

したがって,発散するから,$x = 0$ で微分可能でない.

2.14 数学的帰納法を用いる.$n = k$ のとき成り立つと仮定すると
$$(fg)^{(k)} = f^{(k)}g + {}_k\mathrm{C}_1 f^{(k-1)}g' + {}_k\mathrm{C}_2 f^{(k-2)}g^{(2)} + \cdots + {}_k\mathrm{C}_{k-1}f'g^{(k-1)} + fg^{(k)}$$
両辺を微分するとき,右辺の $f^{(k+1-j)}g^{(j)}$ の係数(ただし,$j = 1, \cdots, k$)は
$${}_k\mathrm{C}_{j-1} + {}_k\mathrm{C}_j = \dfrac{k!}{(k-j+1)!\,(j-1)!} + \dfrac{k!}{(k-j)!\,j!}$$
$$= \dfrac{k!}{(k-j+1)!\,j!}(j + k - j + 1) = \dfrac{(k+1)!}{(k-j+1)!\,j!} = {}_{k+1}\mathrm{C}_j$$
$$\therefore\ (fg)^{k+1} = f^{(k+1)}g + \sum_{j=1}^{k}\left({}_{k+1}\mathrm{C}_j f^{(k+1-j)}g^{(j)}\right) + fg^{(k+1)}$$
$$= f^{(k+1)}g + {}_{k+1}\mathrm{C}_1 f^{(k)}g' + \cdots + {}_{k+1}\mathrm{C}_k f'g^{(k)} + fg^{(k+1)}$$

2.15 (1) $y^{(n)} = 2^n x e^{2x} + n2^{n-1}e^{2x}$ (2) $y^{(n)} = x\sin\left(x + \dfrac{n\pi}{2}\right) + n\sin\left(x + \dfrac{(n-1)\pi}{2}\right)$

2.16 (1) $y' = \dfrac{1}{x^2+1}$ より $(x^2+1)y' = 1$. ライプニッツの公式を用いて,この式の両辺を n 回微分せよ.

(2) (1) を用いて $y^{(2)}$, $y^{(3)}$ を順に求めよ. $y^{(4)} = -\dfrac{24x(x^2-1)}{(x^2+1)^4}$

2.17 $f'(0) = \lim\limits_{x \to 0}\dfrac{f(x) - f(0)}{x} = \lim\limits_{x \to 0}\dfrac{f(-x) - f(0)}{x} = -\lim\limits_{x \to 0}\dfrac{f(-x) - f(0)}{-x} = -f'(0)$

したがって,$f'(0) = 0$ である.

3章

問 3.1 (1) $-\dfrac{1}{x}+C$ (2) $\dfrac{2}{3}x\sqrt{x}+C$ (3) $\dfrac{1}{\sqrt{2}}\tan^{-1}\dfrac{x}{\sqrt{2}}+C$

(4) $\log|x+\sqrt{x^2+3}|+C\ \left(=\log(x+\sqrt{x^2+3})+C\right)$

問 3.2 (1) $\dfrac{2}{5}x^2\sqrt{x}+\dfrac{2}{3}x\sqrt{x}+C$ (2) $-\cos x+\sin x+C$ (3) $e^x+\dfrac{x^{e+1}}{e+1}+C$

(4) $x-2\log|x|-\dfrac{1}{x}+C$ (5) $-\cot x-\cos x+C$

(6) $\dfrac{x^2+2}{x^2+1}=1+\dfrac{1}{x^2+1}$ と変形せよ． $x+\tan^{-1}x+C$

問 3.3 (1) $\dfrac{1}{8}(2x+3)^4+C$ (2) $\dfrac{2}{3}(x+1)\sqrt{x+1}+C$ (3) $\dfrac{1}{2}e^{2x}-e^{-x}+C$

問 3.4 $\displaystyle\sum_{k=1}^{n}\Delta x_k=b-a$ を用いよ．

問 3.5 与式 $=2\displaystyle\int_0^1 x\,dx+\int_0^1 3\,dx$ と変形せよ． 4

問 3.6 (1) $\dfrac{7}{3}+\log 2$ (2) $\dfrac{40}{3}$ (3) $1-\dfrac{\pi}{4}$ (4) $-1+e+\dfrac{\pi}{4}$ (5) $\dfrac{\pi}{6}$ (6) $\log 3$

問 3.7 (1) $\dfrac{1}{12}$ (2) $\dfrac{e^2}{2}+2-\dfrac{1}{2e^2}$ (3) $\dfrac{\log 3}{2}$

問 3.8 (1) $\dfrac{1}{15}(x^3-2)^5+C$ (2) $\dfrac{1}{8}(x^2+2x+2)^4+C$ (3) $\log(e^x+1)+C$ (4) $\dfrac{1}{2}(\log x)^2+C$

問 3.9 $\tan x=\dfrac{\sin x}{\cos x},\ \cot x=\dfrac{\cos x}{\sin x}$ を用いよ．

問 3.10 (1) $\dfrac{1}{6}(x-1)^6+\dfrac{1}{5}(x-1)^5+C$ (2) $\dfrac{2}{x+2}+\log|x+2|+C$ (3) $-\dfrac{2}{3}(x+2)\sqrt{1-x}+C$

問 3.11 (1) $\dfrac{1}{6}$ (2) $\dfrac{1}{3}$ (3) $\log 2$ (4) $2\sqrt{6}-\dfrac{2\sqrt{2}}{3}$ (5) $\log\dfrac{e+e^{-1}}{2}\ \left(=\log(e^2+1)-1-\log 2\right)$

問 3.12 (1) $(x-1)e^x+C$ (2) $\dfrac{1}{2}x\sin 2x+\dfrac{1}{4}\cos 2x+C$ (3) $\dfrac{1}{9}x^3(3\log x-1)+C$

問 3.13 (1) $x^2\sin x+2x\cos x-2\sin x+C$ (2) $\dfrac{1}{4}x^2\{2(\log x)^2-2\log x+1\}+C$

(3) $-(x^3+3x^2+6x+6)e^{-x}+C$

問 3.14 (1) 与式を I とおくと

$$I=-\dfrac{1}{b}e^{ax}\cos bx+\dfrac{a}{b}\int e^{ax}\cos bx\,dx=-\dfrac{1}{b}e^{ax}\cos bx+\dfrac{a}{b^2}e^{ax}\sin bx-\dfrac{a^2}{b^2}I$$

例題 3.8 と同様にして I を求めよ．(2) も同様．

問 3.15 与式を I とおき，例題 3.8 と同様にせよ．

問 3.16 (1) $x\sin^{-1}x+\sqrt{1-x^2}+C$ (2) $x\tan^{-1}x-\dfrac{1}{2}\log(x^2+1)+C$

問 **3.17** (1) 1 (2) $-\dfrac{1}{2}$ (3) $2-\dfrac{5}{e}$

問 **3.18** (1) $\dfrac{\pi-2}{4}$ (2) $\dfrac{1}{2}(2\log 2+\pi-4)$

問 **3.19** $4\log|x+5|-\log|x+1|+C$

問 **3.20** $\dfrac{1}{x^2-a^2}=\dfrac{A}{x-a}+\dfrac{B}{x+a}$ (A, B は定数) と部分分数分解せよ.

問 **3.21** (1) $a=1$, $b=1$, $c=-1$ (2) $\log|x|-\dfrac{1}{x}-\log|x+1|+C$

問 **3.22** $\dfrac{1}{2}\log(x^2-2x+5)+\dfrac{1}{2}\tan^{-1}\dfrac{x-1}{2}+C$

問 **3.23** (1) $\sin^{-1}(x-1)+C$ (2) $\log\left|x-1+\sqrt{x^2-2x+2}\right|+C$

問 **3.24** (1) $\log\left|2x-1+2\sqrt{x^2-x+1}\right|+C$ (2) $\dfrac{1}{\sqrt{2}}\log\left|\dfrac{x-\sqrt{2}+\sqrt{x^2+2}}{x+\sqrt{2}+\sqrt{x^2+2}}\right|+C$
(3) $\log\left|\dfrac{x-1+\sqrt{x^2+x+1}}{x+1+\sqrt{x^2+x+1}}\right|+C$

問 **3.25** (1) $\dfrac{1}{16}\sin 8x+\dfrac{1}{4}\sin 2x+C$ (2) $\dfrac{3}{8}x+\dfrac{1}{4}\sin 2x+\dfrac{1}{32}\sin 4x+C$
(3) $\sin^3 x=(1-\cos^2 x)\sin x$ と変形せよ. $\dfrac{1}{3}\cos^3 x-\cos x+C$

問 **3.26** (1) $\dfrac{1}{\sqrt{2}}\tan^{-1}\left(\dfrac{1}{\sqrt{2}}\tan\dfrac{x}{2}\right)+C$ (2) $\dfrac{1}{2}\log\left|2\tan\dfrac{x}{2}+1\right|+C$

問 **3.27** (1) $-\dfrac{1}{\sin x}+\cot x+x+C$ $\left(=-\tan\dfrac{x}{2}+x+C\right)$
(2) $-\tan\dfrac{x}{2}+2\tan^{-1}\left(\tan\dfrac{x}{2}\right)+C$
整数 n に対し, 開区間 $((2n-1)\pi, (2n+1)\pi)$ の点 x について $2\tan^{-1}\left(\tan\dfrac{x}{2}\right)=x-2n\pi$

問 **3.28** (1) 2 (2) $1\leqq x\leqq 2$ のとき $\dfrac{1}{x}\geqq\dfrac{1}{x^2}$ に注意せよ. $\log 2-\dfrac{1}{2}$
(3) 積分区間を $\left[\dfrac{1}{e}, 1\right]$ と $[1, e]$ に分けよ. $2-\dfrac{2}{e}$

問 **3.29** $x(t)=\dfrac{1}{1+\lambda t}$

問 **3.30** (1) 1 (2) 2 (3) $3\sqrt[3]{2}$

問 **3.31** (1) 2 (2) 1 (3) $-\dfrac{1}{2}$

章末問題 3

3.1 (1) $-\dfrac{1}{2}\cos^2 x+C$ (2) $-\dfrac{1}{\log x}+C$ (3) $\sqrt{x^2-1}+C$ (4) $\dfrac{1}{2}\sin x^2+C$
(5) $\dfrac{1}{2}e^{x^2+2x+4}+C$ (6) $\dfrac{1}{2}\log(x^2+\sqrt{x^4+1})+C$

演習問題解答

3.2 (1) $\dfrac{\pi}{2}$ (2) $\dfrac{\pi^2}{32}$ (3) $\log\dfrac{3+2\sqrt{2}}{2+\sqrt{3}}$

3.3 (1) $\dfrac{2}{3}x^{\frac{3}{2}}\left(\log x - \dfrac{2}{3}\right) + C$ (2) $2\sqrt{x}(\log x - 2) + C$ (3) $6 - 2e$

3.4 (1) $\dfrac{1}{3}\log|3x+2| + C$ (2) $2x - 3\log|x+1| + C$ (3) $\log 2 + \dfrac{1}{2}$

3.5 $m \neq n$ のとき $\dfrac{1}{2}\left(\dfrac{\sin(m+n)x}{m+n} + \dfrac{\sin(m-n)x}{m-n}\right) + C$, $m = n$ のとき $\dfrac{1}{2}x + \dfrac{1}{4n}\sin 2nx + C$

3.6 (1) $\dfrac{1}{2}\log(x^2+2x+2) - \tan^{-1}(x+1) + C$ (2) $a=1,\ b=-1,\ c=-2$
(3) $\log|x-1| - \dfrac{1}{2}\log(x^2+2x+2) - \tan^{-1}(x+1) + C$

3.7 (1) $a=1,\ b=4,\ c=3$ (2) $\log|x-1| - \dfrac{4}{x-1} - \dfrac{3}{2(x-1)^2} + C$

3.8 $\sin 2t = 2\sin t \cos t = \dfrac{2\tan t}{1+\tan^2 t}$ に注意せよ. $\dfrac{1}{2}\left(\tan^{-1} x + \dfrac{x}{x^2+1}\right) + C$

3.9 (1) $\dfrac{1}{\sqrt{3}}\log\left|\dfrac{x-\sqrt{3}+\sqrt{x^2+3}}{x+\sqrt{3}+\sqrt{x^2+3}}\right| + C$ (2) $\dfrac{1}{\sqrt{3}}\log\left|\dfrac{\tan\dfrac{x}{2}+\sqrt{3}}{\tan\dfrac{x}{2}-\sqrt{3}}\right| + C$

3.10 (1) 部分積分法を用いよ. $I_n = x(\log x)^n - nI_{n-1}$
(2) $I_0 = x$ より $I_1 = x\log x - x + C$, $I_2 = x(\log x)^2 - 2I_1 = x(\log x)^2 - 2x\log x + 2x + C$,
$I_3 = x(\log x)^3 - 3x(\log x)^2 + 6x\log x - 6x + C$

3.11 (1) $I_n = \displaystyle\int_0^{\frac{\pi}{2}} \sin x \sin^{n-1} x\, dx$

$= \left[-\cos x \sin^{n-1} x\right]_0^{\frac{\pi}{2}} + (n-1)\displaystyle\int_0^{\frac{\pi}{2}} \cos^2 x \sin^{n-2} x\, dx$

$= (n-1)\displaystyle\int_0^{\frac{\pi}{2}} (1-\sin^2 x)\sin^{n-2} x\, dx$

と変形せよ. $I_n = \dfrac{n-1}{n} I_{n-2}$
(2) $I_6 = \dfrac{5}{6}I_4 = \dfrac{5}{6}\cdot\dfrac{3}{4}\cdot\dfrac{1}{2}I_0 = \dfrac{5}{32}\pi$

3.12 (1) $x = \dfrac{3t^2-1}{t^2+1}$

(2) $I = \displaystyle\int t\cdot\dfrac{8t}{(t^2+1)^2}\, dt = 8\int\left\{\dfrac{1}{t^2+1} - \dfrac{1}{(t^2+1)^2}\right\} dt$ と 3.8 の積分を用いよ.

$I = 4\tan^{-1}\sqrt{\dfrac{x+1}{3-x}} - \sqrt{(x+1)(3-x)} + C$

3.13 左側の不等式について, 左図の斜線の部分の面積と $\displaystyle\int_1^{n+1}\dfrac{dx}{x}$ の大小関係を用いよ.
右側の不等式についても同様.

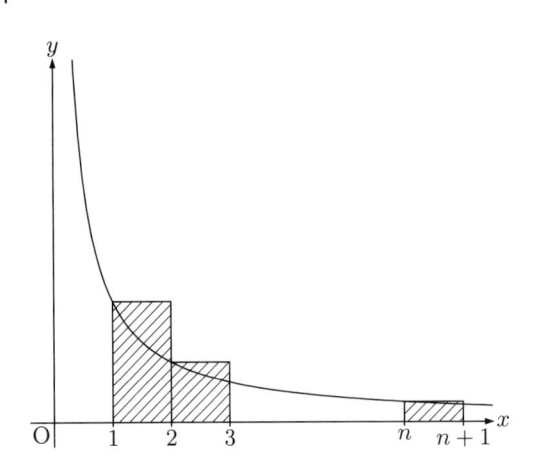

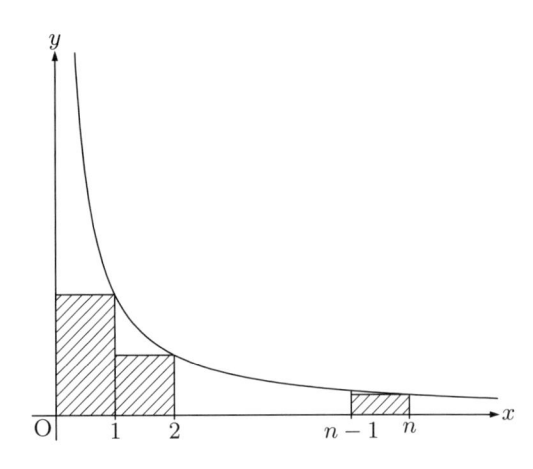

4 章

問 4.1 (1) $e^x = 1 + x + \varepsilon_1$ (2) $\sin x = x + \varepsilon_1$ (3) $\log(1+x) = x + \varepsilon_1$

問 4.2 (1) $e^x = 1 + x + \dfrac{x^2}{2} + \varepsilon_2$ (2) $\cos x = 1 - \dfrac{x^2}{2} + \varepsilon_2$ (3) $\log(1+x) = x - \dfrac{x^2}{2} + \varepsilon_2$

問 4.3 (1) $x = 0$ で極大, $x = 1, -1$ で極小.
(2) $y' = (e^x - 1)(e^x - 2)$ を用いよ. $x = 0$ で極大, $x = \log 2$ で極小.

問 4.4 (1) $\dfrac{1}{1-x} = 1 + x + x^2 + x^3 + x^4 + \varepsilon_4$ (2) $\tan^{-1} x = x - \dfrac{1}{3}x^3 + \varepsilon_3$

問 4.5 (1) $f(x) = \sin x$ とおくと, 2 章の問 2.26 (2) より $f^{(k)}(0) = \sin \dfrac{k\pi}{2}$
これから, $f^{(2n)}(0) = 0$, $f^{(2n+1)}(0) = \sin\left(n\pi + \dfrac{\pi}{2}\right) = \cos n\pi = (-1)^n$
(2) $(\cos x)^{(n)} = \cos\left(x + \dfrac{n\pi}{2}\right)$ を用いて, (1) と同様に考えよ.

問 4.6 $\sin x \fallingdotseq x - \dfrac{1}{6}x^3 + \dfrac{1}{120}x^5$ を用いよ. 0.173648

問 4.7 $\sinh x = x + \dfrac{1}{3!}x^3 + \dfrac{1}{5!}x^5 + \cdots + \dfrac{1}{(2n+1)!}x^{2n+1} + \cdots$
$\cosh x = 1 + \dfrac{1}{2!}x^2 + \dfrac{1}{4!}x^4 + \cdots + \dfrac{1}{(2n)!}x^{2n} + \cdots$

問 4.8 $e^x = e + e(x-1) + \dfrac{e}{2}(x-1)^2 + \cdots + \dfrac{e}{n!}(x-1)^n + \cdots$

問 4.9 (1) 1 (2) -1 (3) $4ei$

問 4.10 (1) 数学的帰納法で示す. $n = k$ のとき $(e^{ix})^k = e^{ikx}$ を仮定するとき
$$(e^{ix})^{k+1} = (e^{ix})^k e^{ix} = e^{ikx} e^{ix} = e^{ikx+ix} = e^{i(k+1)x}$$
となることを用いよ.
(2) $e^{ix} = \cos x + i \sin x$, $e^{inx} = \cos nx + i \sin nx$ を用いよ.

章末問題 4

4.1 (1) $\sin x - x = -\dfrac{x^3}{6} + \varepsilon_3$, 極限値は $-\dfrac{1}{6}$

(2) $\sqrt{1+x} - 1 - \dfrac{x}{2} = -\dfrac{x^2}{8} + \varepsilon_2$, $e^x - 1 - x = \dfrac{x^2}{2} + \varepsilon'_2$, 極限値は $-\dfrac{1}{4}$

(3) $2\cos x - 2 + x^2 = \dfrac{x^4}{12} + \varepsilon_4$, 極限値は $\dfrac{1}{12}$

4.2 (1) $y' = ie^{ix}$ (2) $y' = (2+i)e^{(2+i)x}$ (3) $y' = -\dfrac{2i}{e^{2ix}}$

4.3 $e \fallingdotseq 1 + 1 + \dfrac{1}{2!} + \dfrac{1}{3!} + \dfrac{1}{4!} + \dfrac{1}{5!} + \dfrac{1}{6!} = 2.71806$

4.4 (1) $\alpha = \tan^{-1}\dfrac{1}{2}$, $\beta = \tan^{-1}\dfrac{1}{3}$ とおき，加法定理を用いて $\tan(\alpha+\beta) = 1$ を示せ．

(2) $\tan^{-1} x \fallingdotseq x - \dfrac{1}{3}x^3 + \dfrac{1}{5}x^5$ を用いよ．3.1456

4.5 $f(x) - f(a) = \dfrac{f^{(n)}(a)}{n!}(x-a)^n + \varepsilon_n = (x-a)^n\left\{\dfrac{f^{(n)}(a)}{n!} + \dfrac{\varepsilon_n}{(x-a)^n}\right\}$

(1) $(x-a)^n > 0$, $\dfrac{f^{(n)}(a)}{n!} > 0$ を用いよ． (2) $(x-a)^n > 0$, $\dfrac{f^{(n)}(a)}{n!} < 0$ を用いよ．

(3) $(x-a)^n$ は，$x > a$ または $x < a$ に応じて，正または負になるから，極値をとらない．

4.6 (1) 極小値をとる． (2) 極値をとらない．

4.7 (1) $\displaystyle\lim_{x \to 0}\dfrac{o(x^n) + o(x^{n+m})}{x^n} = \lim_{x \to 0}\left\{\dfrac{o(x^n)}{x^n} + \dfrac{x^m o(x^{n+m})}{x^{n+m}}\right\} = 0$

(2) (3) も同様にせよ．

4.8 (1) $(1+x)\left(x - \dfrac{1}{6}x^3 + o(x^3)\right)$ を展開し，前問の性質を用いよ． $x + x^2 - \dfrac{1}{6}x^3 + o(x^3)$

(2) (1) と同様にせよ． $x + x^2 + \dfrac{1}{3}x^3 + o(x^3)$

5 章

問 5.1 (1) $\dfrac{dx}{dt} = 2x$ (2) $\dfrac{dx}{dt} = 2tx$ (3) $\dfrac{dx}{dt} = \dfrac{2tx}{t^2+1}$

問 5.2 $\dfrac{dx}{dt}$, $\dfrac{d^2x}{dt^2}$ を求め，微分方程式に代入せよ．

問 5.3 (1) $\dfrac{dx}{dt} = kx$ (2) $\dfrac{d^2x}{dt^2} = k\left(\dfrac{dx}{dt}\right)^2$

問 5.4 (1) $x = 2e^{t-1} - t$ (2) $x = -\sin t$ (3) $x = 2\sin t + \cos t$

問 5.5 (1) $x = Ce^{\frac{t^2}{2}}$ (2) $x = (e^t + C)^2$ (3) $\sin x + 1 = Ct$ $\left(x = \sin^{-1}(Ct-1)\right)$

問 5.6 (1) $x = \dfrac{2}{t^2+2t+2}$ (2) $\sin x + \cos t = 1$ $\left(x = \sin^{-1}(1-\cos t)\right)$

問 5.7 (1) $\tan \dfrac{x}{t} = \log|t| + C$ $\left(x = t\tan^{-1}(\log|t| + C)\right)$

(2) $\tan^{-1} \dfrac{x}{t} = \log|t| + C$ $\left(x = t\tan(\log|t| + C)\right)$

(3) $\dfrac{1-u}{u(u+1)} = \dfrac{1}{u} - \dfrac{2}{u+1}$ と部分分数分解せよ．$x = C(x+t)^2$

問 5.8 (1) $\dfrac{e^{2t}}{e^t} = e^t$ を用いよ．$x = e^{2t} + Ce^t$ (2) $\left(t^2 + \log|t| + C\right)t$

(3) $x = (C - \cos t)e^{\sin t}$ (4) 置換積分法を用いよ．$\left(\log(t^2+1) + C\right)(t^2+1)$

問 5.9 $x = e^t$ のとき，$\dfrac{d^2 x}{dt^2} = e^t = x$ となるから，解である．$x = e^{-t}$ のときも同様．
一般解は $x = C_1 e^t + C_2 e^{-t}$

問 5.10 (1) $\dfrac{dx}{dt} = C,\ \dfrac{d^2 x}{dt^2} = 0$ を方程式の左辺に代入せよ．   (2) $t\dfrac{d^2 u}{dt^2} + \dfrac{du}{dt} = 0$ (3) $v = \dfrac{C_1}{t}$

(4) $x = t\left(C_1 \log t + C_2\right)$

問 5.11 (1) $x = C_1 e^{2t} + C_2 e^{3t}$ (2) $x = C_1 e^{(1+\sqrt{2})t} + C_2 e^{(1-\sqrt{2})t}$ (3) $x = C_1 e^{\sqrt{3}t} + C_2 e^{-\sqrt{3}t}$

(4) $x = (C_1 t + C_2)e^{-3t}$ (5) $x = e^t(C_1 \cos t + C_2 \sin t)$ (6) $x = C_1 \cos 3t + C_2 \sin 3t$

問 5.12 $x = 2t\,e^{2t}$

問 5.13 (1) $x = \dfrac{1}{9}e^{-t} + (C_1 t + C_2)e^{-4t}$ (2) $x = t^2 + 2t + 3 + C_1 e^{(-1+\sqrt{3})t} + C_2 e^{(-1-\sqrt{3})t}$

(3) $x = \dfrac{1}{2}\cos t + \sin t + e^t(C_1 \cos 2t + C_2 \sin 2t)$

問 5.14 (1) $x = \dfrac{1}{3}t\,e^t + C_1 e^t + C_2 e^{-2t}$ (2) $x = \left(\dfrac{1}{2}t^2 + C_1 t + C_2\right)e^t$

問 5.15 (1) $x = C_1 e^{4t} + C_2 e^{-t},\ y = 3C_1 e^{4t} - 2C_2 e^{-t}$ ($C_1,\ C_2$は任意定数)

(2) $x = (C_1 t + C_2)e^{2t},\ y = \{-C_1 t + (C_1 - C_2)\}e^{2t}$ ($C_1,\ C_2$は任意定数)

問 5.16 $\dfrac{1}{C} = \dfrac{1}{C_0} + kt$ $\left(C = \dfrac{C_0}{1 + kC_0 t}\right)$

章末問題 5

5.1 (1) $x = \tan(t + C)$ (2) $x = C(t+1)^2 - \dfrac{1}{2}$ (3) $x = Ce^{-t} + 2$ (4) $x^2 = t^2(Ct^2 - 1)$

(5) $x = (\sin t + C)\cos t$ (6) $x = \dfrac{-e^{-t} + C}{t^2 + 1}$

5.2 (1) $\dfrac{dx}{dt} = C$ を方程式の右辺に代入せよ．   (2) $\dfrac{dx}{dt} = \dfrac{1}{t}$ を方程式の右辺に代入せよ．

5.3 (1) $x = e^t - 1$ (2) $x = \dfrac{1}{3}e^t + \dfrac{1}{6}e^{-2t} - \dfrac{1}{2}$ (3) $x = -\dfrac{1}{3}\sin t + \sin\dfrac{t}{2}$

5.4 $y = \dfrac{dx}{dt} - e^{2t}$ を第2式に代入して，x についての2階微分方程式 $\dfrac{d^2 x}{dt^2} - x = 2e^{2t}$ を導け．

$$x = C_1 e^t + C_2 e^{-t} + \dfrac{2}{3}e^{2t}, \quad y = C_1 e^t - C_2 e^{-t} + \dfrac{1}{3}e^{2t} \quad (C_1,\ C_2 \text{は任意定数})$$

5.5 (1) $\dfrac{1}{x(A-x)}$ を部分分数分解せよ． $x = \dfrac{CAe^{kAt}}{1+Ce^{kAt}}$ (2) $x = \dfrac{x_0 A e^{kAt}}{(A-x_0)+x_0 e^{kAt}}$

(3) $x = \dfrac{x_0 A}{(A-x_0)e^{-kAt}+x_0}$ と変形し， $\displaystyle\lim_{t\to\infty} e^{-kAt} = 0$ を用いよ． $\displaystyle\lim_{t\to\infty} x(t) = A$

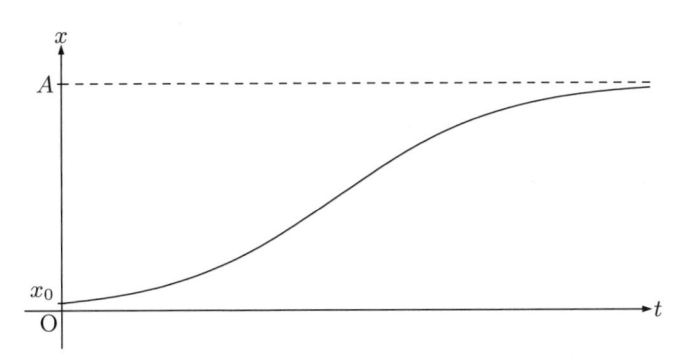

5.6 (1) $\dfrac{dy}{dt} = \dfrac{y+t}{y-t}$ (2) $(x-2)^2 - 2t(x-2) - t^2 = C$

5.7 (1) $\dfrac{dy}{dt} - y = -t$ (2) $x = \dfrac{1}{1+t+Ce^t}$

5.8 (1) $x = -\dfrac{1}{2}t\cos t + C_1\cos t + C_2\sin t$ (2) $x = -te^t - e^{2t} + C_1 e^t + C_2 e^{3t}$

6 章

問 6.1 $z = 2r\ (r = \sqrt{x^2+y^2})$ より， zx 平面上の半直線 $z = 2x,\ x \geqq 0$ を z 軸のまわりに回転してできる円錐．

問 6.2 (1) $z_x = 3x^2 - 10xy + 4y^2,\ z_y = -5x^2 + 8xy - 9y^2$ (2) $z_x = 3e^{3x+2y},\ z_y = 2e^{3x+2y}$

(3) $z_x = \dfrac{2x+2y}{x^2+2xy+3y^2},\ z_y = \dfrac{2x+6y}{x^2+2xy+3y^2}$

(4) $z_x = 4y\cos(4x+y),\ z_y = \sin(4x+y) + y\cos(4x+y)$

(5) $z_x = \dfrac{2x^2+xy^2+y^2}{\sqrt{x^2+y^2}},\ z_y = \dfrac{y(2x^2+x+3y^2)}{\sqrt{x^2+y^2}}$ (6) $z_x = \dfrac{7y}{(3x+y)^2},\ z_y = \dfrac{-7x}{(3x+y)^2}$

問 6.3 $z_x = \dfrac{y}{x^2+y^2},\ z_y = -\dfrac{x}{x^2+y^2}$ $(1,1)$ における偏微分係数は $z_x(1,1) = \dfrac{1}{2},\ z_y(1,1) = -\dfrac{1}{2}$

問 6.4 (1) $dz = 3\cos(3x+y)\,dx + \cos(3x+y)\,dy$ (2) $dz = \dfrac{y}{2}\sqrt{\dfrac{y}{x}}\,dx + \dfrac{3\sqrt{xy}}{2}\,dy$

(3) $dz = \dfrac{x}{x^2+y^2}\,dx + \dfrac{y}{x^2+y^2}\,dy$ (4) $dz = \dfrac{\cos 2y}{\cos^2 x}\,dx - 2\tan x \sin 2y\,dy$

問 6.5 $\Delta T \fallingdotseq \dfrac{k}{D^2}\Delta H - \dfrac{2kH}{D^3}\Delta D$ を用いよ．

問 6.6 $z' = -3z_x \sin 3t + 2z_y \cos 2t$

問 6.7 $z_u = 3z_x + z_y v,\ z_v = 2z_x + z_y u$

問 6.8 $z_r = z_x \cos\theta + z_y \sin\theta,\ z_\theta = -z_x r\sin\theta + z_y r\cos\theta$ を等式の左辺に代入せよ．

問 **6.9** (1) $z_{xx} = 12x^2 + 8y^2$, $z_{xy} = z_{yx} = 16xy$, $z_{yy} = 8x^2 - 36y^2$
(2) $z_{xx} = -9\sin 3x \cos 2y$, $z_{xy} = z_{yx} = -6\cos 3x \sin 2y$, $z_{yy} = -4\sin 3x \cos 2y$
(3) $z_{xx} = \dfrac{-2x^2 + 2y^2}{(x^2 + y^2)^2}$, $z_{xy} = z_{yx} = \dfrac{-4xy}{(x^2 + y^2)^2}$, $z_{yy} = \dfrac{2x^2 - 2y^2}{(x^2 + y^2)^2}$
(4) $z_{xx} = \dfrac{2y^2}{\sqrt{(x^2 + 2y^2)^3}}$, $z_{xy} = z_{yx} = \dfrac{-2xy}{\sqrt{(x^2 + 2y^2)^3}}$, $z_{yy} = \dfrac{2x^2}{\sqrt{(x^2 + 2y^2)^3}}$

問 **6.10** (1) $z_{xxx} = 24x$, $z_{xxy} = z_{xyx} = z_{yxx} = 16y$, $z_{xyy} = z_{yxy} = z_{yyx} = 16x$, $z_{yyy} = -72y$
(2) $z_{xxx} = -27\cos 3x \cos 2y$, $z_{xxy} = z_{xyx} = z_{yxx} = 18\sin 3x \sin 2y$,
$z_{xyy} = z_{yxy} = z_{yyx} = -12\cos 3x \cos 2y$, $z_{yyy} = 8\sin 3x \sin 2y$

問 **6.11** $\dfrac{\partial^n z}{\partial x^k \partial y^{n-k}} = (-1)^{n-1} \dfrac{2^k (n-1)!}{(2x+y)^n}$ ($k = 0, 1, \cdots, n$)

問 **6.12** $z^{(3)} = h^2 \dfrac{dz_{xx}}{dt} + 2hk \dfrac{dz_{xy}}{dt} + k^2 \dfrac{dz_{yy}}{dt}$ として，例題 6.4 と同様にせよ．

問 **6.13** (1) $z_\theta = -z_x r \sin\theta + z_y r \cos\theta$ を用いて，例題 6.5 と同様にせよ．
(2) (1) および例題 6.5 を用いよ．

問 **6.14** (1) $1 - \dfrac{9}{2}x^2 - 6xy - 2y^2$
(2) $1 + (x-1) + 2\left(y - \dfrac{\pi}{4}\right) + 2(x-1)\left(y - \dfrac{\pi}{4}\right) + 2\left(y - \dfrac{\pi}{4}\right)^2$

問 **6.15** (1) $(2, 1)$ (2) $(-1, 0)$ (3) $(0, \sqrt{2})$, $(0, -\sqrt{2})$, $(1, 0)$ (4) $(0, 0)$, $(1, 1)$

問 **6.16** (1) $(2, 1)$ で極小値をとる．
(2) $(-1, 0)$ で極小値をとる．
(3) $(1, 0)$ で極小値をとる．$(0, \sqrt{2})$, $(0, -\sqrt{2})$ では極値をとらない．
(4) $(1, 1)$ で極大値をとる．$(0, 0)$ では極値をとらない．

問 **6.17** (1) $z = x^4 + (x-y)^2$ と変形せよ．$(0, 0)$ で z は極小値をとる．
(2) $x = y$ のとき，$z = x^3$ であることを用いよ．$(0, 0)$ で z は極値をとらない．

問 **6.18** (1) $\dfrac{dy}{dx} = -\dfrac{e^x}{e^y} = -e^{x-y}$
(2) $(x, y) \neq (1, -1), (-\sqrt[3]{3}, -\sqrt[3]{3})$ のとき $\dfrac{dy}{dx} = \dfrac{x^2 - 2xy}{x^2 - y^2}$

問 **6.19** $\left(\dfrac{1}{\sqrt{2}}, \dfrac{1}{\sqrt{2}}\right)$, $\left(-\dfrac{1}{\sqrt{2}}, -\dfrac{1}{\sqrt{2}}\right)$

章末問題 6

6.1 (1) $z_x = 2e^{2x}\sin 3y$, $z_y = 3e^{2x}\cos 3y$, $z_{xx} = 4e^{2x}\sin 3y$, $z_{xy} = 6e^{2x}\cos 3y$, $z_{xx} = -9e^{2x}\sin 3y$
(2) $z_x = ye^{xy}$, $z_y = xe^{xy}$, $z_{xx} = y^2 e^{xy}$, $z_{xy} = (1+xy)e^{xy}$, $z_{yy} = x^2 e^{xy}$
(3) $z_x = \dfrac{y}{x^2 + y^2}$, $z_y = -\dfrac{x}{x^2 + y^2}$, $z_{xx} = -\dfrac{2xy}{(x^2+y^2)^2}$, $z_{xy} = \dfrac{x^2 - y^2}{(x^2+y^2)^2}$, $z_{yy} = \dfrac{2xy}{(x^2+y^2)^2}$
(4) $z_x = \dfrac{y}{\sqrt{xy(2-xy)}}$, $z_y = \dfrac{x}{\sqrt{xy(2-xy)}}$,
$z_{xx} = \dfrac{y(xy-1)}{x(2-xy)\sqrt{xy(2-xy)}}$, $z_{xy} = \dfrac{1}{(2-xy)\sqrt{xy(2-xy)}}$, $z_{yy} = \dfrac{x(xy-1)}{y(2-xy)\sqrt{xy(2-xy)}}$

6.2 (1) $(4, 1)$ で極小値 -17
(2) $(1, 1)$ で極大値 4
(3) 極値をとり得る点は, $(0, \sqrt{6})$, $(0, -\sqrt{6})$, $(2, 0)$, $(-2, 0)$
$(2, 0)$ で極小値 -16, $(-2, 0)$ で極大値 16
(4) 極値をとり得る点は, $(0, 0)$, $(0, 1)$, $(0, -1)$, $(1, 0)$, $(-1, 0)$
$(0, 0)$ で極小値 0, $(\pm 1, 0)$ で極大値 $2e^{-1}$

6.3 (1) $z_{xx} = \dfrac{6x^2 y - 2y^3}{(x^2+y^2)^3}$, $z_{yy} = \dfrac{-6x^2 y + 2y^3}{(x^2+y^2)^3}$ を用いよ.
(2) $z = \dfrac{\sin\theta}{r}$, $z_r = -\dfrac{\sin\theta}{r^2}$, $z_{rr} = \dfrac{2\sin\theta}{r^3}$, $z_{\theta\theta} = -\dfrac{\sin\theta}{r}$ を用いよ.

6.4 $z_{uu} = z_{xx}\cos^2\alpha + 2z_{xy}\sin\alpha\cos\alpha + z_{yy}\sin^2\alpha$, $z_{vv} = z_{xx}\sin^2\alpha - 2z_{xy}\sin\alpha\cos\alpha + z_{yy}\cos^2\alpha$ を用いよ.

6.5 $z_x = f'\left(\dfrac{x}{y}\right)\dfrac{1}{y}$, $z_y = -f'\left(\dfrac{x}{y}\right)\dfrac{x}{y^2}$ を用いよ.

6.6 (1) $w_x = 2x - y + 3z$, $w_y = 2y - x + z$, $w_z = -6z + y + 3x$
(2) $w_x = \cos(2y + z)$, $w_y = -2x\sin(2y + z)$, $w_z = -x\sin(2y + z)$

6.7 $f(a + \varDelta x, b) = f(a, b) + A\varDelta x + \varepsilon$ の両辺を $\varDelta x$ で割ってから, $\varDelta x \to 0$ とせよ.

6.8 (1) y を x の関数と考え, $f(x, y) = 0$ の両辺を x で微分すると, $f_x + f_y y' = 0$
さらに, この式を x で微分して $(f_{xx} + f_{xy} y') + (f_{yx} + f_{yy} y')y' + f_y y'' = 0$ となることを用いよ.
(2) $y'' = -\dfrac{2(x^2 - 2xy + 3y^2)}{(-x + 3y)^3}$
(3) $x = \dfrac{1}{\sqrt{2}}$ のとき極大値 $\dfrac{1}{\sqrt{2}}$, $x = -\dfrac{1}{\sqrt{2}}$ のとき極小値 $-\dfrac{1}{\sqrt{2}}$

6.9 $x = -\dfrac{6}{7}$, $y = \dfrac{1}{7}$, $z = -\dfrac{5}{7}$

7 章

問 7.1 (1) $\displaystyle\int_1^2 \left\{\int_0^1 (y^2 - x^2)\, dx\right\} dy = 2$

(2) $\displaystyle\int_0^{\frac{\pi}{2}} \left\{\int_0^{\frac{\pi}{2}} \cos(2x + y)\, dx\right\} dy = -1$
($\displaystyle\int \cos(2x + y)\, dx = \dfrac{1}{2}\sin(2x + y)$ および $\sin(y + \pi) = -\sin y$ を用いよ)

(3) $\displaystyle\int_0^2 \left\{\int_0^1 2xe^{x^2+y}\, dx\right\} dy = e^3 - e^2 - e + 1$ ($x^2 + y = t$ と置換せよ)

問 7.2 (1) $\displaystyle\int_1^2 \left\{\int_{x^2}^{2x} \dfrac{y}{x}\, dy\right\} dx = \dfrac{9}{8}$

(2) $\displaystyle\int_0^\pi \left\{\int_{2y-\pi}^y \cos(x + y)\, dx\right\} dy = \dfrac{2}{3}$

(3) $\displaystyle\int_0^1 \left\{\int_0^{\sqrt{1-y}} xy\, dx\right\} dy = \dfrac{1}{12}$

問 **7.3** (1) D は不等式 $-1 \leqq x \leqq 1$, $0 \leqq y \leqq \sqrt{1-x^2}$ で表されることを用いよ． $\dfrac{4}{3}$

(2) D は2つの領域
$$D_1: -1 \leqq x \leqq 0,\ -(x+1) \leqq y \leqq x+1, \quad D_2: 0 \leqq x \leqq 1,\ x-1 \leqq y \leqq -(x-1)$$
に分けられることを用いよ． $\dfrac{2}{3}$

問 **7.4** (1) $\displaystyle\int_0^1 \left\{ \int_y^{\sqrt{y}} f(x, y)\,dx \right\} dy$ (2) $\displaystyle\int_{-1}^0 \left\{ \int_0^{x+1} f(x, y)\,dy \right\} dx + \int_0^1 \left\{ \int_0^{\sqrt{1-x^2}} f(x, y)\,dy \right\} dx$

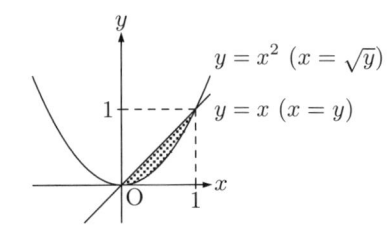

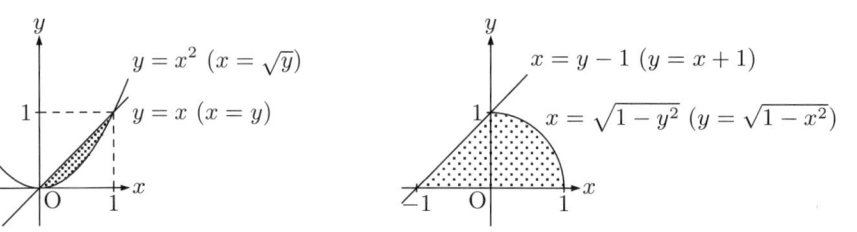

問 **7.5** (1) $D: 0 \leqq r \leqq 1$, $0 \leqq \theta \leqq \pi$ より $\displaystyle\int_0^\pi \left\{ \int_0^1 (r\cos\theta + r\sin\theta)r\,dr \right\} d\theta = \dfrac{2}{3}$

(2) 2 (3) $\dfrac{\pi}{2}$

問 **7.6** (1) 2π (2) $\dfrac{2}{3}$

問 **7.7** (1) $\dfrac{1}{2}$ (2) 4π

問 **7.8** (1) $\dfrac{\sqrt{\pi}}{4}$ (2) $\sqrt{\pi}$

章末問題 7

7.1 (1) $\dfrac{4}{3}$ (2) $\dfrac{1}{2}$ (3) $\dfrac{e}{2} - 1$

7.2 (1) $\displaystyle\int_0^2 \left\{ \int_{x^2}^{2x} xy\,dy \right\} dx = \dfrac{8}{3}$ (2) $\displaystyle\int_{-1}^1 \left\{ \int_{-x^2+1}^{x^2-1} (x^2+y)\,dy \right\} dx = \dfrac{8}{15}$

(3) $\displaystyle\int_0^1 \left\{ \int_0^x y\sqrt{x}\,dy \right\} dx + \int_1^2 \left\{ \int_0^{\frac{1}{x}} y\sqrt{x}\,dy \right\} dx = \dfrac{8}{7} - \dfrac{1}{\sqrt{2}}$

7.3 (1) $\displaystyle\int_0^1 \left\{ \int_0^y \sqrt{1-y^2}\,dx \right\} dy = \dfrac{1}{3}$ (2) $\displaystyle\int_0^{\frac{\pi}{2}} \left\{ \int_y^{\frac{\pi}{2}} \sin x \sin^3 y\,dx \right\} dy = \dfrac{1}{4}$

(3) $\displaystyle\int_0^1 \left\{ \int_0^{\sqrt{y}} x\sin\pi y^2\,dx \right\} dy = \dfrac{1}{2\pi}$ (4) $\displaystyle\int_0^1 \left\{ \int_0^{\sqrt{1-x^2}} \sqrt{1-x^2}\,dy \right\} dx = \dfrac{2}{3}$

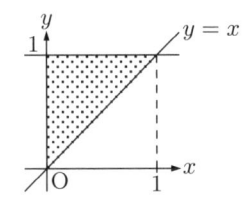

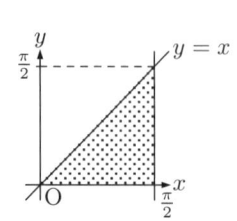

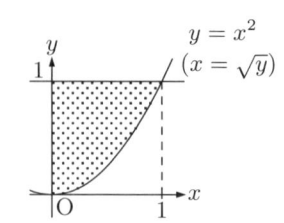

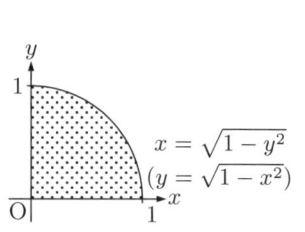

7.4 (1) $\dfrac{r^2}{1+r^2} = 1 - \dfrac{1}{1+r^2}$ と変形せよ. $2\sqrt{3} - \dfrac{2\pi}{3}$

(2) $\tan^{-1}\tan\theta = \theta$ $\left(-\dfrac{\pi}{2} < \theta < \dfrac{\pi}{2}\right)$ に注意せよ. $\dfrac{3\pi^2}{64}$ (3) $\dfrac{8\pi}{3}$

7.5 (1) $\dfrac{\pi}{3}$ (2) $\lim\limits_{\varepsilon \to 0} \varepsilon^2 \log \varepsilon = 0$ を用いよ. $-\pi$

7.6 (1) $\dfrac{x-\mu}{\sqrt{2}\sigma} = t$ と置換して, $\dfrac{1}{\sqrt{2}\sigma}dx = dt$, $-\infty < t < \infty$ であることを用いよ.

(2) (1) と同様に置換せよ.

7.7 (1) $x = r\cos\theta$, $y = r\sin\theta$ とおき, 式を整理せよ.

(2) $0 \leqq r \leqq 2\cos\theta$, $-\dfrac{\pi}{2} \leqq \theta \leqq \dfrac{\pi}{2}$ (3) $\dfrac{32}{9}$

7.8 公式 7.4 を用いよ.

(1) ヤコビアンは -3, 2 重積分の値は -2

(2) ヤコビアンは $6u$, 2 重積分の値は $\dfrac{39\pi}{2}$

7.9 2

7.10 $D_z : 0 \leqq x \leqq 1-z$, $0 \leqq y \leqq 1-x-z$ であることを用いよ.

$$\int_0^1 \left\{ \int_0^{1-z} \left\{ \int_0^{1-z-x} xyz\,dy \right\} dx \right\} dz = \dfrac{1}{720}$$

索 引

あ 行

1 次近似式　73
1 階線形　91
1 階微分方程式　85
一般解　86
陰関数　121
上に凸　42
n 回微分可能　33
n 回偏微分可能　113
n 回連続微分可能　33
n 回連続偏微分可能　113
n 次近似式　76, 78
n 次反応　101
オイラーの公式　80

か 行

解　85
解曲線　85
開区間　34
階数　85
回転放物面　106
加速度　44, 67
片対数グラフ　9
加法定理　4
関数　1, 105
奇関数　6
逆関数　10
　——の微分　24
逆三角関数　25
　——の導関数　26
逆正弦関数　25
逆正接関数　25
逆余弦関数　25
級数　147
境界条件　87

行列式　140
極限値　12, 106
極座標　135
極座標変換　136
極小　40, 116
極小値　40, 116
極大　40, 116
極大値　40, 116
極値　40, 116
曲面　105
偶関数　6
区間　35
グラフ　1, 105
原始関数　47
広義積分　67, 140
高次導関数　33
高次偏導関数　113
合成関数　20
　——の導関数　21
　——の微分　111
コーシーの平均値の定理　38
弧度法　2

さ 行

サイクロイド　32, 46
最小値　35
最大値　35
三角関数　2
　——のグラフ　5
　——の導関数　22
C^n 級関数　33, 113
指数関数　7
　——の導関数　28
自然対数　29
下に凸　42

周期　6
周期関数　6
収束する　11, 147
収束半径　149
従属変数　1, 105
主値　25
条件つき極値問題　122
常用対数　9, 29
初期条件　86
初期値　67
真数　8
正割　24
整級数　149
斉次　91, 92
積分可能　50
積分区間　50
積分順序の変更　131
積分する　47, 51
積分定数　47
積分変数　51
積分領域　128
接線　15
　——の方程式　15
絶対収束　148
接平面　110
漸近線　2
線形従属　93
線形独立　93
全微分　109
全微分可能　109
双曲線関数　29
増減表　41
速度　44, 67

た 行

第 n 次導関数　33
第 n 次偏導関数　113
対数　8
対数関数　9
　——の導関数　30
対数微分法　31
体積　127
第 2 次導関数　33
第 2 次偏導関数　113
多価関数　25
多変数関数　105
単調に減少する　8
単調に増加する　8
断面積　130
値域　1, 105
置換積分　55
中間値の定理　35
直交座標　135
定義域　1, 105
定数関数　18
定数係数　94
定数変化法　91
定積分　50
底の変換公式　8
テイラー展開　78
テイラーの定理　82
導関数　17
動径　135
同次形　89
特異解　87
特殊解　86
特性方程式　95
独立変数　1, 105

な 行

2 階線形　92

2 階導関数　33
2 回微分可能　33
2 階偏導関数　113
2 回偏微分可能　113
2 次近似式　75, 115
2 重積分　127
2 重積分可能　128
2 倍角の公式　4
2 変数関数　105
ネピアの数　28

は 行

媒介変数　32
媒介変数表示　32
発散する　13, 147
半角の公式　4
半減期　101
反応次数　101
反応速度　101
被積分関数　47, 51
微分可能　15
微分係数　15
微分する　17
微分積分学の基本定理　53
微分方程式　85
不定形　39
不定積分　47
部分積分　57
部分分数分解　61
部分和　147
平均値の定理　36, 53
　コーシーの——　38
　定積分についての——　53
平均変化率　15
閉区間　34
べき関数　18
　——の導関数　18

べき級数　149
変域　1
偏角　135
変曲点　42
変数分離形　88
変数変換　139
偏導関数　107
偏微分可能　107
偏微分係数　107
偏微分する　107

ま 行

マクローリン展開　78
マクローリンの定理　81
無限大　12
無理関数　62
面積　65

や 行

ヤコビアン　139
有理関数　61
余割　24
余接　24

ら 行

ライプニッツの級数　151
ライプニッツの公式　46
ラグランジュの未定乗数法　123
ラジアン　2
ランダウの記号　83
累次積分　131
連続　16, 107
連続関数　34
連立微分方程式　100
ロピタルの定理　38
ロルの定理　35

著者略歴

高遠 節夫（たかとお せつお）

- 1973年 東京大学理学部数学科卒業
- 1975年 東京教育大学大学院理学研究科
  数学専攻修士課程修了
- 現　在 東邦大学理学部訪問教授

石村 隆一（いしむら りゅういち）

- 1978年 九州大学大学院理学研究科
  数学専攻修士課程修了
- 現　在 千葉大学大学院理学研究科教授，
  理学博士

野田 健夫（のだ たけお）

- 1996年 東京大学理学部数学科卒業
- 2001年 東京大学大学院数理科学研究科
  博士課程修了
- 現　在 東邦大学理学部准教授，
  博士（数理科学）

安冨 真一（やすとみ しんいち）

- 1982年 神戸大学理学部数学科卒業
- 1987年 名古屋大学大学院理学研究科
  数学専攻博士後期課程単位取得退学
- 現　在 東邦大学理学部教授，
  博士（数理学）

山方 竜二（やまがた りゅうじ）

- 1994年 慶應義塾大学経済学部経済学科卒業
- 2000年 慶應義塾大学大学院経済学研究科
  博士後期課程単位取得退学
- 現　在 東邦大学理学部准教授

ⓒ 高遠・石村・野田・安冨・山方　2013

2013年 3 月28日　初　版　発　行
2023年 9 月 8 日　初版第10刷発行

理科系の基礎　微分積分

著　者　高遠　節夫
　　　　石村　隆一
　　　　野田　健夫
　　　　安冨　真一
　　　　山方　竜二

発行者　山本　　格

発行所　株式会社　培風館
東京都千代田区九段南 4-3-12・郵便番号 102-8260
電　話 (03) 3262-5256 (代表)・振替 00140-7-44725

D.T.P. アベリー・平文社印刷・牧 製本

PRINTED IN JAPAN

ISBN 978-4-563-00472-9 C3041